三菱FX系列PLC
控制系统设计与应用实例

张　还　主　编

李胜多　副主编

岳丹松　于健东　于　艳　刘晓红　高春凤　参　编

中国电力出版社
CHINA ELECTRIC POWER PRESS

内 容 提 要

本书主要以三菱FX系列小型PLC及其脉冲发生单元、定位模块为对象，讲述它们在运动控制领域中的应用。通过结合典型的实验实训项目、工程实例，详细介绍基于PLC的新型运动控制技术，内容涵盖运动控制技术的最新趋势、三菱FX系列PLC运动控制应用指令及其功能模块、变频器和伺服放大器基本原理及应用，以及典型的工程实例等。

本书力求向读者介绍可编程序控制器运动控制应用中的普遍性知识，使读者在学习后能够收到举一反三的效果，能够自如地运用可编程序控制器的相关理论和技术方法设计出符合控制要求的基于PLC的运动控制系统。本书内容工程性和实践性较强，可供工程技术人员培训和自学使用，也可作为高等院校电气工程、自动化、计算机、电子通信、机械设计、机电一体化等相关专业的教学参考书。

图书在版编目（CIP）数据

三菱FX系列PLC控制系统设计与应用实例/张还主编. —北京：中国电力出版社，2011.3

ISBN 978-7-5123-1505-1

Ⅰ. ①三… Ⅱ. ①张… Ⅲ. ①可编程序控制器-控制系统 Ⅳ. ①TM571.6

中国版本图书馆CIP数据核字（2011）第044476号

中国电力出版社出版、发行

（北京市东城区北京站西街19号 100005 http：//www.cepp.sgcc.com.cn）

北京市同江印刷厂印刷

各地新华书店经售

*

2011年6月第一版 2013年1月北京第二次印刷

787毫米×1092毫米 16开本 12.25印张 287千字

印数3001—5000册 定价**22.00**元

前 言

可编程序控制器（Programmable Logic Controller，PLC）是以微处理器为核心的工业自动化控制装置，被誉为现代工业生产自动化的三大支柱之一。PLC具有控制功能强、可靠性高、使用灵活方便、易于扩展、兼容性强等一系列优点。它不仅可以应用于开关量的逻辑控制领域，而且越来越多地应用于运动控制领域，实现一些较复杂的数控功能。

全书共分七章，主要内容包括运动控制系统概述，基于PLC的运动控制系统的组成，PLC运动控制功能、应用指令及其功能模块，变频器和伺服放大器基本原理及应用，基于PLC的空压站变频调速控制系统，基于PLC的机械手模型控制系统，基于PLC和定位模块的数控平台控制系统。书中主要以三菱FX系列小型PLC及其脉冲发生单元、定位模块为对象，讲述它们在运动控制中的应用。

本书编写力求深入浅出、注重应用，具有内容简明、结构严谨、选材合理、应用实例丰富、工程性和实践性较强的特点。本书可作为自动控制、电气、机械等行业技术人员的培训教材和自学用书，也可作为高等学校自动化、电气工程、计算机、电子信息、机电一体化、机械设计等相关专业的教学参考用书。

在本书编写过程中得到了青岛农业大学机电工程学院领导和许多教师的指导和帮助，其中刘立山教授提出了许多指导性的意见。本书由张还任主编，李胜多任副主编，岳丹松、于健东、于艳、刘晓红、高春凤参加编写，全书由张还统稿。另外，张后国、唐菊兰、亢军、胡秀英、陈俊东和马新也参与了本书的资料收集和部分插图的绘制工作。同时，本书的编写参考了较多已出版的论著、教材和相关厂家的技术资料，在此一并表示感谢！限于编者水平，书中难免有疏漏和不足之处，恳请读者批评指正。

编　者

2011年3月于青岛

目　录

第一章

运动控制系统概述

运动控制技术是一门综合性、多学科交叉的技术，是自动化技术的重要分支之一。运动控制技术的发展被称为制造业自动化前进的旋律。目前，运动控制系统和产品得到了越来越广泛的应用。本章简要介绍运动控制系统的发展概况、组成结构、运动控制器主要构成方案和运动控制技术的发展趋势等。

第一节　运动控制的发展概况和组成结构

一、运动控制的历史发展概况

1. 运动控制系统的定义、应用及分类

本书所指的运动（Motion）和运动控制系统（Motion Control System）是近一二十年来国际上流行的一个技术术语，它源于一种狭义的、约定俗成的共识，即它的主要研究内容是机械运动过程中涉及的力学、机械学、动力驱动、运动参数检测和控制等方面的理论和技术问题。随着电力电子技术的进步、微机技术的应用和新型控制策略出现，运动控制技术正发生着深刻的变革。

运动控制通常是指在复杂条件下，将预定的控制方案、规划指令转变成期望的机械运动。运动控制系统是使被控机械运动实现精确的位置控制、速度控制、加速度控制、转矩或力的控制，以及这些被控机械量的综合控制。典型的运动控制系统有扫描仪、数控机床、机器人等，这些系统是力学、机械、材料、电工、电子、计算机、信息和自动化等科学和技术领域的综合。

按照使用动力源的不同，运动控制可分气动、液压和电动三大类。电气运动控制由于具有更容易实现与微型计算机接口等明显的优点，因而在中小功率的运动控制系统中得到了最广泛的应用。基于电气的运动控制综合了现代电机技术、传感器技术、电力电子技术、微电子技术、自动控制技术和微机应用技术的最新发展成就。本书主要介绍采用电力传动装置的运动控制系统中的一些相关理论和技术问题。因此可以说，电力传动的运动控制技术是以电力半导体变流器件的应用为基础，以电动机为控制对象，以自动控制理论为指导，以电子技术和微处理器控制及计算机辅助设计为手段，并且与检测技术和数据通信技术相结合，构成的一门具有相对独立性的科学技术。运动控制系统广泛用于机械、钢铁、矿山、冶金、化工、石油、纺织、军工等各个行业，这些行业中绝大部分生产机械都采用电动机作为原动机。有效地控制电动机，提高其运行性能，具有十分重要的现实意义，运动控制技术在生产设备和过程自动化中发挥着日益重要的作用。

运动控制系统主要包括电机调速系统和伺服控制系统，电机调速系统按照拖动电动机的类型又可分为直流调速系统和交流调速系统两大类。运动控制作为一门多学科交叉的技术，每种技术的新进展都会使其向前迈进一步，其技术进步可以说是日新月异。

2. 运动控制系统历史发展概况

人类在 19 世纪中叶就已经发明了电动机，但真正意义上的电动机运动控制系统是在 20 世纪 30 年代出现的，当时的闸流管、引燃管，而后是磁放大器、磁饱和电抗器作为静止变流器，形成了第一代电动机传动控制系统。在第二次世界大战中，自动控制理论得到了发展，有力地促进了电动机传动控制系统理论体系的建立。但是，在很长的一段时间里，在较高控制性能的传动系统中直流电动机一直占据主导地位，主要原因在于其控制简单、调速平滑、性能良好。然而，直流电动机结构上存在的机械换向器和电刷，使它具有一些难以克服的固有缺点，即维护困难、寿命短，单机容量和最高电压都受到一定限制等。而交流电动机（主要是异步电动机）与直流电动机相比，它没有电刷，结构简单，维护容易，但是在当时的技术条件下，很难实现高性能的调速控制。在当时，交流电动机虽然在数量上占绝对多数，但一般采用电源直接供电、直接拖动负载的方式，没有任何调节和控制。

20 世纪 70 年代，席卷全球的石油危机促进了交流调速技术的发展。当时人们发现，占电动机用电量一半以上的风机、泵类负载的拖动电动机工作在恒速状态，是靠阀门和挡板来调节流量或压力，因而造成了大量的电能浪费。通过改变电动机转速的方法调节风量或流量，一般可节电 20%～30%，于是在工业化国家出现了变频器。可以说，交流传动控制真正的发展和应用是从使用变频调速技术改造风机、泵类负载开始的。1957 年，美国通用电气公司的 A. R. 约克制成了世界上第一只晶闸管（SCR），这标志着电力电子时代的开始。从技术角度来说，正是晶闸管的应用才使得交流电动机变频调速成为可能。继晶闸管出现以后，又陆续推出了其他种类的器件，如门极可关断晶闸管（GTO）、电力功率晶体管（GTR）、电力场效应晶体管（P - MOSFET）、绝缘栅双极型晶体管（IGBT）、静态感应晶体管（SIT）、静态感应晶闸管（SITH）和 MOS 控制的晶闸管（MCT）等。在这个不断的发展过程中，器件的电压、电流定额以及其他电气特性都得到了很大的改善。因此，现代运动控制技术的发展是以电力电子器件的发展和应用为基础的。

运动控制系统主要包括电机调速系统和伺服控制系统，而伺服控制技术是运动控制中的关键、核心技术。伺服控制系统能够使输出的机械位移准确地实现输入的位移指令，达到位置的精确控制和连续轨迹的准确跟踪。伺服控制具有三种典型的方式，即点位控制、连续轨迹控制和同步控制。点位控制主要应用于那些仅对终点位置有要求而与运动轨迹无关的系统，这种运动控制器具有快速的定位要求；连续轨迹控制则要求系统在高速运动的情况下保证系统加工的轮廓精度，还要保证刀具沿轮廓运动时切向速度的恒定，以及对小线段加工时有多段程序预处理功能；同步控制主要应用于需要有电子齿轮箱和电子凸轮功能的系统控制中，如印染、印刷、造纸、轧钢及同步剪切等行业，主要解决多轴间的同步控制问题。同步控制的控制算法常采用自适应前馈控制，通过自动调节控制量的幅值和相位来保证在输入端加一个与干扰幅值相等但相位相反的控制作用，以抑制周期干扰保证系统的同步控制。

二、运动控制系统的组成结构

运动控制系统处理机械系统中一般称为轴（Axis）的一个或多个坐标上的运动以及这些运动之间的协调（Coordination）时，需要涉及各轴上运动速度的调节，以一定的加减速曲线来进行运动，以及形成准确的定位或遵循特定的轨迹等诸如此类的问题。这些精确的位置、速度、加减速乃至力矩的控制主要通过电动机、驱动器、反馈装置、运动控制器、主控制器（如计算机和可编程序控制器）等实现。一个完整的以电能为动力的比较典型的运动控制系统的组成结构如图 1-1 所示。

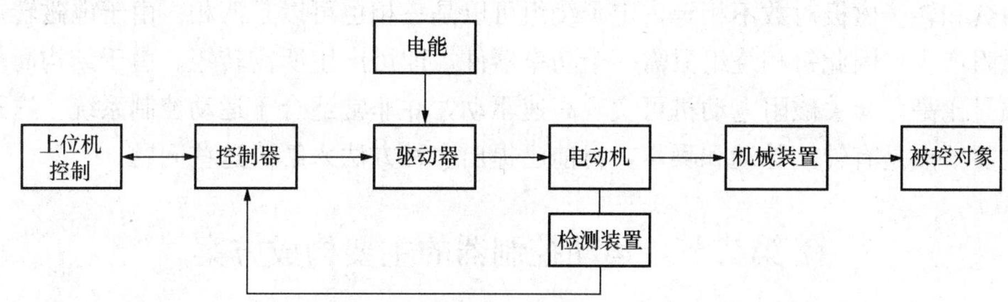

图 1-1　以电能为动力运动控制系统的组成结构

三、现代电动机运动控制系统的主要类型

到 21 世纪，运动控制系统的技术水平已经提高到一个新的高度，无论是应用的广泛程度，还是研究工作的深入程度，都是过去人们想象不到的。现代电动机运动控制技术主要包括下面五方面的内容：

1. 直流电动机控制系统

直流电动机及其控制系统目前在市场上所占份额已经越来越少，但是也应该看到，交流电动机的控制理论和方法是在直流电动机的控制理论和方法的基础上发展起来的。例如，异步电动机矢量控制理论，其实质就是把异步电动机模拟成为直流电动机，用直流电动机的控制思路去控制异步电动机。从理论上说，速度闭环反馈控制理论、无静差调速理论、转速电流双闭环控制理论和控制方法是所有电动机传动控制技术重要的理论基础，从认识事物的角度来看，这是不可或缺的。

2. 三相异步电动机控制系统

三相异步电动机是使用最广泛的一类电动机，其控制技术也是整个电动机运动控制技术中一个最活跃的分支，内容十分广泛。传统的内容包括开环 VVVF 控制、基于电动机静态数学模型的转差频率闭环控制、基于矢量控制理论的转子磁场定向控制、转差频率矢量控制等。近年来，人们在直接转矩控制（DTC）理论和控制方法上取得了进展，已经成功地应用于三相异步电动机的控制。

实现变频控制的基础是脉宽调制（PWM）技术。人们提出的并且已经得到应用的 PWM 方案有很多种，主要有正弦波 PWM、三次谐波注入 PWM、空间矢量 PWM、最优 PWM、预测 PWM、随机 PWM 等。其中应用最广泛的是正弦波 PWM（SPWM）和空间矢量 PWM（SVPWM）。

3. 无刷直流电动机控制系统

当前，无刷直流电动机最主要的应用领域包括各种电动车辆的驱动、自动门窗的驱动、小型一体化水泵的驱动、自动武器的驱动等。

4. 永磁正弦波同步电动机控制系统

全数字交流伺服系统正在广泛应用于运动控制中，包括数控机床、机器人等各类精密机械的驱动等。从技术角度来看，当今主要的全数字交流伺服系统产品基本上都属于永磁正弦波同步电动机控制系统，从本质上说也属于自控式变频系统。

5. 开关磁阻电动机控制系统

开关磁阻电动机又称为电流调节步进电动机，其结构与感应式步进电动机类似，只是定子磁极对数和转子磁极对数不相等，定子绕组可以是三相也可以是四相。由于电磁转矩仅由定转子磁阻产生，因此每相绕组只需一个功率器件，即可产生所需转矩。由于结构简单、转矩传动惯量比高，开关磁阻电动机可实现高速驱动，并非常适合于运动控制系统。这种控制系统的主要缺点是有转矩脉动和噪声，目前已提出多种方法来解决这些问题。

第二节　运动控制器的主要构成方案

一、PLC的运动控制功能简介

1968年，美国通用汽车公司（GM）为使其汽车装配线能适应多种产品的需求，对装配线控制系统提出十条招标意见，这就是历史上的“GM十条”。1969年，美国数据设备公司（DEC）研制出基本满足“GM十条”的控制器，并在GM的装配线上成功使用，这种控制器就是可编程序控制器（PLC）。PLC作为通用控制装置，以其高可靠性、功能强、体积小、可在线修改程序、易于与计算机接口、能对模拟量进行控制等诸多优异性能，广泛应用于钢铁、石油、化工、电力、建材、机械制造、汽车、轻纺、交通运输、环保及文化娱乐等各个行业。现代PLC已经不仅仅具有逻辑判断和顺序控制功能，还同时具有数据处理、PID调节、运动控制和通信联网等功能。

世界上各主要PLC厂家的产品几乎都有运动控制功能，如实现圆周运动或直线运动的轨迹控制和定位控制等。从20世纪50年代起，制造业为适应市场多样化的要求，在零件加工中大量使用数控机床。其可在一条流水线上生产多种产品，形成所谓“柔性制造系统（FMS）”。数控机床适合于加工多品种小批量、几何形状复杂、精度要求高的零件，是目前制造业加工各种零件的主要设备。数控机床的控制系统一般由数字控制器（也称运动控制器）和内装式PLC组成。内装式PLC负责主轴和刀具的控制，为专用PLC；运动控制器负责运动轨迹控制（零件形状），也是专用控制装置。专用数控机床控制系统的价格高、维护较困难，特别是对于不太复杂的系统而言，采用通用PLC实现数控机床控制功能可带来价格较低、维护较方便等诸多好处。除了在数控机床上的应用，现在基于PLC的运动控制系统已经广泛应用于各种定长输送机械、机械手、工业机器人等场合。

从控制部件配置上，在运动控制领域PLC从早期直接使用开关量I/O模块连接位置传感器和执行机构，到现在一般使用PLC基本单元扩展专用的运动控制模块（如可驱动步进电动机或伺服电动机的单轴或多轴位置控制模块），或者使用运动控制型PLC。

二、运动控制器的主要构成方案

微处理器技术的飞速发展使电动机运动控制系统再次发生巨大变革，使用微处理器实现数字化控制不仅可以简化控制硬件，而且可以加入人工智能对系统运行状态进行诊断，这对电机运动控制系统的发展产生了深远的影响。如今应用于电机运动控制的微处理器主要有单片机、数字信号处理器（DSP）和专用控制芯片（ASIC）等。在产品形式上，运动控制器通常表现为运动控制卡、具有运动控制功能的 PLC 控制单元、数控系统（CNC）或专用运动控制系统等。

在电气传动中，要求伺服的性能越高，则系统中其他单元的性能也会随之提高。在一个运动控制系统中，控制器和执行机构是运动系统中至关重要的两个组成部分。以伺服控制系统为例，执行机构部分一般是步进电动机、交流伺服电动机和直流电动机等。它们作为执行机构，带动刀具或工作台动作，就像是人类的“手脚”。如今运动控制器的类型已经发展得越来越多样，但控制器单元的构成方案则主要有四种，即单片机步进伺服系统、专用具有运动控制功能的 PLC 或 PLC 扩展运动控制单元、PC 机加运动控制卡、专用伺服控制系统（如 CNC，即计算机数字控制系统，简称数控系统）。运动控制器是指挥各执行机构动作的，可以看成是整个系统的“大脑”。作为运动控制系统的核心部分，控制器的形式决定了整套系统的运动控制功能的优劣。下面简要介绍上述伺服控制系统中运动控制器各构成方案的基本思想。

1. 采用单片机作为步进伺服控制器

这种控制系统由单片机芯片、外围扩展芯片和外围电路等组成。在位置控制方式下，通过单片机的 I/O 口输出数字脉冲信号来控制执行机构运动；在速度控制方式下，需要加 D/A 转换模块输出模拟量信号来实现。这种方案的优点是成本较低，但由于一般单片机 I/O 口产生脉冲频率较低，对于分辨率高的执行机构尤其是对于控制伺服电动机来说，存在速度跟不上、控制精度有限等缺点。对于运动控制复杂的场合，如升降速的处理，多轴联动，直线插补、圆弧插补等功能，实现起来都需要用户自己编写相应算法，这将增加开发的难度，使开发周期较长，调试过程麻烦。而且系统一旦定型，不太容易扩展功能，带来升级、柔性不强等诸多问题。因此，这种方案一般适用于运动控制系统的功能较简单、产品批量较大，且单片机系统开发经验较丰富的用户。

2. 采用 PC 机加运动控制卡

随着 PC（Personal Computer）机的发展和普及，采用 PC 机加运动控制卡作为控制器已成为伺服控制系统的一个重要控制方案。这种方案能充分利用计算机资源，可用于运动过程、运动轨迹都比较复杂且柔性比较强的机器和设备。从用户使用的角度来看，基于 PC 机的运动控制卡主要是功能上的差别，如硬件接口（输入/输出信号的种类、性能）和软件接口（运动控制函数库的功能函数）。从运动控制卡的主控芯片类型来看，一般有三种形式，即单片机、专用运动控制芯片、DSP（Digital Signal Processor）。以单片机为主控芯片的运动控制卡，成本较低，外围电路较为复杂。这种方案仍采用在程序中通过延时来控制发脉冲，脉冲波形的质量和频率都受到限制，一般用于控制步进电动机。以专用运动控制芯片作为主控芯片的运动控制卡成本较高，但其运动控制功能由硬件电路实现，而且集成度高，所以可靠性、实时性都比较好。其输出脉冲频率可以达到几兆赫，能够满足对步进电动机和数字式伺服电动机的控制要求。以DSP为主控芯片的运动控制卡利用了DSP对数字信号的高速处理功能，能够实时完成非常复杂的运动轨迹，常用于像工业机器人等运动控制复杂的自动化设备中。控制卡按信号类型可分为数字卡和模拟卡。模拟卡用于控制模拟式的伺服电动机；数字卡一般用于控制步进电动机和伺服电动机，相应又可分为步进卡和伺服卡。步进卡的脉冲输出频率一般较低（几百千赫），适用于控制步进电动机；伺服卡的脉冲输出频率较高（可达几兆赫），能够满足对伺服电动机的控制。随着数字式伺服电动机的发展和普及，数字卡已成为运动控制卡的主流。

运动控制卡是基于PC机各种总线的步进电动机或数字式伺服电动机的控制单元，总线形式也是多种多样，通常使用的是基于ISA总线和PCI总线的。由于计算机主板的更新换代，ISA插槽已经越来越少，因此PCI总线的运动控制卡是目前的主流。卡上专用CPU与PC机CPU构成主从式双CPU控制模式。PC机的CPU可以专注于人机界面、实时监控和发送指令等系统管理工作；控制卡上专用的CPU用于处理所有运动控制的细节，像升降速计算、行程控制、多轴插补等，无需占用PC机资源。同时随卡提供功能强大的运动控制软件库，如C语言运动库、Windows DLL动态链接库等，方便用户更快、更有效地解决复杂的运动控制问题。控制卡可以接受主CPU的指令，进行运动轨迹规划，包括脉冲和方向信号的输出、自动升降速处理、原点和限位开关等信号的检测等。控制卡的运动控制功能主要取决于运动函数库。运动函数库为单轴及多轴的步进或伺服控制提供多种运动函数，如单轴运动、多轴独立运动、多轴插补运动等。另外，为了配合运动控制系统的开发，还提供了一些辅助函数，如中断处理、编码器反馈、间隙补偿、变速定位等。每块运动控制卡可以控制多轴步进电动机或数字式伺服电动机，并支持多卡共用，以实现更多运动轴的控制。每个轴都可以输出脉冲和方向信号，并可输入原点、减速、限位等开关信号，以实现回原点、限位保护等功能。开关信号由控制卡自动检测并作出反应。正是由于运动控制卡具有开放式结构、强大而丰富的软件功能，对于使用者来说，进行二次开发的设计周期缩短了，开发手段增多了，针对不同的数控设备，其柔性化、模块化、高性能的优势都得到了充分的利用。在目前工业生产中，运动控制卡的应用范围较广泛。在使用步进电动机和数字式伺服电动机的PC机运动控制系统中，都可以使用运动控制卡作为核心控制单元，如数控机床、加工中心、机器人、送料装置、云台、三坐标控制台、绘图机、雕刻机、印刷机械、打标机、绕线机、医疗设备、包装机械、纺织机械等。

从工业设备来看，使用专业运动控制卡作为运动控制系统的上位控制越来越多，附带产生的各种数控系统软件也越来越多。随着像激光雕刻机、三坐标测量仪等新兴数控设备的兴起，运动控制卡在各个方面都表现出巨大的开发潜力以及良好的应用前景。DSP运动控制卡的不断深入应用，使PC机加运动控制卡的方案在运动控制器中占有日益重要的地位。

3. 采用专用运动控制功能的PLC或PLC扩展运动控制单元

目前，许多品牌的PLC都可选配定位控制模块，有些小型PLC的基本单元本身就具有运动控制功能（如三菱的FX_{1S}、FX_{1N}和FX_{3U}系列，松下的FP0、FP∑系列），可以进行脉冲串输出、模拟量输出等。使用这种类型的PLC做运动控制系统的控制器时，可以同时利用PLC的I/O接口功能，能够同时完成运动控制、顺序控制、逻辑量的开关控制等。PLC通常使用梯形图编程，对开发人员来说简单易学、省时省力。另外值得一提的是，PLC可以与人机界面（HMI）进行通信，在线修改运动参数，如轴号、速度、加速度、位移等。这样使整个控制系统从输入到控制再到显示非常的方便，既可以使界面友好，又可以从整体上节省控制系统的成本。具有脉冲输出功能的PLC大多是晶体管输出类型的，这种输出类型的输出接口驱动电流不大，一般只有0.1～0.2A。在工业生产中，作为PLC驱动的负载来说，很多继电器开关的容量都要大很多，因此需要添加中间放大电路或转换模块。与此同时，由于PLC的工作方式（循环扫描）决定了它作为控制器时的实时性能不是很高，要受PLC每步扫描时间的限制。而且控制执行机构进行复杂轨迹的动作不太容易实现，虽然有的PLC已经有直线插补、圆弧插补功能，但由于其本身的脉冲输出频率也是有限的（一般为10～100kHz），对于像伺服电动机高速高精度多轴联动、高速插补等动作，它实现起来具有一定的难度。这种方案主要适用于运动过程不是特别复杂、运动轨迹相对固定的设备，如送料设备、自动焊机等。

特别值得注意的是，近年来数控（CNC）机床已成为制造业的主要零件加工单元，CNC实际是一种专用计算机控制系统，它在逻辑上分为轨迹控制和顺序控制两个部分。轨迹控制通过插补计算、位置控制、速度控制等步骤，对机床的各坐标轴进行运动控制，使刀具走出零件轨迹。轨迹控制一般由专用控制器实现，采用G代码编程。顺序控制负责对主轴的启/停、JOG（手动或寸动）、刀具的更换、工件的夹紧/松开、冷却、润滑等动作进行控制。许多厂家的CNC由运动控制器和内装式PLC组成，分别完成轨迹控制和顺序控制功能，是一种专用的控制系统。这种专用控制系统的缺点是互换性差，各CNC生产厂家的控制系统在硬件上不能互换，在软件上多数厂家采用国际标准化组织（ISO）的ISO代码进行编程。

目前，许多高性能的PLC都可以实现复杂的运动控制功能。根据控制技术趋同性的规律，不少PLC厂家推出了运动控制单元和位置控制单元，大型专用运动控制型PLC也不断出现。许多品牌的PLC都有位置控制单元和运动控制单元可供选配，即以PLC为主控制器扩展相应运动控制单元或位置控制单元，由运动控制单元或位置控制单元完成轨迹控制或定位控制。运动控制单元能使用G代码编程，可与PLC灵活地交换数据。此类控制系统的出现和推广应用，大大降低了CNC的成本。这种PLC运动控制方案已经在流水线、包装线、机械手等设备上得到了广泛的应用，这些应用都属于典型的运动控制范畴。

4. 采用专用数控系统

专用的数控系统一般都是针对专用设备或专门行业而设计开发生产的，像专用车床数控系统、铣床数控系统、电火花线切割机数控系统等。它集成了计算机的核心部件、输入/输出外围设备以及为专门用途而开发的软件。由于是专用的，用户的使用开发过程非常简便，不需要进行二次开发，对使用者来说只需通过熟悉过程达到能操作的目的就可以。在这方面，国外知名品牌的产品在我国制造行业中早已出现，如西门子、法那克、法格、三菱等。当然，用户大规模广泛地采用这种专用数控系统，是因为其功能丰富、性能稳定可靠。但数控系统的成本较高，因此，适用于控制要求较高且产品档次较高的专用数控设备生产厂家和用户。

综上所述，PC机加运动控制卡是运动控制领域的一种主流方案，而在自动化一般行业中主要是应用PLC产品，因而PLC加运动控制模块则是另一种主要的方案。本书在后面将

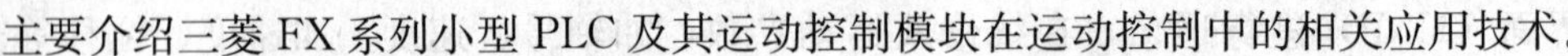

主要介绍三菱 FX 系列小型 PLC 及其运动控制模块在运动控制中的相关应用技术。

第三节　运动控制技术的发展趋势

随着运动控制技术研究工作的深入和生产加工工艺的进步，运动控制系统的各个组成部件都有了较大的改进和发展，各种类型的控制电动机层出不穷，各种驱动器也不断出现。尽管人们在电动机运动控制技术上已经取得了巨大的成就，但技术是永无止境的，为了进一步提高电动机运动控制系统的性能，目前有关研究工作正围绕以下六方面展开：

1. 采用新型电力电子器件和新型电路拓扑结构

电力电子器件的不断进步为交流电动机控制系统的完善提供了物质保证，新的电力电子器件正朝着高电压、大功率、高频化、组合化和智能化的方向发展。智能功率模块（IPM）的广泛应用，使得新型电动机运动控制系统的体积更小、可靠性更高。

传统电力电子变频装置有交—直—交间接式（包括电流源型、电压源型）和交—交直接式两种。PWM 电压型变频器在中小功率电动机控制系统中占有主导地位。目前国外研制出了很多新型变频器，像矩阵式变频器、串联并联谐振式变频器等，新一代电动机运动控制系统正在孕育之中。

2. 新型微处理器和运动控制器

运动控制器在运动控制系统处于核心位置，是运动控制系统的“大脑”。运动控制器是运动控制系统中发展更新最快的一类部件，已经从以单片机、微处理器、专用芯片（ASIC）为核心处理器的运动控制器，发展到基于 PC 总线、以 DSP 和 FPGA（或 CPLD）为核心处理器的开放式运动控制器。

在运动控制器中，微处理器所需的周围器件较多，这往往会影响到整个系统的稳定性和可靠性，并且在某些控制场合，CPU 的处理速度也成为制约提高系统实时控制性的一个瓶颈。从 20 世纪 90 年代开始，数字信号处理器 DSP（Digital Signal Processor）芯片技术得到了高速发展，出现了一批高性能低成本的 DSP，运算速度最快可达 1GHz。这些 DSP 的优良特性使它们的兼容性好且浮点运算速度快，使多轴的运动控制系统能够浓缩在一块控制卡上，每个轴的控制速率都很高，并且能实现复杂的控制算法。可编程逻辑阵列（Field Programmable Gate Array，FPGA）芯片技术则使通过软件来更新硬件成为可能，从而使运动控制器使用的外围器件减少，可靠性提高。采用 DSP 作为系统控制器，并结合 FPGA（CPLD）器件来设计运动控制器，使整个系统选用器件少，有利于复杂控制过程的实现，而且可以运用 DSP 的高速数据处理能力来进行闭环控制，进一步提高系统的控制精度。

DSP 和 FPGA 技术的应用，使运动控制系统的硬件成本和体积下降，速度、精度提高。PC 加运动控制卡、PLC 运动控制单元和专用数控系统一般都采用此种技术。

3. 伺服驱动器的改进

随着微电子技术的进步，交流伺服电动机的驱动技术已从模拟式过渡到全数字式，使得驱动装置硬件结构简单，参数调整方便，产品输出的一致性、可靠性增加。驱动装置的发展突出表现在智能化和网络化两个方面。

(1) 智能化。伺服驱动装置利用计算机技术，可以集成复杂的电动机控制算法和智能化控制功能，如增益自动调整、PID运算、前馈控制、速度实时监控、共振抑制控制、可变增益控制、模型规范适应控制、反复控制、预测控制、模型跟踪控制、在线自动修正控制、模糊控制、神经网络控制等。目前可以通过面板进行参数设置，并能通过编程软件对伺服驱动装置进行组态。

（2）基于现场总线和网络化。现代电动机运动控制系统在硬件结构上已朝着总线化发展，总线化使得各种电动机的控制系统有可能采用相同的硬件结构。基于各类现场总线和工业以太网的伺服驱动装置也逐步进入市场。例如，德国伦茨（Lenze）公司生产的伺服驱动器就具有CAN总线接口，使它很容易挂接到CAN总线网络上。伺服驱动器作为CAN总线的从站单元，可连接至网络长度超过1km的开放式CAN网络中。通过CAN总线进行数据传输与控制，拓展了伺服驱动器、伺服电动机的功能与应用范围，使伺服控制系统能更好、更灵活地应用于现代工业控制系统中。使用这种总线网络配置模式，控制器就可以直接使用数字通信的方式来操作和使用伺服驱动器，这样在配线、编程和安装上都有较大好处。

当今已是网络时代，信息化的电动机运动控制系统正在出现。内含嵌入式操作系统的控制器已经进入电动机控制领域。这种控制系统采用嵌入式控制器，在嵌入式操作系统的软件平台上工作，控制系统自身就具有局域网甚至互联网的上网功能，这样就为远程监控和远程故障诊断及维护提供了方便。基于网络的开放式、嵌入式结构的通用运动控制器已逐步成为运动控制领域里的主导产品之一。

4. 直线电动机驱动技术

直线电动机驱动（Linear Motor Driving）是运动控制中具有代表性的新技术，最初主要用于磁悬浮列车（时速可达500km/h）。使用直线电动机可使数控机床向高速、超高速方向发展，因为采用直线电动机直接驱动相对于原来的旋转电动机传动而言，最大区别是取消了从电动机到工作台之间的一切机械中间传动环节，把机床进给传动链的长度缩短为零。这种“零传动”方式具有原来的旋转电动机驱动方式不可比拟的一系列优点，主要有：

（1）高速响应。由于系统中直接取消了一些响应时间常数较大的机械传动件，如丝杠，使整个闭环控制系统动态响应性能大大提高，反应更灵敏快捷。

（2）精度高。直线驱动系统取消了由于丝杠等机械机构引起的传动误差，减少了插补时因传动系统滞后带来的跟踪误差。通过直线位置检测反馈控制，即可大大提高机床的定位精度。

（3）传动刚度高。由于采用“直接驱动”，所以避免了启动、变速和换向时因中间传动环节的弹性变形、摩擦损耗和反向间隙造成的运动滞后现象，同时提高了其传动刚度。

（4）速度快、加、减速过程短。直线电动机可满足数控机床超高速切削的最大进给速度（可达60～100m/min或更高），由于“零传动”的高速响应性，使其加、减速过程大大缩短，从而可实现启动时瞬间达到高速，高速运行时又能瞬间准停。系统可获得较高的加速度，一般可达2～10g（g=9.8m/s^2），而滚珠丝杠传动的最大加速度只有0.1～0.5g。

（5）行程长度不受限制。在导轨上通过串联直线电动机，就可以无限延长其行程长度。

（6）运动安静，噪声低。由于取消了传动丝杠等部件的机械摩擦，且导轨又可采用滚动导轨或磁垫悬浮导轨（无机械接触），其运动时噪声将大大降低。

（7）效率高。由于无中间传动环节，消除了机械摩擦时的能量损耗。

但是，直线电动机的推广使用尚需解决成本高和发热等问题。

5. 伺服控制系统可采用全闭环结构

通常带有位置环的伺服系统，位置环的反馈采样取自伺服电动机的编码器，对于传动链上的间隙及误差还不能补偿克服，只能形成半闭环的位置控制系统。现在一些定位精度或动态响应要求比较高的机电一体化产品中，已经使用全闭环数字式交流伺服系统，其控制原理如图 1-2 所示。

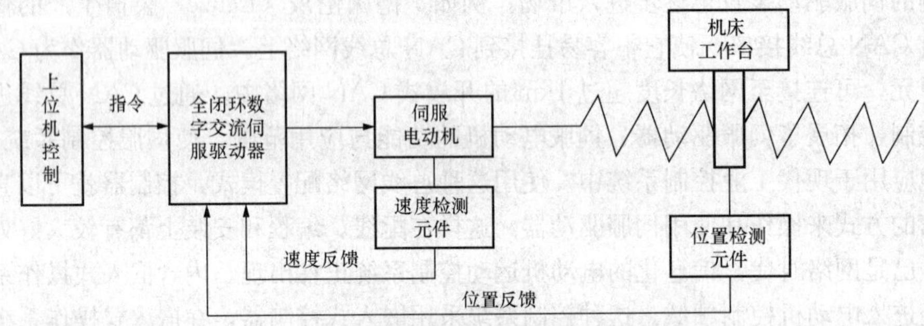

图 1-2　全闭环数字式交流伺服控制原理图

这种系统克服了半闭环控制系统的缺陷，位置环的采样可以直接取自装在最后一级机械上的位置反馈元件（如旋转编码器、光栅尺、磁栅尺等），而电动机上的编码器此时仅作为速度环的反馈，这样就可以消除机械上存在的一切间隙。并且该伺服系统还可以对机械传动上出现的误差进行补偿，达到真正全闭环的功能，实现高精度的位置控制。另外，这种全闭环控制均由驱动器来完成，无需增加上位控制器。由于采用全闭环交流伺服系统能获得极高的定位精度，而不需增加上位控制系统，所以它广泛应用于数控机床、台钻机等高精度数控设备中。

6. 应用现代控制理论、技术和智能控制方法

近年来，现代控制理论在电动机控制系统的应用研究方面出现了蓬勃发展的兴旺景象。这要归功于两方面的原因：第一是高性能处理器的应用，使得复杂的运算得以实时完成；第二是在过程辨识、参数估值以及控制算法鲁棒性方面的理论和方法的成熟，使得应用现代控制理论能够取得更好的控制效果。

当运动控制系统工作时，由于传动部分机械阻力的变化或加工材料硬度的变化使被控对象的参数发生变化，使系统不是处于最佳状态，从而导致生产率下降、成本升高、质量下降。近年来，人工神经网络等智能控制方法开始引入到电动机运动控制系统中，并成为一个新的研究发展方向。目前研究的自适应控制算法，采用的对策是实时检测反映运动控制系统状态的参数（如各电动机电流、转速、振动等），根据约束条件自动调整各轴的运动速度，保证最优运动轨迹。

第二章

基于 PLC 的运动控制系统的组成

在第一章中已经介绍过，运动控制系统主要由检测元件、控制器、驱动器、电动机和被控对象等组成。微计算机技术的飞速发展和应用不仅促进了控制理论的发展，也推动了运动控制技术向深度与广度进军，使生产自动化提高到更高的水平。目前，控制器已经实现了从模拟式到全数字式的转变，基于单片机、DSP 或 PLC 等控制器的运动控制系统已经得到了广泛的应用。PLC 作为一种特殊的工业控制计算机，因其在计算能力、响应速度、通信联网能力、灵活性及可维护性等方面的诸多优点，所以在运动控制系统中拥有较广阔的应用前景。

本章就基于 PLC 的运动控制系统中的检测元件（传感器），对三菱 FX 系列小型 PLC、Q 系列中大型 PLC（作为运动控制系统中的控制器）的运动控制功能，以及常见执行元件（变频器、步进电动机、交流伺服电动机等）进行简单介绍。

第一节　PLC 运动控制系统概述

首先需要声明，在本章介绍的运动控制系统主要指伺服位置控制系统，因为它是整个运动控制系统的核心和关键所在，所以有必要加以重点阐述。但是，从第一章中我们已经知道，运动控制系统实际上还应包括电动机调速系统部分。

一、脉冲量在 PLC 伺服位置控制系统中的使用

1. 伺服位置控制技术中的脉冲量

我们知道，在顺序控制系统中开关量和模拟量的使用是比较多的，而在运动控制系统中则不同，此时脉冲量的使用和处理对于运动控制的实现是至关重要的。20 世纪 50 年代诞生的数控（NC）技术，就是基于这种脉冲量的应用而不断发展与完善的。数控首先是用于金属切削机床的运动控制，如今已扩展应用到雕刻机、机械手甚至汽车生产流水线等众多领域中。

作为工业自动化支柱之一的 PLC，现在也可以处理模拟量和脉冲量进行精确的运动控制了。世界上各主要 PLC 厂家的产品几乎都有运动控制功能，广泛用于各种运动机械、机床、机器人、电梯等场合。对于圆周运动或直线运动这些简单的运动控制，早就可以用

PLC来实现了。从控制系统配置来说，从早期直接使用开关量输入/输出模块连接位置传感器和执行机构，到现在一般使用专用的运动控制模块，而这些运动控制模块一般是通过输出高频脉冲信号来实现精确的定位控制的。目前，它不仅有输入输出模拟量、脉冲量的接口或模块，而且还有很多处理模拟量、脉冲量的软元件和指令。有的PLC虽然是微型机、小型机，但也有很强的模拟量、脉冲量处理功能，可以经济有效地通过模拟量和脉冲量的处理，实现多种类型的运动控制。

除了位移、速度这样的物理量可直接转换成脉冲量外，其他物理量转换成电量后，利用电压到频率的转换技术，也可最终转换成脉冲量。有了这个技术，用脉冲量也可实现对其他物理量，如温度、湿度、流量等的检测。再加上脉宽调制（PWM）技术的应用，使用脉冲量不仅可实现运动控制，也可实现对其他物理量控制。

使用脉冲量实现控制的优点如下：

(1) 系统的工作精度高且可控性强。因为它的精度以脉冲计，减少脉冲当量，即每个脉冲对应的物理量的实际值，就可提高控制精度。随着技术进步，如细分技术等，脉冲当量可以做得非常小。

(2) 占用资源比较少。脉冲采用串行输入输出，而不是并行处理的方式。用一个输入点（单相时）或输出点（一个位），就可以处理原来用一个通道（16位）或字节（8位）才能处理的问题。这里的关键是因为现代PLC的工作速度很高，扫描周期极短。

(3) 信号传送的电平较高，信号失真对其影响也较小，因此抗干扰能力很强。

由于用脉冲量实现对系统进行控制有以上这些优点，所以其应用范围较为广泛。

2. 脉冲量实现的控制目标

(1) 定位控制。定位控制用来控制被控对象移动的位置及加、减速度等，也称点位控制。如立体仓库的操作机取货、送货，首先就要定位，要移动到指定的目标位置才能进行相关操作。点位控制可以采用闭环控制，也可采用开环控制。

闭环控制总是要得知脉冲量的变化，并依此确定下一步该怎么控制。具体是脉冲量入（PI，Pulse Input），开关量出（DO，Digital Output）或模拟量出（AO，Analog Output）。脉冲量是读入脉冲，读入后与设定值（控制要求）比较，再根据比较结果确定相应的开关量出（DO）或模拟量出（AO），进而实现位置控制。开环控制则不管脉冲量是怎么变化的，总是按原定的目标进行控制。不管具体是哪一种，是开关量输入（DI，Digital Input），还是模拟量输入（AI，Analog Input）、脉冲量输出（PO，Pulse Output），或是按照编写的程序输出脉冲，都要用到PLC的脉冲输出功能（使用晶体管型PLC的脉冲串输出，或采用PLC加位置控制单元），需要按要求输出脉冲，以实现定位控制。

(2) 轨迹控制。它用于多个坐标的运动控制，不仅控制目标位置、运动规律，还控制坐标间的位置协调。其目的是使被控对象能按要求的轨迹运动。

基于计算机技术的数控技术是实现这个要求的最好方法，用它可实现复杂型面的单件、小批量生产的自动化，已发展到非常完善的境地。数控系统功能很强，如可达5、6轴协调控制，还有很多其他功能，但其缺点是结构复杂、价格昂贵。

使用PLC对脉冲量进行控制，也可实现NC的某些功能，如也可实现3轴协调控制等，数据长度可能短些，但比数控控制要简单一些，价格比数控也要低不少。特别在近期，不少

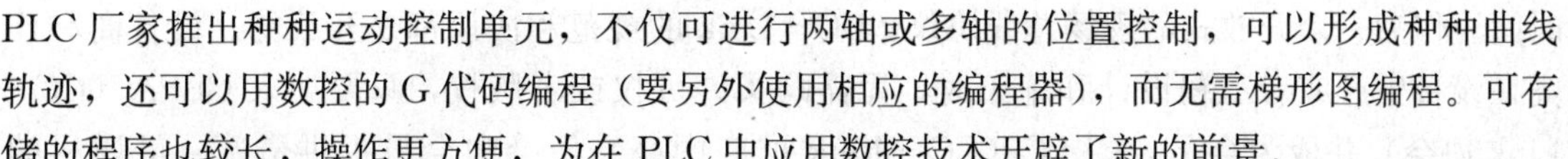

PLC 厂家推出种种运动控制单元，不仅可进行两轴或多轴的位置控制，可以形成种种曲线轨迹，还可以用数控的 G 代码编程（要另外使用相应的编程器），而无需梯形图编程。可存储的程序也较长，操作更方便，为在 PLC 中应用数控技术开辟了新的前景。

(3) 模拟量控制。以上两个目标都是针对被控对象运动物理量（位置、速度、加速度等）控制的，这也是早期脉冲量控制的目标。如今，随着脉冲技术发展，脉冲生成器、执行器的不断开发与完善，使用部分脉冲量（输入或输出中有一个用脉冲量）或者全部使用脉冲量（输入、输出均采用脉冲量），可对其他的模拟量进行控制，能够实现包括闭环反馈控制、PID 调节控制、模糊控制和其他智能控制等控制策略。至于控制的目标，如保持被控量定值（恒值控制）、使被控量跟随别的量变化（随动控制）或按编写的程序变化（程序控制）等，也完全可以通过 PLC 扩展相应功能模块和编程实现。

二、基于现场总线和网络的 PLC 运动控制系统

一般小型的运动控制系统都是以本站 PLC 为核心，通过扩展相应的定位模块、运动控制器，在本地实现运动控制功能。这种方案只能实现小范围且运动控制相对简单的系统。如果采用三菱电机的 CC-Link 现场总线，将含有各个定位模块或运动控制器的 PLC 系统作为 CC-Link 现场总线上的各个站点，这样的系统就是基于现场总线的运动控制系统了。

CC-Link（Control & Communication Link，控制与通信链路系统）是三菱电机公司于 1996 年根据“多厂家设备环境、高性能、省配线”理念开发、公布的一种现场总线网络系统。CC-Link 现场总线可以同时高速处理控制和信息数据，提供了一种高效、一体化的工厂和过程自动化控制结构，具有性能优越、应用广泛、使用简单、节省成本等诸多突出的优点。

CC-Link 通过简单的总线连接，可以将各种带总线接口的工业设备（如变频器、伺服控制器、传感器、条码读出器和触摸屏等）连接成为设备层的网络。同时，这个网络还可以方便地连接到其他网络中去，如 Ethernet、MELSECNET/H 等。变频器、伺服等作为从站的 CC-Link 现场总线网络系统示意图如图 2-1 所示。

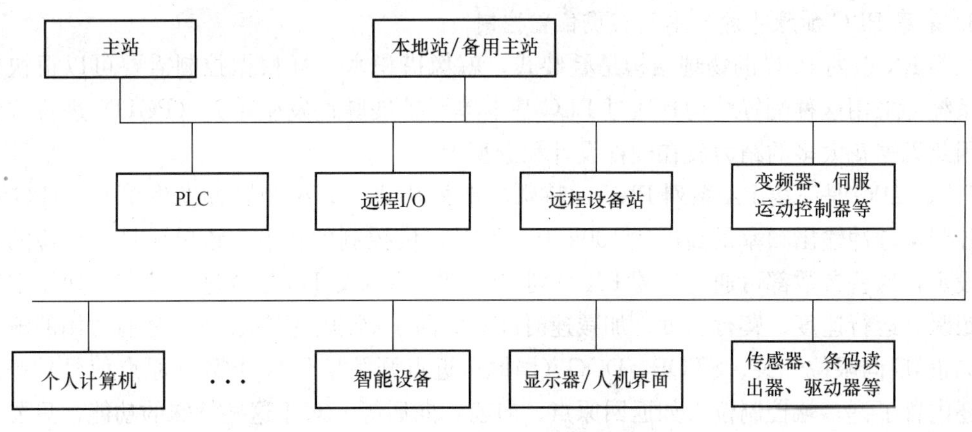

图 2-1　CC-Link 现场总线网络系统

CC-Link 是一种简单的现场总线解决方案，开放式的协议保证了供应商可以提供丰富的各类部件，在现场同类部件间可以直接替换，而且减少了配线和工业自动化工程的成本和时间。作为一个开放式的现场总线协议，CC - Link 的规范和协议都是开放的。设备商和厂商在设备生产或者工程设计和施工时，无需购买许可权或者版权，只要加入 CLPA（CC - Link 协会）并成为会员，CLPC（CC - Link 推广中心）便会向会员提供最新、最详尽的 CC - Link 资料以及技术方面的支持和服务。CLPA 会员可以不受限制地开发 CC - Link 的各类产品。另外，CLPA 还提供了丰富的开发套件和模块、芯片，使开发速度更快、更稳定、更方便。CC - Link 的底层通信协议是使用非常普遍的 EIA RS - 485 总线协议，这个协议在工业现场和仪器仪表中广泛使用，成本很低，开发非常简单、方便，而且大家都比较熟悉，使用成熟，维护也很方便。EIA RS - 485 采用的线缆是低成本的屏蔽绞线，在接口方面，可以采用常用的 EIA RS - 485 接口芯片。目前，世界上各大半导体公司都有多种 EIA RS - 485 接口芯片，选择面非常广，具有各种各样的封装形式和很低的价格。

三、PLC 运动控制系统常见硬件配置结构

1. 采用 PLC 加旋转编码器实现简单的定位控制和同步控制

PLC 运动控制系统采用这种硬件配置结构，思路是将位置反馈信号或速度反馈信号送入光电旋转编码器中，通过编码器将位置或速度信号转换为相应的高频脉冲信号。编码器输出的高频脉冲信号送入 PLC 高速计数器对应的端子，通过高速计数器的计数再加上简单的程序处理，就可以将位置信号或速度信号转换为成比例的数字值了。

PLC 将位置信号或速度信号对应的数字值经处理、运算之后，就可以通过开关量或者模拟量的输出（如扩展模拟量输出模块去控制变频器）去进行定位控制或者同步控制。

2. 采用晶体管输出型 PLC 加步进驱动系统/伺服驱动系统实现位置控制

采用这种配置结构应注意的是，作为高频脉冲串发生源的 PLC 必须是晶体管输出类型的，而不是一般的继电器输出类型。脉冲串的输出可以通过 PLC 脉冲输出指令在相应的输出端子来实现，高频脉冲串的频率对应着速度指令信息，而脉冲数量的多少则对应着位置指令信息。而 PLC 输出的脉冲串一般幅值、功率都较小，需经过步进功率放大器或伺服放大器放大后再去驱动步进电动机或伺服电动机。

这种硬件配置方案虽然实现的位置控制功能简单、有限，但却比较经济。

3. 采用 PLC 加脉冲发生单元实现位置控制

三菱 FX 系列 PLC 的物理结构是叠装式，就像搭积木一样根据控制需要可以很快构成控制系统。采用这种配置结构是通过 PLC 基本单元扩展脉冲发生单元（PGU）进行位置控制，因此无需花太多的精力放在硬件设计和选型上。

FX_{2N} - 1PG 是三菱 FX 系列 PLC 的特殊功能模块之一，称为脉冲发生单元。1PG 可以单轴控制，脉冲输出频率最高可达 100kHz。针对定位控制的特点，该单元具有完善的控制参数设定，这些参数都可通过三菱 FX 系列 PLC 的 FROM/TO 指令进行设定，如设定定位目标跟踪、运行速度、爬行速度、加减速时间等。除了高速响应输出外，还有常用的输入控制，如正/反向限位开关、STOP、DOG（回原点近点开关信号）、PG0（原点信号）等。此外，还内置了许多软控制位，如返回原点、向前、向后等。对于这些特殊的功能，只要通过设置特定缓冲存储器（BFM）预先定义的位就可以实现。

4. 采用 PLC 加专用定位模块实现位置控制

采用这种硬件配置方案，PLC 通过扩展专用的定位控制模块，可以实现包括直线运动、圆周运动等在内的位置、速度和加速度控制，也能够实现单轴或多轴位置控制。这样将运动控制与顺序控制有机地结合起来，可广泛地用于各种通用机械、数控机床、机器人、电梯等场合。

三菱公司 FX 系列 PLC 的定位控制模块，如 FX_{2N}-10GM、FX_{2N}-20GM，属于智能型 I/O 模块，本身就是一个带有微处理器的计算机系统，具有很强的信息处理能力和控制功能。定位模块的 CPU 与 FX 系列 PLC 的 CPU 是并行工作的，模块本身就能够独立构成完整的输入/输出控制系统，因此大大提高了系统的运行速度和控制功能。FX_{2N} 系列定位控制模块有 FX_{2N}-10GM 和 FX_{2N}-20GM，其中 FX_{2N}-10GM 是单轴定位模块，FX_{2N}-20GM 是两轴定位模块，它们可以执行直线插补、圆弧插补或独立的两轴控制。另外，模块还有 8 个通用输入点和 8 个通用输出点，用于连接外部 I/O 设备。这样，以专用定位模块作为运动控制器，将 PLC 的顺序控制与定位模块的位置控制功能结合起来，就可实现较为复杂的基于 PLC 的位置控制功能。

第二节　运动控制系统中的检测元件

运动控制系统中检测元件的作用是将物理参数（非电量）转换为电信号反馈至控制器，以便形成反馈通道给控制器作为比较、调节运算的依据。检测反馈的质量直接影响运动控制系统的品质。检测反馈的质量体现为反映准确性和实时性等一系列静态和动态指标，检测元件的输出在时间响应和准确度上与受控参数越接近，就可以越有效地协助控制器达到期望的控制结果。运动控制系统中主要的检测参数为位置、速度（转速）、加速度、转矩、电流和电压等，下面就从应用的角度简单介绍检测上述各运动系统参数常用传感器的工作原理及其检测反馈环节的组成。

一、位置检测元件

位置的检测是现代运动控制系统技术中的基础部分。如果没有包括旋转坐标或直角坐标的坐标系统，那么就很难在空间上定义一个运动控制系统。对于直线坐标上的位移，可采用能直接检测直线位移的传感器（如直线编码器和直线同步感应器）；对于旋转坐标来说，位置的变化一般以角度表征，采用可测量角度的传感器。这些都属于所谓直接测量的范畴。但是在运动控制系统中，直线位移大多由旋转运动转换而来，或者可以转换为旋转运动，其位置（位移）的测量可使用角位移传感器。直线位置和位移通过对角度的换算而得到，这样的测量称为间接测量。

在运动控制系统中常用的位置传感器有电位器、旋转（直线）光电编码器、旋转变压器等。

（一）光电编码器

编码器就是将某种物理量转换为数字格式的装置。运动控制系统中的编码器的作用是将位移（位置）和角度等参数转换为数字量。可采用电接触、磁效应、电容效应和光电转换等机理，形成各种类型的编码器。运动控制系统中最常见的编码器是光电编码器。

光电编码器根据其用途可分为旋转光电编码器和直线光电编码器，分别用于测量旋转角度和直线尺寸。光电编码器的关键部件是光电编码装置，在旋转光电编码器中是圆形码盘，而在直线光电编码器中则是直尺形的码尺。码盘和码尺根据用途和成本的需要，可由金属、玻璃和聚合物等材料制作，其原理都是在运动过程中产生代表运动位移的数字化的光学信号。这里只介绍旋转编码器的工作原理，直线编码器的工作原理与其相似。

透射式旋转光电编码器如图 2-2 所示，它是在与被测轴同心的码盘上刻制了按一定编码规则形成的遮光和透光部分的组合。在码环的一侧是发光二极管或白炽灯光源，另一侧则是接收光线的光电器件。码盘随着被测轴的转动使得透过码盘的光束产生间断，通过光电器件的接收和电子线路的处理，产生特定电信号的输出，再经过数字处理可计算出位置和速度信息。上面是透射式光电编码器的原理，显然利用光反射原理也可制作光电编码器。

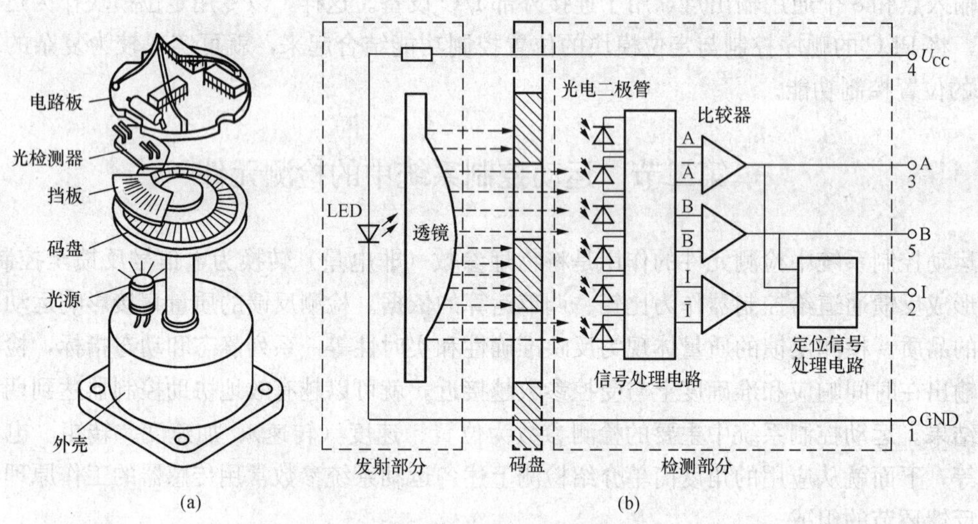

图 2-2　透射式旋转光电编码器

(a) 结构；(b) 工作原理

1. 增量式旋转光电编码器

根据码盘的具体设计，旋转光电编码器可分为增量式和绝对式两种。增量式编码器的码盘如图 2-3（a）所示，码盘上的窄缝和线条称为圆光栅。在现代高分辨率码盘上，透光和

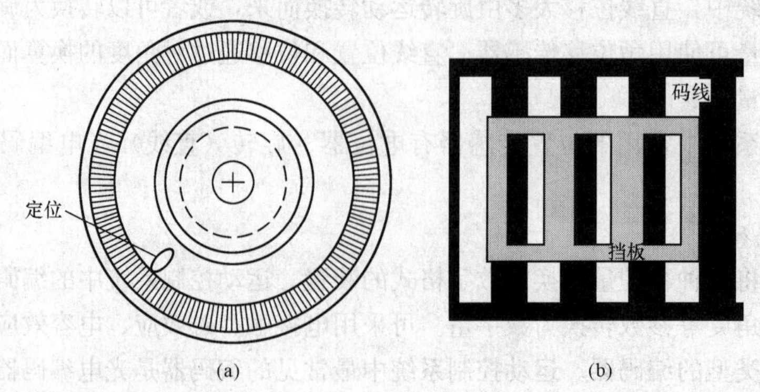

图 2-3　增量式编码器的码盘和挡板

(a) 码盘；(b) 挡板

遮光部分都是很细的，相邻的窄缝之间的夹角称为栅距角，透光窄缝和遮光大约各占栅距角的一半。码盘的分辨率以每转计数（CPR，Counters Per Revolution）表示，亦即码盘旋转一周在光电检测部分可产生的脉冲数。例如，某码盘的 CPR 为 1024，则可以分辨的角度为 21′5.625″。在码盘上，往往还另外安排一个（或一组）特殊的窄缝，用于产生定位或零位信号。测量装置或运动控制系统可利用这个信号产生回零或复位操作。

2. 绝对式旋转编码器

绝对式旋转编码器是把被测转角通过读取码盘上的图案信息直接转换成相应代码的检测元件。绝对式编码盘有光电式、接触式和电磁式三种，其中光电式码盘是目前应用较多的一种。

光电式码盘是在透明材料的圆盘上精确地印制上二进制编码。四位二进制的码盘如图 2-4 所示，码盘上各圈圆环分别代表一位二进制的数字码道，在同一个码道上印制黑白等间隔图案，形成一套编码。黑色不透光区和白色透光区分别代表二进制的“0”和“1”。在一个四位光电码盘上有 4 圈数字码道，每一个码道表示二进制的一位，最里侧是最高位，最外侧是最低位，在 360°范围内可编数码数为 $2^4=16$ 个。

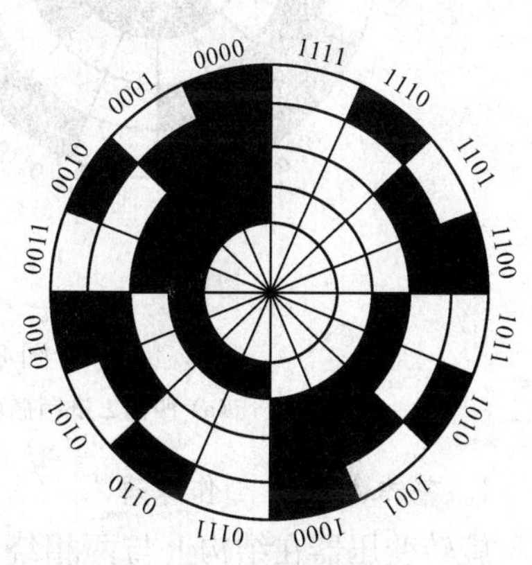

图 2-4 四位二进制绝对式光电码盘

工作时，码盘的一侧放置电源，另一侧放置光电接收装置，每个码道都对应有一个光电管及放大、整形电路。码盘转到不同位置，光电元件接收光信号，并转换成相应的电信号，经放大整形后，成为相应数码电信号。但由于制造和安装精度的影响，当码盘回转在两码段交替过程中，会产生读数误差。例如，当码盘顺时针方向旋转，由位置“0111”变为“1000”时，这四位数要同时发生变化，可能将数码误读成 16 种代码中的任意一种，如读成 1111、1011、1101、…、0001 等，会产生很大的数值误差，这种误差称为非单值性误差。为了消除非单值性误差，可采用以下两种方法：

(1) 采用循环码盘（格雷码盘）。循环码习惯上又称格雷码，它也是一种二进制编码，只有“0”和“1”两个数。四位二进制循环码盘，如图 2-5（a）所示，这种编码的特点是任意相邻的两个代码间只有一位代码有变化，即“0”变为“1”或“1”变为“0”。因此，在两数变换过程中，所产生的读数误差最多不超过“1”，只可能读成相邻两个数中的一个数。它是消除非单值性误差的一种有效方法。

(2) 采用带判位光电装置的二进制循环码盘。这种码盘是在四位二进制循环码盘的最外圈再增加一圈信号位。带判位光电装置的二进制循环码盘如图 2-5（b）所示，该码盘最外圈上信号位的位置正好与状态交线错开，只有当信号位处的光电元件有信号时才读数，这样就不会产生非单值性误差了。

（二）旋转变压器

旋转变压器是一种利用电磁感应原理将转角变换为电压信号的传感器。由于它结构简单、动作灵敏、对环境无特殊要求、输出信号大、抗干扰好、因此被广泛应用于机电一体化产品中。

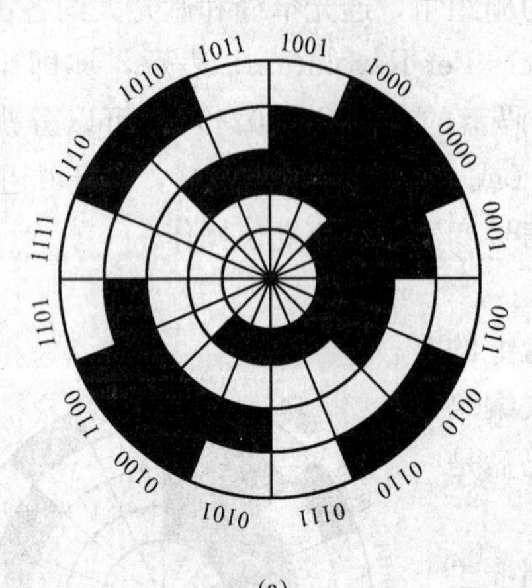

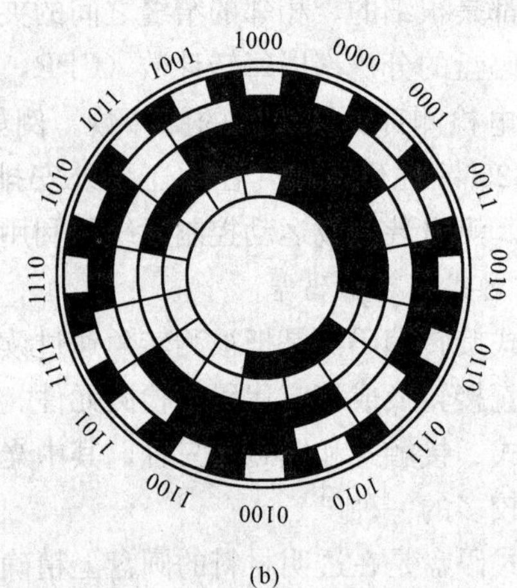

图 2-5　改进的绝对式光电码盘

(a) 四位二进制循环码盘；(b) 带判位光电装置的二进制循环码盘

1. 基本结构和工作原理

旋转变压器在结构上与两相绕组式异步电动机相似，由定子和转子组成。当一定频率（频率通常为 400、500、1000Hz 及 5000Hz 等）的励磁电压加于定子绕组时，转子绕组的电压幅值与转子转角成正弦、余弦函数关系，或在一定转角范围内与转角成正比关系。前一种旋转变压器称为正余弦旋转变压器，适用于大角位移的绝对测量；后一种称为线性旋转变压器，适用于小角位移的相对测量。

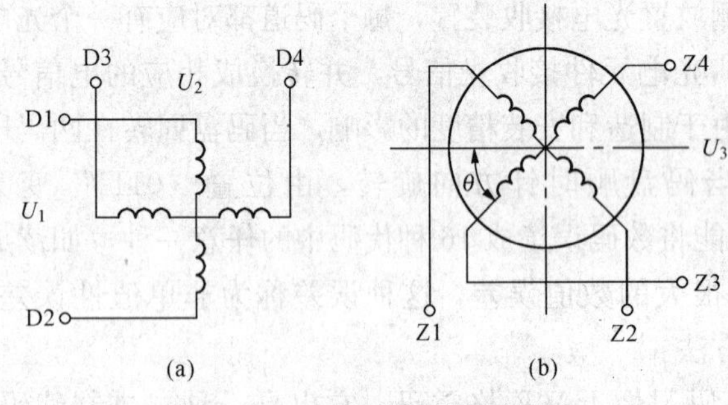

图 2-6　正余弦变压器原理图

(a) 励磁绕组和辅助绕组；(b) 输出绕组

D1D2—励磁绕组；D3D4—辅助绕组；

Z1Z2—余弦输出绕组；Z3Z4—正弦输出绕组

旋转变压器一般做成两极电机形式，其原理如图 2-6 所示。在定子上有励磁绕组和辅助绕组，它们的轴线相互成 90°。在转子上有两个输出绕组，即正弦输出绕组和余弦输出绕组，这两个绕组的轴线也互成 90°，一般将其中一个绕组（如 Z1Z2）短接。

2. 旋转变压器的测量方式

当定子绕组中分别通以幅值和频率相同、相位相差为 90°的交变励磁电压时，便可在转子绕组中得到感应电动势 U_3。根据线性叠加原理，U_3 值为励磁电压 U_1 和的感应电动势 U_2 之和，即

$$U_1 = U_m \sin\omega t$$

$$U_2 = U_m \cos\omega t$$

$$U_3 = kU_1 \sin\theta + kU_2 \sin(90° + \theta) = kU_m \cos(\omega t - \theta) \qquad (2-1)$$

其中 $$k = w_1 / w_2$$

式中　k——旋转变压器的变压比；

w_1、w_2——转子、定子绕组的匝数。

可见，测得转子绕组感应电压的幅值和相位，可间接测得转子转角 θ 的变化。

线性旋转变压器实际上也是正余弦旋转变压器，不同的是线性旋转变压器采用了特定的变压比 k 和接线方式，如图 2 - 7 所示。这样使得在一定转角范围内（一般为±60°），其输出电压与转子转角 θ 成线性关系。此时输出电压为

$$U_3 = kU_1 \frac{\sin\theta}{1 + k\cos\theta} \tag{2-2}$$

根据式（2 - 2），选定变压比 k 及允许的非线性度，就可推算出满足线性关系的转角范围，得到转子转角 θ 与输出电压 U_3 的关系曲线，如图 2 - 8 所示。如取 $k=0.54$，非线性度不超过±0.1%，则转子转角范围可以达±60°。

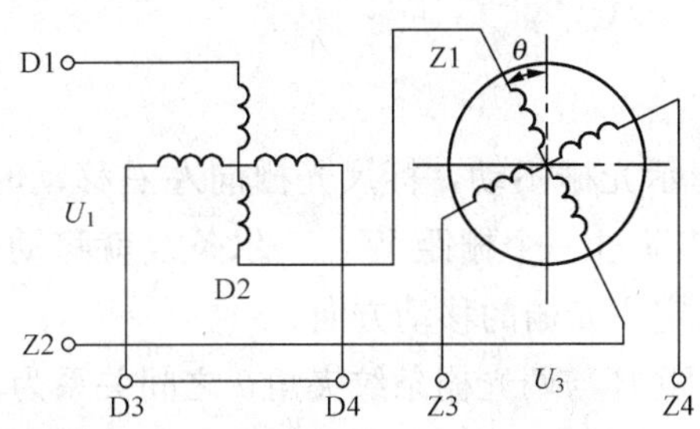

图 2 - 7　线性旋转变压器原理图

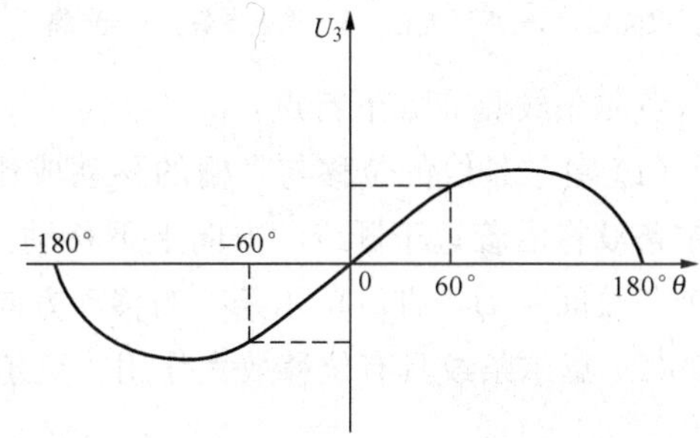

图 2 - 8　转子转角 θ 与输出电压 U_3 的关系曲线

（三）光栅尺

光栅是一种新型的位移检测元件，是一种将机械位移或模拟量转变为数字脉冲的测量装置。它的特点是测量精确度高（可达±1μm）、响应速度快、量程范围大、可进行非接触测量等。光栅尺易于实现数字测量和自动控制，广泛用于数控机床和精密测量中。

1. 光栅的构造

光栅就是在透明的玻璃板上，均匀地刻出许多明暗相间的条纹，或在金属镜面上均匀地划出许多间隔相等的条纹，通常线条的间隙和宽度是相等的。以透光的玻璃为载体的称为透射光栅，以不透光的金属为载体的称为反射光栅。而根据光栅的外形，又可分为直线光栅和圆光栅。

光栅位移传感器的结构如图 2 - 9 所示，它主要由标尺光栅、指示光栅、光电器件和光源等组成。通常，标尺光栅与被测物体相连，随被测物体的直线位移而产生位移。一般标尺光栅和指示光栅的刻线密度是相同的，而刻线之间的距离 W 称为栅距。光栅条纹密度一般有每毫米 25、50、100、250 条等。

2. 工作原理

如果把两块栅距 W 相等的光栅平行安装，且让它们的刻痕之间有较小的夹角 θ 时，光栅上会出现若干条明暗相间的条纹，这种条纹称为莫尔条纹，它们沿着与光栅条纹几乎垂直的方向排列，如图 2 - 10 所示。莫尔条纹是光栅非重合部分光线透过而形成的亮带，它由一系列四棱形图案组成，如图中的 d—d 线区所示，f—f 线区则是由于光栅的遮光效应形成的。

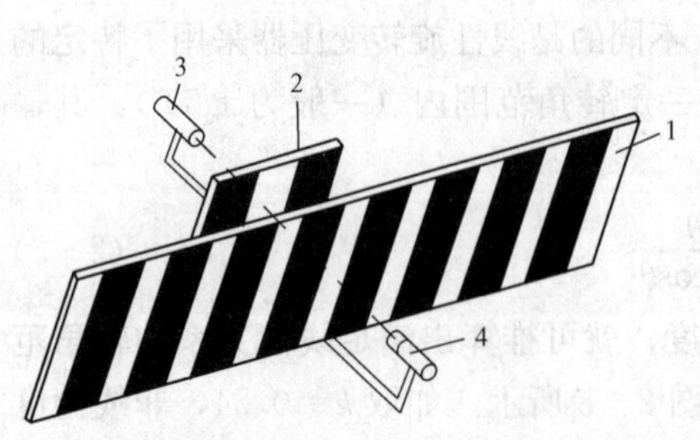

图 2-9　光栅位移传感器的结构原理

1—标尺光栅；2—指示光栅；3—光电器件；4—光源

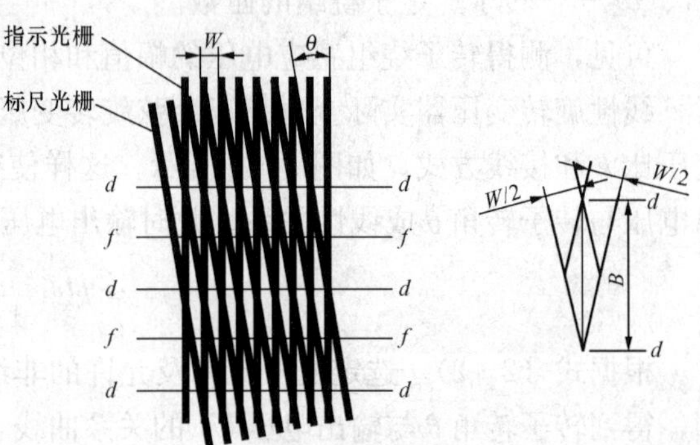

图 2-10　莫尔条纹

莫尔条纹具有如下特点：

(1) 莫尔条纹的位移与光栅的移动成比例。当指示光栅不动，标尺光栅向左右移动时，莫尔条纹将沿着近于栅线的方向上下移动。光栅每移动过一个栅距 W，莫尔条纹就移动过一个条纹间距 B，查看莫尔条纹的移动方向，即可确定主光栅的移动方向。

(2) 莫尔条纹具有位移放大作用。莫尔条纹的间距 B 与两光栅条纹夹角 θ 之间关系为

$$B=\frac{W}{2\sin\frac{\theta}{2}}\approx\frac{W}{\theta} \tag{2-3}$$

式中，θ 的单位为 rad，B、W 的单位为 mm。所以莫尔条纹的放大倍数为

$$K=\frac{B}{W}\approx\frac{1}{\theta} \tag{2-4}$$

可见 θ 越小，放大倍数越大。实际应用中，θ 角的取值范围都很小。例如当 $\theta=10'$ 时，$K=1/\theta=1/0.029\text{rad}\approx345$。也就是说，指示光栅与标尺光栅相对移动一个很小的 W 距离时，可以得到一个很大的莫尔条纹移动量 B，从而可以利用测量条纹的移动来检测光栅微小的位移，实现高灵敏度的位移测量。

(3) 莫尔条纹具有平均光栅误差的作用。莫尔条纹是由一系列刻线的交点组成，它反映了形成条纹的光栅刻线的平均位置，对各栅距误差起到了平均作用，减弱了光栅制造中的局部误差和短周期误差对检测精度的影响。

通过光电元件，可将莫尔条纹移动时光强的变化转换为近似正弦变化的电信号，将此电压信号放大、整形变换为方波，经微分转换为脉冲信号，再经辨向电路和可逆计数器计数，即可用数字形式显示出位移量。位移量等于脉冲数与栅距乘积，测量分辨率等于栅距。

提高测量分辨率的常用方法是细分，且电子细分应用较广。这样可在光栅相对移动一个栅距的位移（即电压波形在 1 个周期内）时，得到 4 个计数脉冲，将分辨率提高 4 倍，这就是通常说的电子 4 倍频细分。

(四) 磁栅尺

磁栅利用电磁特性来进行机械位移的检测，主要用于大型机床和精密机床作为位置或位移量的检测元件。磁栅和其他类型的位移传感器相比，具有结构简单、使用方便、动态范围

大（1～20m）和磁信号可以重新录制等特点。磁栅按用途分为长磁栅与圆磁栅两种。长磁栅用于直线位移测量；圆磁栅用于角位移测量。

磁栅式位移传感器的结构原理如图 2-11 所示，它由磁尺（磁栅）、磁头和检测电路（由励磁绕组和拾磁绕组构成）等部分组成。磁尺是采用录磁的方法，在一根基体表面涂有磁性膜的尺子上，记录下一定波长的磁化信号，以此作为基准刻度标尺。磁头把磁栅上的磁信号检测出来并转换成电信号。检测电路主要用来供给磁头励磁电压和将磁头检测到的信号转换为脉冲信号输出。

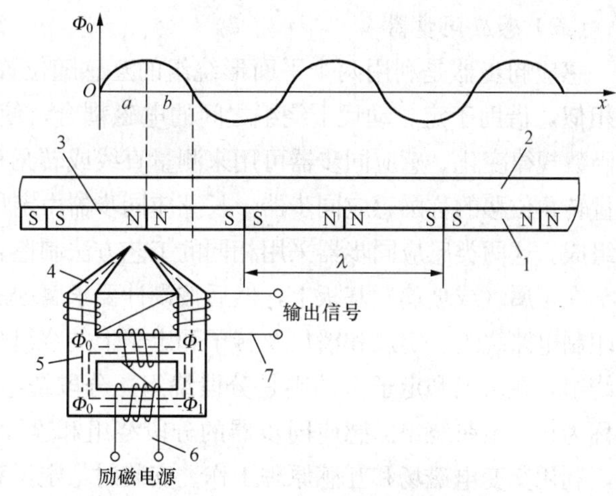

图 2-11 磁栅式位移传感器结构原理

1—磁性膜；2—基体；3—磁尺；4—磁头；
5—铁芯；6—励磁绕组；7—拾磁绕组

磁尺是在非导磁材料如铜、不锈钢、玻璃或其他合金材料的基体上，涂敷、化学沉积或电镀上一层 10～20μm 厚的硬磁性材料（如 Ni-Co-P 或 Fe-Co 合金），并在其表面上录制相等节距周期变化的磁信号。磁信号的节距一般为 0.05、0.1、0.2、1mm。为了防止磁头对磁性膜的磨损，通常在磁性膜上涂一层 1～2μm 的耐磨塑料保护层。磁头是进行磁—电转换的变换器，它把反映空间位置的磁信号转换为电信号，并输送到检测电路中去。

普通录音机、磁带机的磁头是速度响应型磁头，其输出电压幅值与磁通变化率成正比，只有当磁头与磁带之间有一定相对速度时才能读取磁化信号，所以这种磁头只能用于动态测量，而不能用于位置检测。为了在低速运动和静止时也能进行位置检测，必须采用磁通响应型磁头。

磁通响应型磁头是利用带可饱和铁芯的磁性调制器原理制成的。在用软磁材料制成的铁芯上绕有两个绕组，一个为励磁绕组，另一个为拾磁绕组。这两个绕组均由两段绕向相反并绕在不同的铁芯臂上的绕组串联而成。将高频励磁电流通入励磁绕组时，在磁头上产生磁通 Φ_1，当磁头靠近磁尺时，磁尺上的磁信号产生的磁通 Φ_0 进入磁头铁芯，并被高频励磁电流所产生的磁通 Φ_1 所调制。于是在拾磁线圈中感应电压为

$$u = U_0 \sin\frac{2\pi x}{\lambda}\sin\omega t \tag{2-5}$$

式中 U_0——输出电压系数；

λ——磁尺上磁化信号的节距；

x——磁头相对磁尺的位移；

ω——励磁电压的角频率。

这种调制输出信号与磁头和磁尺的相对速度无关。为了辨别磁头在磁尺上的移动方向，通常采用间距为（$m\pm1/4$）λ 的两组磁头（其中 m 为任意正整数）、输出相位相差 90°的两列脉冲。具体哪个脉冲超前，取决于磁尺的移动方向。根据两个磁头输出信号的超前或滞后，即可确定其移动方向。磁栅尺的主要缺点是需要屏蔽和防尘。

（五）感应同步器

感应同步器是利用两个平面形绕组的互感随位置不同而变化的原理构成的，与旋转变压器相似，借助于定、动尺上绕组之间的电磁耦合，使输出电压随定、动尺相对位移呈正、余弦函数规律变化。感应同步器可用来测量直线或转角位移。测量直线位移的称长感应同步器；测量转角位移的称圆感应同步器。长感应同步器由定尺和滑尺组成。圆感应同步器由转子和定子组成。这两类感应同步器采用相同的工艺方法制造。一般情况下，首先用绝缘粘贴剂把铜箔粘牢在金属（或玻璃）基板上，然后按设计要求腐蚀成不同曲折形状的平面绕组，这种绕组称为印制电路绕组。定尺和滑尺及转子和定子上的绕组分布是不相同的。在定尺和转子上的是连续绕组，在滑尺和定子上的则是分段绕组。分段绕组分为两组，布置成在空间相差90°相角，又称为正、余弦绕组。感应同步器的分段绕组和连续绕组相当于变压器的一次侧和二次侧绕组，利用交变电磁场和互感原理工作。安装时，定尺和滑尺及转子和定子上的平面绕组面对面地放置。由于其间气隙的变化要影响到电磁耦合度的变化，因此气隙一般必须保持在0.25mm±0.05mm的范围内。工作时，如果在其中一种绕组上通以交流励磁电压，由于电磁耦合，在另一种绕组上就产生感应电动势。该电动势随定尺与滑尺（或转子与定子）的相对位置不同呈正弦、余弦函数变化。再通过对此信号的检测处理，便可测量出直线或转角的位移量。

感应同步器具有以下特点：

(1) 具有较高的精度与分辨力。其测量精度首先取决于印制电路绕组的加工精度，温度变化对其测量精度影响不大。感应同步器是由许多节距同时参加工作，多节距的误差平均效应减小了局部误差的影响。目前长感应同步器的精度可达到±1.5μm，分辨力0.05μm，重复性0.2μm。直径为300mm的圆感应同步器的精度可达±1″，分辨力0.05″，重复性0.1″。

(2) 抗干扰能力强。感应同步器在一个节距内是一个绝对测量装置，在任何时间内都可以给出仅与位置相对应的单值电压信号，因而瞬时作用的偶然干扰信号在其消失后不再有影响。平面绕组的阻抗很小，受外界干扰电场的影响也很小。

(3) 使用寿命长，维护简单。定尺和滑尺及定子和转子互不接触，没有摩擦、磨损，所以使用寿命很长。它不怕油污、灰尘和冲击振动的影响，不需要经常清扫。但需装设防护罩，防止铁屑进入其气隙。

(4) 可以用于长距离位移测量。可以根据测量长度的需要，将若干根定尺拼接。拼接后总长度的精度可保持（或稍低于）单个定尺的精度。目前几米到几十米的大型机床工作台位移的直线测量，大多采用感应同步器来实现。

(5) 工艺性好，成本较低，便于成批生产。由于感应同步器具有上述优点，长感应同步器目前被广泛应用于大位移静态与动态测量中，如用于三坐标测量机、数控机床、高精度重型机床和加工中测量装置等。圆感应同步器则被广泛用于机床和仪器的转台以及各种回转伺服控制系统中。

二、速度和加速度检测元件

速度（转速）反馈环节是闭环调速系统中不可缺少的组成部分。可以进行速度检测的传感器很多，大多面向位置测量的传感器也可同时获取速度的信息，但是应用最广泛，能直接得到代表转速的电压且具有良好实时性的速度传感器是测速发电机。测速发电机也是一种发电机，但是其应用不以输出电功率为目的，而是用于转速的测量。它一般通过传动机构或者直接与转轴耦合，输出与转速成正比的模拟电压。测速发电机有直流和交流两种，其区别在于输出电压信号是直流还是交流。

（一）直流测速发电机

1. 基本结构和工作原理

直流测速发电机是一种测速元件，实际上它就是一台微型的直流发电机。根据定子磁极励磁方式的不同，直流测速发电机可分为电磁式和永磁式两种。如以电枢的结构来分类，则有无槽电枢、有槽电枢、空心杯电枢和圆盘电枢等。

直流测速发电机的结构有多种，但其原理基本是相同的。永磁式直流测速发电机的原理如图 2－12 所示，恒定磁通由定子产生，当转子在磁场中旋转时，电枢绕组中即产生交变的电动势，经换向器和电刷转换成正比的直流电动势。

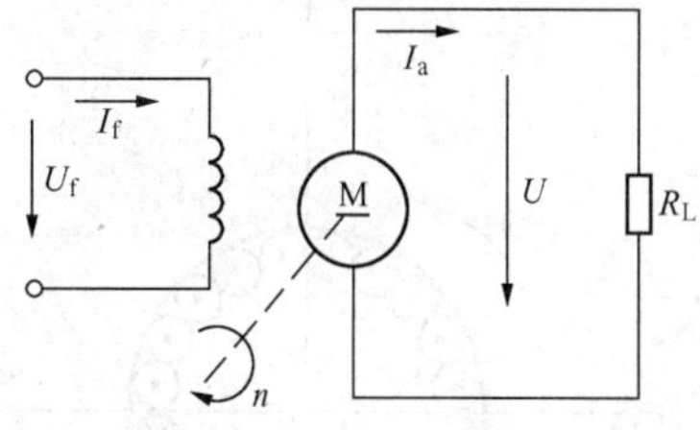

图 2－12　永磁式直流测速发电机原理图

2. 输出特性和特点

直流测速发电机的输出特性曲线如图 2－13 所示。由图可以看出，当负载电阻 $R_L \to \infty$ 时，其输出电压 U 与转速 n 成正比。随着负载电阻 R_L 变小，其输出电压下降，而且输出电压与转速之间并不能严格保持线性关系。因此，对于要求精度比较高的直流测速发电机，除采取其他措施外，负载电阻 R_L 应尽量大。

直流测速发电机的特点是输出斜率大、线性好，但由于有电刷和换向器，构造和维护比较复杂，摩擦转矩较大。直流测速发电机在机电控制系统中，主要用作测速和校正元件。在使用中，为了提高检测灵敏度，尽可能把它直接连接到电动机轴上。有的电动机本身就已安装了测速发电机。

（二）交流测速发电机

1. 基本结构和工作原理

交流测速发电机是输出交流电压信号的测速发电机，可分为同步测速发电机和异步测速发电机两大类。应用最广泛的是空心杯转子异步测速发电机。

空心杯转子异步测速发电机的结构如图 2－14 所示，其中定子由内、外定子形成磁路，

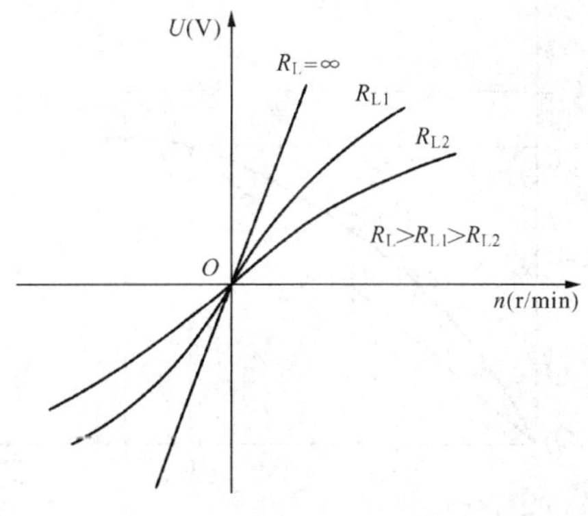

图 2－13　直流测速发电机输出特性曲线

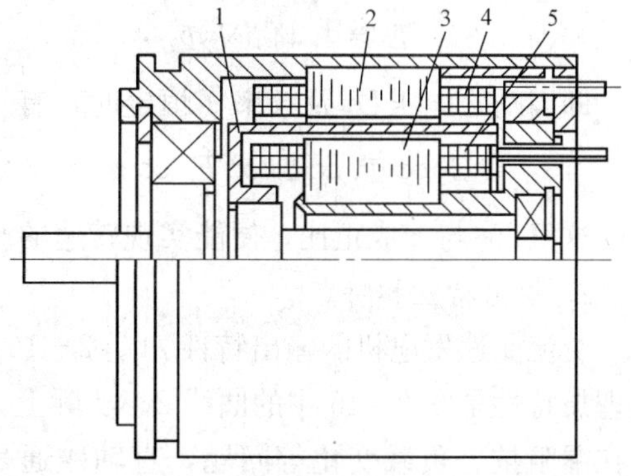

图 2－14　空心杯转子异步测速发电机结构

1—空心杯转子；2—外定子；3—内定子；4—励磁绕组；5—输出绕组

而转子则是处于内、外定子形成的气隙中的一个非磁性的空心杯。为了减小气隙，杯壁做得很薄，同时带来了转动惯量小的优点。在定子上安装了互相正交（相差90°电角度）的两个绕组，其中一个用作励磁绕组，其励磁电压为一稳压稳频的交流电压 u_1，在其轴线方向上产生脉动的气隙磁通 Φ_1，其频率与励磁电压的频率相同，均为 f。

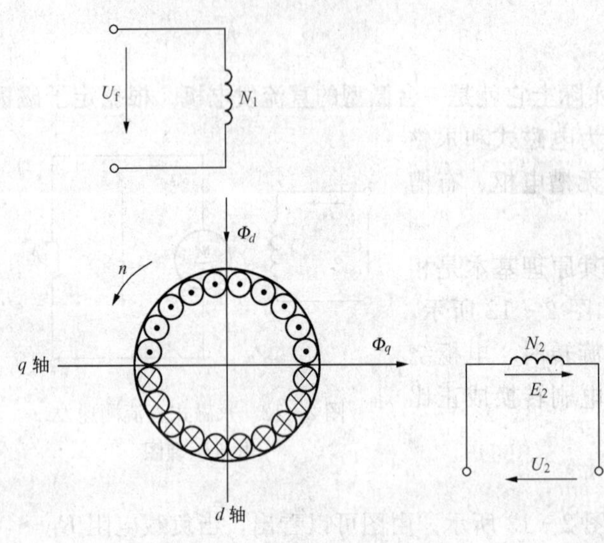

图 2-15　交流测速发电机原理图

交流测速发电机的原理如图 2-15 所示。图中，N_1 是励磁绕组，N_2 是输出绕组。因转子电阻大，可忽略转子漏抗，认为转子感应电流与感应电动势同相位。给励磁绕组 N_1 加频率 f、电压 U_f 恒定的单相交流电，气隙中便生成频率为 f、方向沿励磁绕组 N_1 轴线方向（即 d 轴方向）的脉振磁通势和相应的脉振磁通，称为励磁磁通势和励磁磁通。

当转子不动时，励磁磁通在转子绕组中感应出电动势及电流，该电流产生成的磁通势及磁通是沿 d 轴方向脉振的，称转子直轴磁通势和转子直轴磁通。励磁磁通势与转子直轴磁通势均为 d 轴方向，其合成磁通也是 d 轴方向脉振的，称为直轴磁通。该磁通与输出绕组 N_2 不交链，所以输出绕组输出电压 $U_2=0$。当转子旋转时，转子绕组切割直轴磁通产生切割电动势 E_q 和电流 I_q。电流 I_q 形成的磁通势和相应的磁通是沿 q 轴方向脉振的，分别称为交轴磁通势 F_q 和交轴磁通。交轴磁通与输出绕组 N_2 交链，在输出绕组中感应出频率为 f 的交变电动势 E_2。

切割电动势的有效值为

$$E_q = C_e \Phi_d n$$

输出绕组感应电势的有效值为

$$E_2 = 4.44 f N_2 \Phi_q$$

即当励磁电压 U_f 及频率 f 恒定时，有

$$E_2 \propto \Phi_q \propto I_q \propto E_q \propto n$$

这里 E_2 与 n 成正比，便能实现转速的测量。

2. 输出特性和特点

交流测速发电机的输出特性如图 2-16 所示，其理想特性是图 2-16 中的曲线 2。实际上，由于存在漏阻抗、负载变化等问题，直轴磁通是变化的，输出特性呈现非线性，见图 2-16 中的曲线 1。

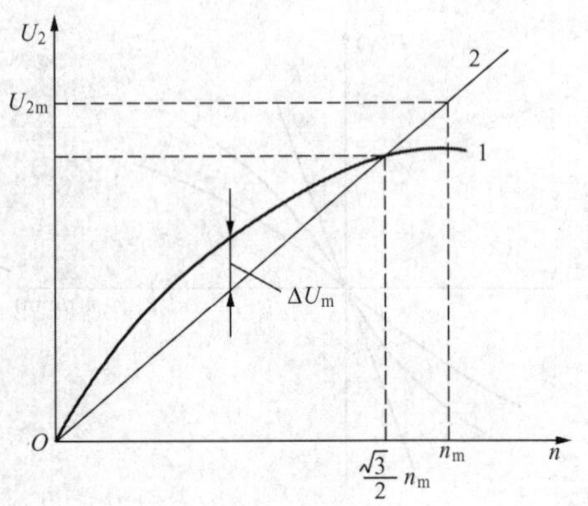

图 2-16　交流测速发电机的输出特性

1—实际输出特性；2—理想输出特性

（三）加速度传感器

作为加速度检测元件的加速度传感器有多种形式，它们的工作原理大多是利用惯性质量受加速度所产生的惯性力而造成的各种物理效应，进一步转化成电量，来间接度量被测加速度。最常用的有应变式、压电式和空气阻尼式等。

电阻应变式加速度传感器的结构如图 2－17 所示，它由重块、悬臂梁、应变片和阻尼液体等构成。当有加速度时，重块受力，悬臂梁弯曲，按梁上固定的应变片之变形便可测出力的大小，在已知质量的情况下即可计算出被测加速度。壳体内灌满的黏性液体作为阻尼之用。这一系统的固有频率可以做得很低。

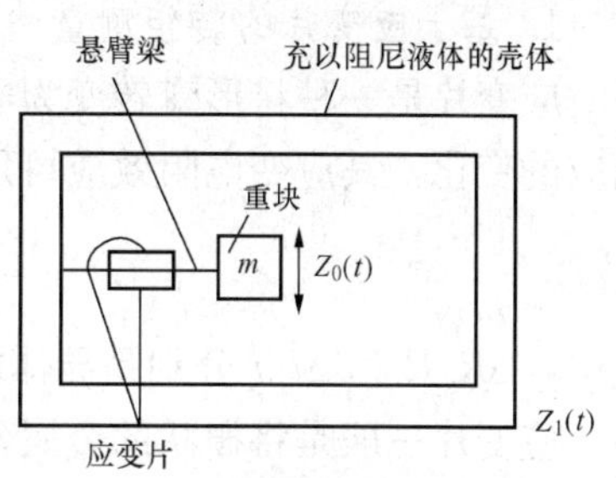

图 2－17　电阻应变式加速度传感器结构

压电加速度传感器的结构如图 2－18 所示。使用时，传感器固定在被测物体上，感受该物体的振动，惯性质量块产生惯性力，使压电元件产生变形。压电元件产生的变形和由此产生的电荷与加速度成正比。压电加速度传感器可以做得很小，重量很轻，故对被测机构的影响很小。压电加速度传感器的频率范围广、动态范围宽、灵敏度高，应用较为广泛。

利用空气阻尼的电容式加速度传感器的结构如图 2－19 所示。这种传感器采用差动式结构，有两个固定电极，两极板之间有一用弹簧支撑的质量块，此质量块的两端经过磨平抛光后作为可动极板。弹簧较硬，使系统的固有频率较高，因此构成惯性式加速度计的工作状态。当传感器测量垂直方向的振动时，由于质量块的惯性作用，使两固定极相对质量块产生位移，使电容 C_1、C_2 中一个增大，另一个减小，它们的差值正比于被测加速度。由于采用空气阻尼，气体黏度的温度系数比液体小得多，因此这种加速度传感器的精度较高，频率响应范围宽，可以测得很高的加速度值。

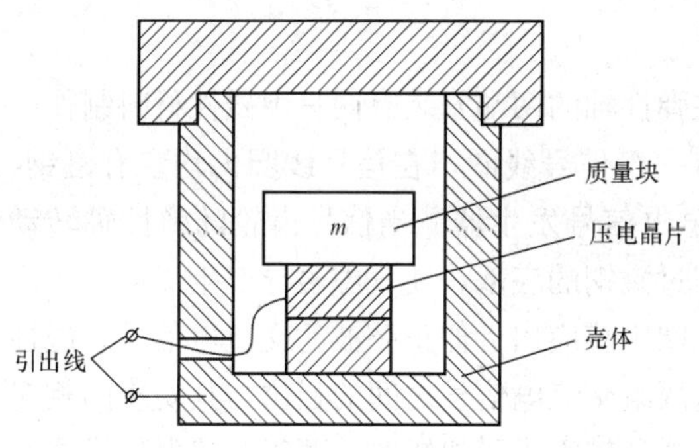

图 2－18　压电加速度传感器结构

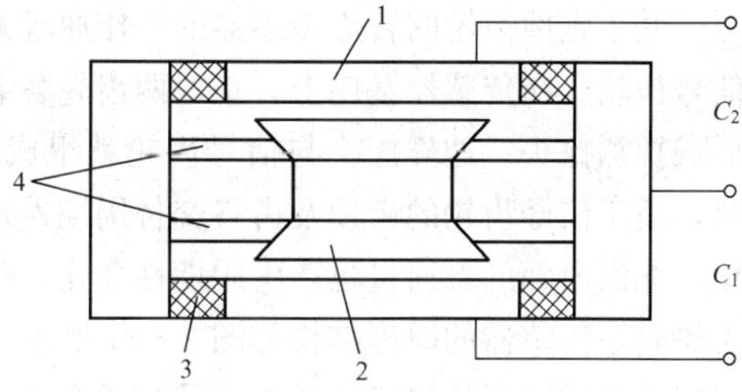

图 2－19　利用空气阻尼的电容式加速度传感器结构

1—固定电极；2—质量块（动电极）；3—绝缘体；4—弹簧片

三、转矩检测元件

运动控制系统中针对位置、转速、张力等的控制，本质上是通过控制电动机的转矩来实现的。而在一些以转矩为控制目标的系统中，如造纸机和轧钢机的卷取系统和齿轮箱疲劳试验系统，转矩传感器更是必不可少的测量反馈环节。转矩的测量一般通过对轴的弹性扭转形变的测量来实现，其方法是在驱动轴和负载轴之间串接一个高强度、高弹性材料制作的轴。

这个轴可以传递转矩，同时又可以产生较大的扭转形变，因此一般称为弹性轴或扭力轴。在这个轴上可以安装传感器，将其形变转换为电信号，间接实现对转矩的测量。

1. 基于应变片的转矩测量

应变片是一种将形变转变为电阻变化的传感器。导体在承受机械变形时其电阻值将产生相应的变化，其应变电阻效应可用应变灵敏系数 K 来描述。K 的表达式为

$$K=\frac{\Delta R/R}{\Delta l/l} \tag{2-6}$$

式中，$\Delta R/R$ 和 $\Delta l/l$ 分别是导体电阻和长度的相对变化率。

应变片一般是将栅状的金属丝或金属箔由基片和覆盖层固定后制成，在应用中用胶粘在被测对象上，被测对象的变形通过粘胶传递到应变片上。轴在转矩的作用下，其表面受力状况与位置有关，在与轴线方向成45°的方向上受力最大。应变片测量转矩的原理如图2-20所示，在转矩 M 作用下，沿 AA' 方向承受压缩力，沿 BB' 方向承受拉伸力。因此，若分别按这两个方向粘贴应变片1和2，则扭转形变将导致1的阻值变小，2的阻值增大。将这两个应变片分别作为电桥的一个臂接入电桥，若在转矩为零的情况下调整电桥使其平衡，则当转矩存在时，电桥的输出就是转矩的度量。

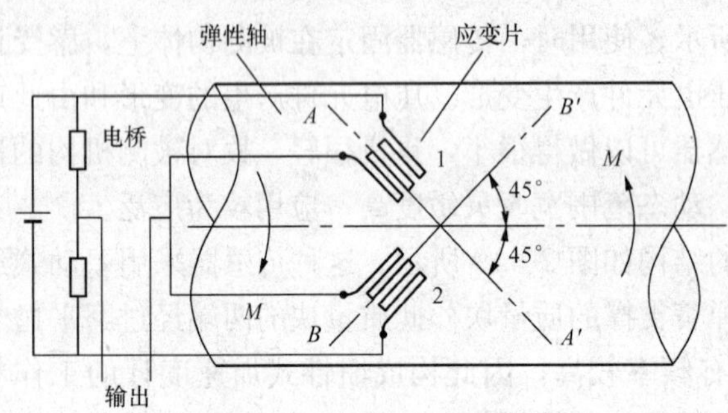

图2-20　应变片测量转矩原理图

采用应变片进行转矩测量的优点是动态性能较好，可以实时地得到转矩信号。其缺点是应变片和转轴一道转动，需要电刷和集电环将应变片的触点引出，这是导致可靠性和可维护性不佳、易于引入干扰的原因。

2. 基于磁性齿轮的转矩测量

基于磁性齿轮的转矩传感器的工作原理是在弹性轴的两端安装有两只由磁性材料制作的信号齿轮。在传感器基座上，正对两齿轮各装有一组信号线圈，在信号线圈内均装有磁钢，形成探测探头。这样探头与信号齿轮就组成了磁电信号发生器。当信号齿轮随弹性轴转动时，由于信号齿轮的齿顶及齿谷交替周期性地扫过磁钢的底部，使气隙磁导产生周期性的变化，线圈内部的磁通量也产生周期性变化，使线圈中感应出近似正弦波的交流电信号。磁性齿轮转矩传感器的原理结构如图2-21所示，这两组交流电信号之间的相位与其安装的相对位置及弹性轴所传递扭矩的大小及方向有关。当弹性轴不承受扭矩时，两组交流电信号之间的相位差只与信号线圈及齿轮的安装相对位置有关，这一相位差一般称为初始相位差。在设计制造时，一般使信号线圈与齿轮相差半个齿距，即两组交流电信号之间的初始相位差在180°左右。在弹性轴承受扭矩时，将产生扭转变形，使两组交流电信号之间的相位差发生变化，在弹性变形范围内，相位差变化的绝对值与转矩的大小成正比。这两组交流电信号的频率相同且与轴的转速成正比，由此可以用来测量转速。

把这两组交流电信号送入信号处理装置，采用测相位差和转速的电子电路设计技术，即可得到数字化的转矩、转速及功率的精确值。这种测量机制的输出信号的幅值显然与转速有

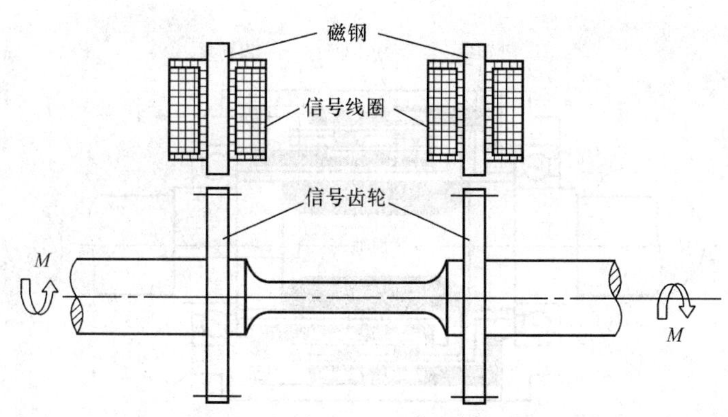

图 2－21　磁性齿轮测量转矩原理结构图

关，而且至少需要旋转一个完整的齿位，即经历输出波形的一个周期才能得到测量结果，这样就导致在低速下信号弱、实时性差和不能测量静止扭矩等缺点。

为了克服上述缺点，实际的传感器对上述的原理性结构作了较大变动。主要的变动是在弹性轴和磁性齿轮外部增加了一个套筒，该套筒可由附加的小电动机驱动。在套筒的内圆上与弹性轴上的外齿轮位置，相对安装一对磁性内齿轮，并且形成由内外齿轮、磁钢、线圈、导磁环和导磁支架等组成的闭合磁路。该闭合磁路中的唯一气隙是内、外齿轮中的间隙。外齿轮、内齿轮是齿数相同互相脱开不相啮合的，内、外齿轮的齿顶相对时气隙最窄，齿顶和齿槽相对时气隙最宽，如图 2－22 所示。内、外齿轮在相对旋转运动时，齿顶与齿槽交替相对，相对转动一个齿位时，工作气隙发生一个周期的变化，磁路的磁阻和磁通随之相应作周期变化，由此线圈中感应出近似正弦波的电压信号。信号电压瞬时值的变化和内、外齿轮的相对位置的变化是一致的。套筒的作用是当弹性轴的转速较低或者不转时，通过附加的小电动机带动套筒使内齿轮反向转动，保证即使在传动轴静止的情况下内、外齿轮之间也有一定的相对转速，达到提高转矩测量精度和实时性的目的。这种转矩传感器的优点是无刷结构，具有较高的可靠性并适用于高速转矩的测量。

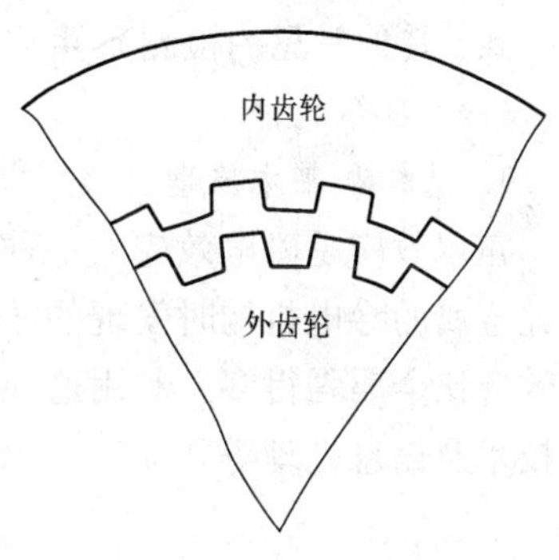

图 2－22　实际磁性齿轮的内、外齿轮

3. 基于变压器的测量方法

这种传感器利用了可变耦合变压器原理，其本质是一台变压器，而变压器一、二次绕组之间的耦合则是与转矩成比例的。这种传感器有两个同心的轴套，外轴套与弹性轴的前端固定在一起，内轴套则与弹性轴的后端固定在一起，如图 2－23 所示。另外有两个同心的绕组固定在机壳上。弹性轴的材料是不锈钢，机架的材料是铝，只有两个轴套采用磁性材料。因此，由图 2－23 可以看出，磁通回路由内、外轴套和两个轴套圆柱部分之间的气隙组成。由于气隙磁阻占回路磁阻的主要部分，因此气隙的形态是两个绕组之间耦合的决定性因素。

在外轴套的内侧和内轴套的外侧分别沿圆周方向制作了一一对应的轴向的槽，因此，从 A—A 轴断面观察与前面的图 2－22 中内齿轮和外齿轮的关系类似。当没有转矩时，两组槽

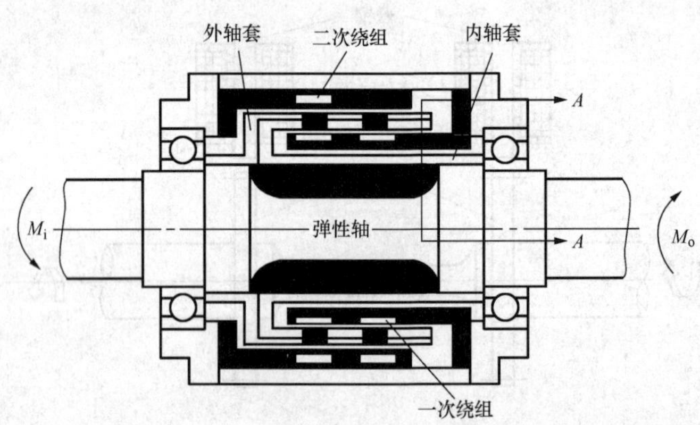

图 2-23　基于耦合变压器的转矩传感器

互不重叠，即一个齿轮的齿对准另一个齿轮的槽，形成曲折的但距离比较一致的气隙，这时气隙磁阻是最大的。在施加转矩时，变形轴产生的扭转变形导致两个轴套上齿和槽的重叠率增加和总磁阻减小。例如，在齿齿相对部分的气隙将大大减小，磁通将主要从这些地方通过。这一效应同时导致磁通的增加，也就是导致内外绕组耦合的增强。由于两个绕组都是固定在机座上的，因此无需电刷和集环就可以将交流电（如 20kHz）接入一次绕组，而从二次绕组得到与转矩成一定关系的电动势输出。附加电子线路（包括滤波器和补偿器）可以将这个电动势转换为与转矩成比例的 0～±5V DC 标准信号。

四、其他常见的检测元件

（一）霍尔元件

1. 结构和基本原理

霍尔效应是磁电效应的一种，这一现象是霍尔（A. H. Hall，1855—1938）于 1879 年在研究金属的导电机构时发现的。后来发现半导体、导电流体等也有这种效应，而半导体的霍尔效应比金属强得多。利用这现象制成的各种霍尔元件，广泛地应用于工业自动化技术、检测技术及信息处理等方面。

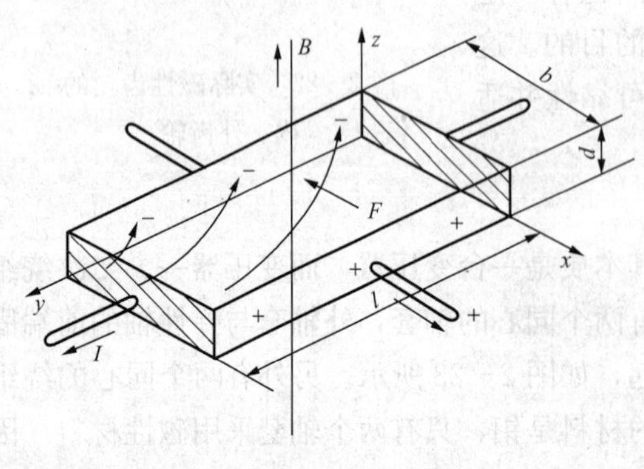

图 2-24　霍尔效应原理图

当半导体薄片置于磁场中且其电流方向与磁场方向不一致时，半导体薄片上平行于电流和磁场方向的两个面之间产生电动势，这种现象就叫霍尔效应，如图 2-24 所示。产生的电动势称为霍尔电动势，半导体薄片称为霍尔元件。霍尔效应是研究半导体材料性能的基本方法。通过霍尔效应实验测定的霍尔系数，能够判断半导体材料的导电类型、载流子浓度及载流子迁移率等重要参数。

霍尔电动势表达式为

$$E_H = R_H \cdot \frac{IB}{d}$$

其中

$$R_H = 1/(nq) \tag{2-7}$$

式中　R_H——霍尔系数；

n——载流子浓度或自由电子浓度；

q——电子电量；

I——通过的电流；

B——垂直于 I 的磁感应强度；

d——导体的厚度。

2. 应用

对于半导体和铁磁金属，霍尔系数表达式是不同的。由于通电导线周围存在磁场，其大小与导线中的电流成正比，故可以利用霍尔元件测量出磁场，就可确定导线电流的大小。利用这一原理可以设计制成霍尔电流传感器，其优点是不与被测电路发生电接触，不影响被测电路，不消耗被测电源的功率，特别适合于大电流传感。如果把霍尔元件置于电场强度为 E、磁场强度为 H 的电磁场中，则在该元件中将产生电流 I，元件上同时产生的霍尔电位差与电场强度 E 成正比，如果再测出该电磁场的磁场强度，则电磁场的功率密度瞬时值 P 可由 $P=EH$ 确定。利用这种方法可以构成霍尔功率传感器。如果把霍尔元件集成的开关按预定位置有规律地布置在物体上，当装在运动物体上的永磁体经过它时，可以从测量电路上测得脉冲信号。根据脉冲信号列可以传感出该运动物体的位移。如果测出单位时间内发出的脉冲数，则可以确定其运动速度。

目前霍尔传感器已应用得十分广泛，以在汽车行业中的应用为例，具体包括在分电器上作信号传感器、ABS系统中的速度传感器、汽车速度表、里程表、液体物理量检测器，各种用电负载的电流检测及工作状态诊断，发动机转速及曲轴角度传感器和各种开关等。例如，在汽车点火系统中，可将霍尔传感器放在分电器内取代机械断电器，用作点火脉冲发生器。这种霍尔式点火脉冲发生器随着转速变化，磁场在带电的半导体层内产生脉冲电压，控制电控单元（ECU）的一次电流。相对于机械断电器而言，使用霍尔式点火脉冲发生器能做到无磨损、免维护，能适应恶劣的工作环境，还能精确地控制点火时刻，能够较大幅度提高发动机的性能，具有明显的优势。用作汽车开关电路上的功率霍尔电路，具有抑制电磁干扰的作用。许多人都知道，汽车的自动化程度越高，微电子电路越多，就越怕电磁干扰。而在汽车上有许多灯具和电器件，尤其是功率较大的前照灯、空调电动机和雨刮器电动机在开关时会产生浪涌电流，使机械式开关触点产生电弧，产生较大的电磁干扰信号。采用功率霍尔开关电路则可以减小这些现象。霍尔器件通过检测磁场变化，转变为电信号输出，可用于监视和测量汽车各部件运行参数的变化，如位置、位移、角度、角速度、转速等，并可将这些变量进行二次变换，可以测量压力、质量、液位、流速、流量等。霍尔器件输出量直接与电控单元接口，可实现自动检测。目前的霍尔器件都可承受一定的振动，可在－40～＋150℃ 范围内工作，全部密封不受水油污染，完全能够适应汽车的恶劣工作环境。

（二）激光检测

激光检测主要是利用激光的方向性、单色性、相干性以及随时间、空间的可聚焦性等特点进行检测，所以无论在测量精确度和测量范围上都具有明显的优越性。如利用其方向性做成激光准直仪和激光经纬仪；利用其单色性和相干性，以激光为光源的干涉仪可实现对长度、位移、厚度、表面形状和表面粗糙度等的检测；将激光束以不同形式照射在运动的固体或流体上，产生多普勒效应（LDA），可测量运动物体速度、流体浓度和流量等。

1. 基本原理——激光多普勒效应

当激光照射到相对运动的物体上时，被物体散射（或反射）光的频率将发生改变，这种现象称为多普勒效应。相应地，将散射（或反射）光的频率与光源光频率的差值称为多普勒频移。应用多普勒效应组成的激光测速系统如图 2-25 所示。激光光源 S 和受光点 P（即反射表面）之间有相对运动，由于反射表面运动速度而引起光波频率漂移，此时多普勒频移 f_d 为

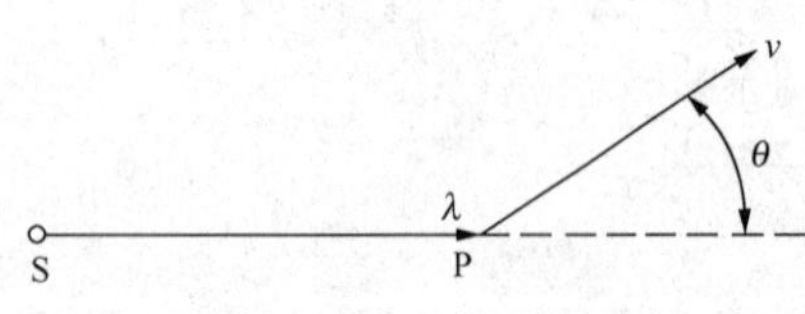

图 2-25　激光多普勒频移测速系统

$$f_d = \frac{v\cos\theta}{\lambda} \tag{2-8}$$

式中　v——反射表面运动速度；

λ——光源光波波长；

θ——物体运动速度方向与激光传播方向的夹角。

由式（2-8）可知，若能测得多普勒频移 f_d，即可求得物体运动速度 v。

2. 应用

利用激光多普勒效应可以设计出激光多普勒流速计。组成激光测速系统的主要光学部件有激光光源、入射光系统和收集光系统等。由激光器发射出的单色平行光，经透镜聚集到被测流体内。由于流体中存在着运动粒子，一些光波被散射，散射光与未散射光之间产生频移，频移与流体速度成正比。散射光、未散射光由透镜收集，最后在光电倍增管中进行混频后输出信号。该信号输入到频率跟踪器内进行处理，获得与多普勒频移 f_d 相应的模拟信号，从测得的 f_d 值可得到粒子运动速度，从而获得流体流速。

激光测速是一种非接触测量，对被测物体无任何干扰。在实现自动测量时，一般采用多普勒信号处理器接收来自光电接收器的电信号，从中取出速度信息，把这些信息传输给计算机进行分析和显示。

（三）超声波传感器

我们知道，频率在 16～2×10^4 Hz 之间的机械波能为人耳所闻，称为声波；低于 16Hz 的机械波称为次声波；高于 2×10^4 Hz 的机械波称为超声波。检测用的超声波频率通常在几十万赫以上，这时它的波长很短，方向性好，易于形成光束。超声波在介质中传播时，与光波相似。超声波遵循几何光学的基本规律，具有反射、折射和聚焦等特性。这些都是超声波检测的应用基础。超声波被用于无损探伤、厚度测量、流速测量、黏度测量等。

超声波检测的基本原理是利用某些非声量的物理量（如密度、流量等）与超声波介质声学特性的超声量（声速、衰减、声阻抗）之间存在着直接或间接的关系，利用这些规律，通过超声量的测定来测出某些被测物理量。

超声波检测多采用超声波源向被测介质发射超声波，然后接收与被测介质相作用之后的超声波，从中得到所需信息，其检测过程如图 2-26 所示。另外，利用超声波作为机器人的眼睛，已被证明完全可以识别一些物体的位置和形状。

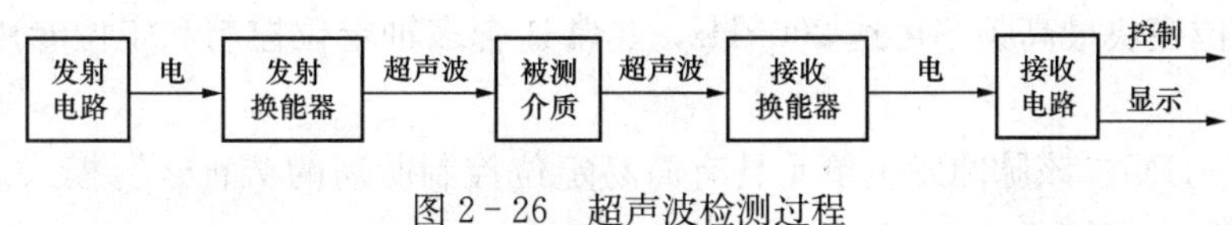

图 2-26　超声波检测过程

第三节　运动控制系统中的控制器

一、FX 系列 PLC 及其运动控制功能简介

1. FX 系列 PLC 脉冲串输出简单定位功能

FX_{1S}、FX_{1N}、FX_{1NC}系列小型 PLC 基本单元（主机）中内置了定位指令，可独立控制两轴并分别指定各轴的速度，因此它们的单速定位控制等功能具有较高的性价比。FX_{3U}系列 PLC 内置独立 3 轴控制，可实现最高输出 100kHz 脉冲的定位功能。

(1) FX_{1S}系列 PLC。作为小型 PLC，FX_{1S}系列 PLC 的 I/O 点只有 10～30 点，控制规模小，但却具有较完善的性能和通信功扩展功能。因此，FX_{1S}系列 PLC 可以用于那些以前用小型 PLC 无法控制的广阔领域。

FX_{1S}系列晶体管输出型 PLC 的基本单元可以同时输出两个单相 100kHz 的脉冲，备有原点回归和单速定位等指令。FX_{1S}系列 PLC 输出的 100kHz 脉冲可直接驱动伺服放大器或步进电动机驱动器，实现简单的定位控制或运动控制。

(2) FX_{1N}系列 PLC。FX_{1N}系列 PLC 是最多可控制 128 点的普及型小型 PLC。除了可以扩展输入输出，还具有模拟量控制、通信和链接等扩展功能。

FX_{1N}系列 PLC 基本单元可以同时输出两个单相 100kHz 的脉冲，具有原点回归和单速定位等定位指令。FX_{1N}系列 PLC 输出 100kHz 的脉冲可直接驱动伺服放大器或步进电动机驱动器，实现定位控制或运动控制。

(3) FX_{1NC}系列 PLC。它是符合普通设备性价比要求高的小型 PLC，具有输入输出扩展、模拟量控制、通信和链接等扩展功能。

FX_{1NC}系列 PLC 基本单元具有简易定位、脉冲输出功能。可以同时输出两个单相 100kIIz 的脉冲，有原点回归和单速定位等的定位指令。FX_{1NC}系列 PLC 输出 100kHz 的脉冲可直接驱动伺服放大器或步进电动机驱动器，实现定位控制或运动控制。

(4) FX_{3U}系列 PLC。其 I/O 点数最多可达 384 点，增强了通信功能，兼容模拟量适配器，配备了高速输入/输出适配器，内置独立 3 轴，具备最高输出 100kHz 脉冲的定位功能。

2. FX_{2N}、FX_{2NC}系列 PLC 及其扩展定位模块

FX_{2N}、FX_{2NC}系列 PLC 是 FX 系列中全功能型超级小型 PLC。其 I/O 点为 16～256 点，基本单元具备简易定位、脉冲输出等功能。使用脉冲输出指令，可以指定独立两轴各 200kHz 的脉冲输出频率。

另外，FX_{2N}系列 PLC 最多可以扩展 8 台脉冲发生单元和定位模块。脉冲发生单元(PGU，如 FX_{2N}-1PG 和 FX_{2N}-10PG 等）最高频率可达 1MHz，定位模块最高频率可达 300kHz。非常适合多轴定位控制和定位专用语言的高精度控制。

FX_{2NC}系列 PLC 最多可以扩展 4 台脉冲发生单元和定位模块。脉冲发生单元最高频率可

达 1MHz，定位模块最高频率可达 200kHz，非常适合多轴定位控制和定位专用语言的高精度控制的场合。

(1) FX_{2N}-1PG。该脉冲发生单元具有简易定位控制所需的 7 种运行模式。1 台模块可控制 1 根轴，最大可输出 100kHz 的脉冲串。

(2) FX_{2N}-10PG。该脉冲发生单元具有简易定位控制所需的 7 种运行模式。1 台模块可控制 1 根轴，最大可输出 1MHz 的脉冲串，可实现高精度定位。可以在 1Hz～1MHz 范围内输出以 1Hz 为最小间隔的调整，定位运行中可以改变速度。

(3) FX_{2N}-10GM。该定位模块具有简易定位控制所需的 7 种运行模式。1 台 FX_{2N}-10GM 可控制 1 根轴，FX_{2N}-10GM 可以不连接 PLC 单独运行。不仅能处理单速定位和中断定位，还能进行多速运行等复杂的控制。该模块最大可输出 200kHz 脉冲串。

(4) FX_{2N}-20GM。该模块与 FX_{2N}-10GM 一样，备有简易定位控制所需的 7 种运行模式。1 台可最多控制 2 根轴，FX_{2N}-20GM 可以不连接 PLC 单独运行，最大可输出 200kHz 脉冲串。并且 FX_{2N}-20GM 可以同时完成两轴直线插补以及圆弧插补的控制功能。

上面只是对 FX 系列 PLC 的运动控制功能和脉冲发生单元、定位控制模块作一整体性的简要介绍，其详细内容将在第三章中予以介绍，这里不再赘述。

二、Q 系列 PLC 及其运动控制功能简介

1. Q 系列运动控制器

三菱公司新近推出的 Q172/Q173 型运动控制器自身就带有 CPU，被称为运动控制 CPU (Motion CPU)。

在含有运动控制器的 PLC 控制系统中，CPU 的数量在 2 块以上，其中顺序控制 PLC 的 CPU 完成顺序程序的处理，而运动控制器的 CPU 则完成运动控制功能。顺序控制的 CPU 和运动控制器的 CPU 协调配合实现运动控制系统功能。Q172/Q173 型运动控制器不能独立工作，只有组合在顺序控制 PLC 系统中才能实现运动控制功能。

运动控制器的主要特点如下：

(1) 运动控制器采用 64 位 RISC 处理器，能够在不影响运动控制性能的情况下，与计算机之间进行大量的数据通信。

(2) 运动控制器兼容三菱 Q 系列 PLC 的 CPU，可进行高速顺序程序的处理。

(3) 运动控制器通过高速串行通信方式，可以轻松构筑出伺服电动机的同步系统和绝对控制系统。

(4) 运动控制器具有插补功能、速度控制、软件电子凸轮、轨迹控制等丰富多样的运动功能。

(5) 运动控制器通过使用 SFC 顺序功能图的编程方法，可以将响应时间的不规则控制在一定范围内。

2. Q 系列的定位模块

(1) QD70 型定位模块。QD70 型定位模块是用在多轴系统中不需要复杂控制的定位模块。QD70 型定位模块有许多定位控制系统所必需的功能，如定位控制到任意位置和匀速控制等。但在 I/O 信号、功能等方面，其与三菱 A 系列 AD70 型定位模块是不兼容的。QD70 型定位模块的每个轴最多可以设置 10 项定位数据，包括定位地址、控制方法、运行形式等，

这些定位数据可用于每个轴执行定位控制。

(2) QD75 型定位模块。该定位模块有 1 轴、2 轴、4 轴模块，可用于集电极开路系统脉冲输出，包括 QD75P 型、差动驱动装置系统脉冲输出 QD75D 型和采用三菱 SSCNET 高速总线连接的 QD75M 型模块，共 9 种不同型号。每个模块需要单个插槽，并占用 32 个专用 I/O 通道。

有关上述 Q 系列 PLC 的运动控制器和定位控制模块的使用、组态和编程等都要相对复杂一些，其详细内容不再介绍，感兴趣的读者可参阅三菱公司有关的使用手册和编程手册。

第四节 运动控制系统中常见的执行元件和装置

一、变频器

1. 变频调速的特点

三相异步电动机的调速方法可分为改变转差率 s、改变极对数 p 和改变电动机供电频率 f 三种。变频调速就是通过改变电动机定子绕组供电频率来改变同步转速而实现调速的目的。要使三相异步电动机的供电频率可变，必须有一套变频电源。变频器或变频调速设备就是将恒压恒频电源转换为变压变频的电源装置。使用变频调速的控制系统具有可靠性高、稳定性好、控制灵活、运行稳定、调速平滑和节能省电等特点，可从根本上解决传统调速控制系统故障率高、电能浪费大、效率低等一系列问题。

变频器变频的控制方式现在主要有恒压频比控制（VVVF）、磁通矢量控制和直接转矩控制（DTC）三种。

2. 变频器的基本结构

从频率变换的形式来说，变频器分为交—交和交—直—交两种形式。交—交变频器可将工频交流电直接变换成频率、电压均可控制的交流电，称为直接式变频器；而交—直—交变频器则先把工频交流电通过整流变成直流电，然后再把直流电逆变成为频率、电压均可控制的交流电，又称为间接式变频器。目前，市售通用变频器的基本结构多采用交—直—交变频器。

交—直—交变频器由主回路和控制电路组成，主回路包括整流器、中间直流环节和逆变器等。有关变频器的各功能部件的作用、工作原理、控制方式、使用方法和应用实例等将在本书第四章进行详细介绍。

二、步进电动机

（一）工作原理

步进电动机是一种用电脉冲信号进行控制，并将电脉冲信号转换成角位移或直线位移的控制电动机，常作为自动控制系统的执行元件。说得通俗一点，就是发一个脉冲信号，电动机就转动一个角度或前进一步，因此，这种电动机也称为脉冲电动机。步进电动机的精度高、惯性小，不会因电压波动、负载变化、温度变化等原因而改变输出量与输入量之间的固定关系，其控制性能很好。步进电动机广泛应用于数控机床、计算机外围设备等控制系统中。下面简单介绍常见的三相反应式步进电动机的结构和工作原理。

1. 三相单三拍反应式

三相单三拍反应式步进电动机的工作原理如图 2 - 27 所示。定、转子铁芯由硅钢片叠成，定子有 6 个磁极，每两个相对的磁极绕有一相控制绕组，转子只有 4 个齿，其上没有绕组，齿宽等于定子极靴宽。

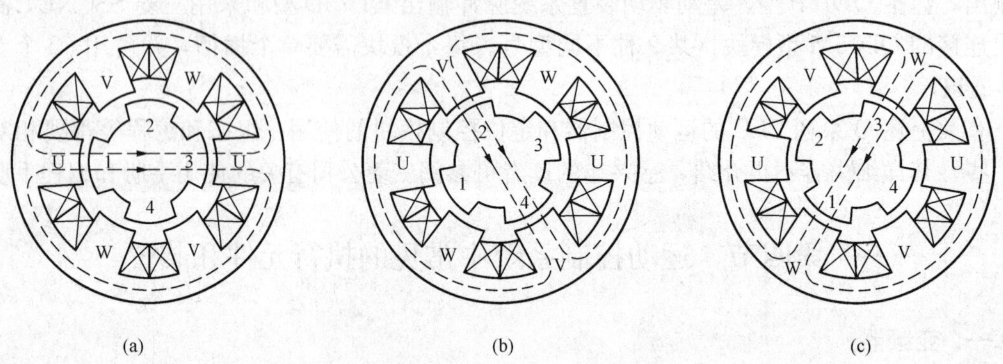

图 2-27　三相单三拍反应式步进电动机工作原理图

在图 2-27（a）中，当 U 相控制绕组通电，而 V 相、W 相都不通电时，由于磁通具有力图走磁阻最小路径的特点，所以转子齿 1 和 3 的轴线与定子 U 极轴线对齐；在图 2-27（b）中，U 相断电、V 相通电时，转子逆时针方向转过 30°，使转子齿 2 和 4 的轴线与定子 V 极轴线对齐；在图 2-27（c）中，V 相断电、W 相通电，转子再转过 30°，转子齿 1 和 3 的轴线与 W 极轴线对齐。

如此按照 U-V-W-U……的顺序不断地接通和断开定子控制绕组，转子就会一步一步地按逆时针的方向转动。上述通电方式，称为三相单三拍。“单”是指每次只有一相控制绕组通电；“三拍”是指三次切换通电状况为一个工作循环，第四拍就重复第一拍通电的情况。步进电动机每拍转子所转过的角位移称为步距角。根据上面的分析，三相单三拍通电方式时，步距角是 30°。

2. 三相单、双六拍反应式

三相单、双六拍反应式步进电动机的工作原理如图 2-28 所示。

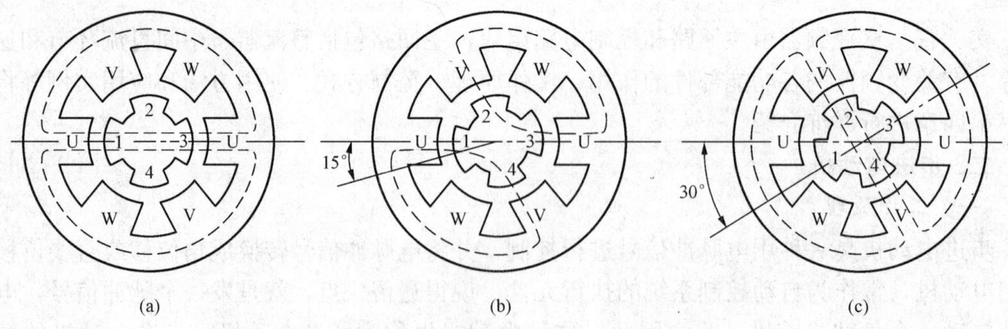

图 2-28　三相单、双六拍反应式步进电动机工作原理图

在图 2-28（a）中，U 相控制绕组通电时与单三拍运行情况相同，转子齿 1 和 3 的轴线与定子 U 极轴线对齐。在图 2-28（b）中，当 U、V 相控制绕组同时接通时，转子的位置应兼顾 U、V 两对极所形成的两路磁通，使两路磁通在气隙中所遇到的磁阻同样达到最小。这时相邻两个 U、V 磁极与转子齿相作用的磁拉力大小相等且方向相反，使转子处于平衡。

这样，当U相通电转到U、V两相通电时，转子只能逆时针方向转过15°。在图2-28（c）中，当断开U相使V相单独接通时，在磁拉力作用下，转子继续逆时针方向转动，直到转子齿2和4的轴线与定子V极轴线对齐为止，这时转子又转过15°角度。

如果通电顺序改为U-UW-W-WV-V-VU-U时，电动机将按顺时针方向转动。对这种通电方式，定子三相控制绕组需经过6次换接才能完成一个循环，故称为“六拍”。同时这种通电，有时是单个控制绕组接通，有时又是两个控制绕组同时接通，因此称为“单、双六拍”。采用单、双拍通电方式时，步距角要比单拍通电方式减小一半（即为15°）。

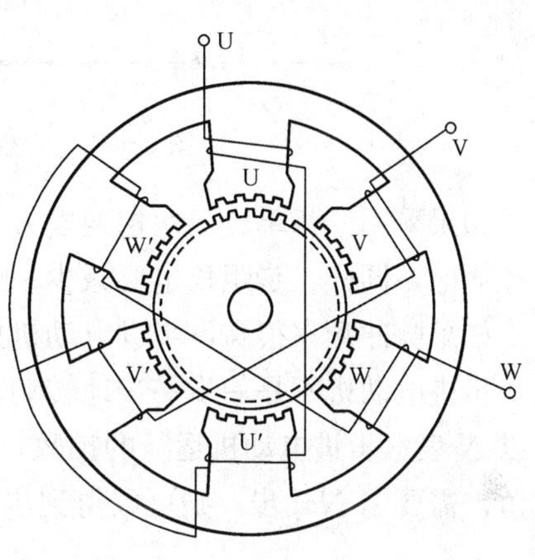

图2-29　实用的三相反应式步进电动机结构图

上述两种三相反应式步进电动机的步距角太大，即每一步转过的角度太大，很难满足生产中所提出位移量要小的要求。

实用的三相反应式步进电动机一种星形接法的结构如图2-29所示。图中，三相反应式步进电动机定子上有6个极，上面装有控制绕组连成U、V、W三相。转子圆周上均匀分布若干个小齿，定子每个磁极靴上也有若干个小齿。

对于反应式步进电动机，有下面的重要公式：

每一齿距的空间角（齿距角）为　$\theta_z = \dfrac{360°}{z_r}$

每一极距的空间角（极距角）为　$\theta_\tau = \dfrac{360°}{2pm}$

每一极距所占的齿数为　$\dfrac{z_r}{2pm}$　(2-9)

式中　z_r——转子齿数；

m——相数；

p——磁极数。

当一相绕组通电时，在气隙圆周上形成的磁极数$2p=2$。

假设三相反应式步进电动机定子每个极面上有5个齿，转子上均匀分布40个齿，定、转子的齿宽和齿距都相同。当U相控制绕组通电时，转子受到反应转矩的作用使转子齿的轴线与定子U-U′极下齿的轴线对齐。因转子上共有40个齿，其齿距角为360°/40=9°，定子每个极距所占的齿数为$40/6=6\dfrac{2}{3}$，不是整数，展开图如图2-30所示。因此当定子U相极下定、转子齿对齐时，定子V相极和W相极下的齿和转子齿依次有1/3齿距的错位，即3°；同样，当U相断电V相控制绕组通电时，在反应转矩的作用下转子按逆时针方向转过3°，使转子齿的轴线和定了V相极下齿的轴线对齐，这时定了W相极和U相极下的齿和转子齿又依次错开1/3齿距。依此类推，若继续按单三拍的顺序通电，转子就按逆时针方向一步一步地转动，步距角为3°。当然若改变通电顺序，即按U-W-V-U通电，则电动机按顺时针方向旋转。

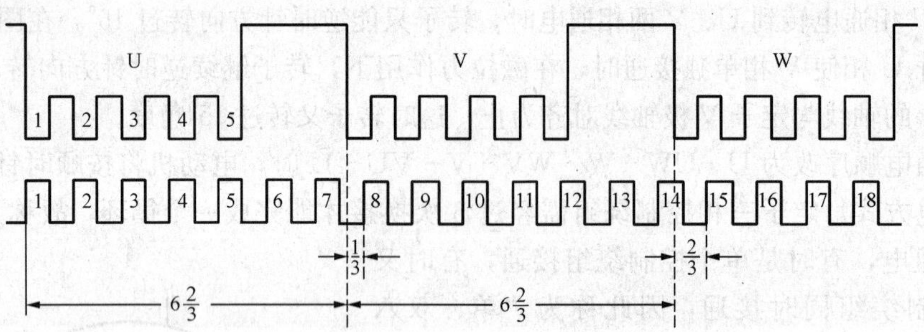

图 2-30　三相反应式步进电动机定、转子展开图

如果采用三相单、双六拍通电方式运行，即按 U-UV-V-VW-W-WU-U 的顺序循环通电，同样，步距角也要减少一半，即每一脉冲时转子仅转动 1.5°。

如果脉冲频率很高，步进电动机控制绕组中送入的是连续脉冲，各相绕组不断地轮流通电，步进电动机不是一步一步地转动，而是连续不断地转动，其转速与脉冲频率成正比。如果以 N 表示步进电动机运行的拍数，则转子经过 N 步将转过一个齿距，每转一圈即 360°机械角，需要走 Nz_r 步，则可以得到步距角 θ_s 的计算公式

$$\theta_s = \frac{60f}{z_r N}$$

$$N = Cm \qquad (2-10)$$

式中　f——电源脉冲频率；

C——通电状态系数，当采用单拍或双拍方式时 $C=1$，而采用单双拍方式时 $C=2$。

（二）运行特性

1. 静态运行状态

步进电动机不改变通电的状态称为静态运行状态。静态运行状态下步进电动机的转矩与转角特性称为矩角特性 $T=f(\theta)$，此特性是步进电动机的基本特性之一。

步进电动机的转矩就是同步转矩（即电磁转矩），转角就是通电相的定、转子齿中心线间用电角度表示的夹角 θ。同步转矩 T 随转角 θ 作周期变化，变化周期是一个齿距，即 2πrad（电弧度）。可以证明，反应式步进电动机的转角特性接近正弦曲线。反应式步进电动机的矩角特性如图 2-31 所示。

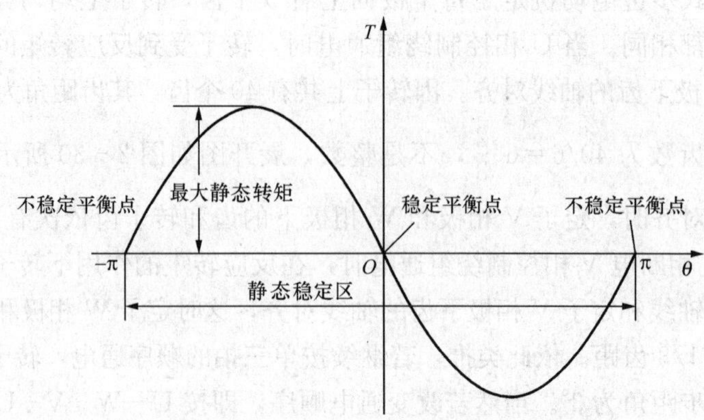

图 2-31　反应式步进电动机矩角特性

在 $\theta=0^\circ$ 处，转子处于稳定平衡位置，即通电相定、转子齿对齐位置。因为当转子处于这个位置时，如有外力使转子齿偏离这个位置，只要偏离角 θ 在 $0^\circ \sim 180^\circ$ 的范围内，除去外力，转子能自动地重新回到原来位置。$\theta=\pm\pi$ 这个位置是不稳定的，两个不稳定点之间的区域构成静态稳定区。

电磁转矩的最大值称为最大静态转矩 T_{max}，它表示了步进电动机承受负载的能力，是步进电动机最主要的性能指标之一。

2. 步进运行状态

步进电动机的步进运行状态与控制脉冲的频率有关。当步进电动机在极低的频率下运行时，后一个脉冲到来之前，转子已完成一步，并且运动已基本停止，这时电动机的运行状态由一个个单步运行状态所组成。步进电动机的单步运行状态为一振荡过程。

步进电动机在连续运行状态时产生的转矩称为动态转矩。步进电动机的最大动态转矩将小于最大静态转矩，并随着脉冲频率的升高而降低。频率越高，周期越短，电流来不及增长，显然，动态转矩也减小了。

步进电动机的动态转矩与频率的关系称为矩频特性。反应式步进电动机矩频特性曲线是一条下降的曲线，如图 2－32 所示。矩频特性也是步进电动机重要特性之一。

（三）步进电动机的驱动电源

步进电动机是靠专用的驱动电源供电的，驱动电源和步进电动机组成一个有机的整体。步进电动机的驱动控制系统如图 2－33 所示。步进电动机的驱动电源一般包括变频信号源、脉冲分配器和脉冲功率放大器三个部分，见图 2－33 中虚线框内部分。

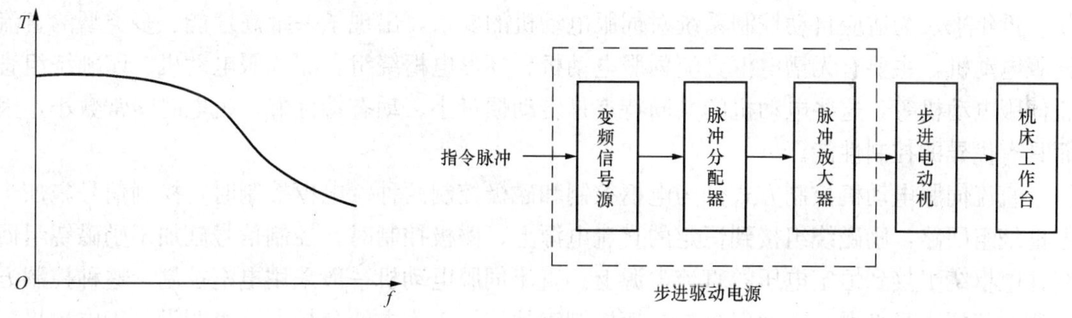

图 2－32　反应式步进电动机矩频特性曲线　　　图 2－33　步进电动机的驱动控制系统

在图 2－33 中，步进电动机在机床工作台定位系统中作为执行元件，由指令脉冲控制，用于驱动机床工作台。运算控制电路将机床工作台需要移动到某一位置的信息进行判断和运算后，转换为指令脉冲，脉冲分配器将指令脉冲按通电方式进行分配后输入脉冲放大器，经脉冲放大器放大到足够的功率后驱动步进电动机转过一个步距角，从而带动工作台移动一定距离。

由步进电动机作为执行元件的数控机床工作台定位系统通常没有位置检测装置，工作台最终停留的位置是否为指令脉冲指定的位置这一信息不能反馈回控制系统，系统本身没有位置偏差的调节能力，工作台移动位置的精度基本上由步进电动机及其传动机构的精度来决定。但是，这种系统结构简单、可靠性高、成本低、易于调整和维护，在定位控制系统中有一定的应用。

三、直流伺服电动机

伺服电动机又称为执行电动机，是自动控制系统中一种重要的执行元件，它们把输入的电压信号变换成转轴的角位移或角速度输出。输入的电压信号又称为控制信号或控制电压，改变控制电压就可以改变伺服电动机的转速及转向。

伺服电动机按其使用的电源性质不同，可分为直流伺服电动机和交流伺服电动机两大类。

自动控制系统对伺服电动机的基本要求可归纳为以下四点：

(1) 宽的调速范围。即要求伺服电动机的转速随着控制电压的改变能在较宽的范围内连续调节。

(2) 机械特性和调节特性均为线性。

(3) 无“自转”现象。即要求伺服电动机在控制电压降为零时能够自行停转。

(4) 快速响应。即电动机的控制时间常数要小，相应要求伺服电动机具有较大的堵转转矩和较小的转动惯量。

另外还有一些其他要求，如希望伺服电动机的控制功率要小，这样可使放大器的尺寸相应减小，在航空航天上使用的伺服电动机还要求其重量轻、体积小。

直流伺服电动机的工作原理、基本结构、内部电磁关系与普通直流电动机相同，只是由于用途不同，它又具有与普通直流电动机不同的特性及性能。

直流伺服电动机分为永磁式和电磁式两种结构类型。永磁式直流伺服电动机的产量占绝对优势。电磁式直流伺服电动机按励磁方式不同，可分为他励、串励、并励和复励四种。

近年来，为适应自动控制系统对伺服电动机的要求，出现了一批高性能、多类型的直流伺服电动机，主要有无槽电枢直流伺服电动机、杯形电枢绕组直流伺服电动机、印刷绕组直流伺服电动机等，这些电动机的共同特点是转动惯量小、动态特性好、机电时间常数小，因而具有优异的控制性能。

直流伺服电动机控制方式分为电枢控制和磁极控制两种。电枢控制时，控制信号施加于电枢绕组回路，励磁绕组接到恒定的直流电源上；磁极控制时，控制信号施加于励磁绕组回路，电枢绕组接到恒定电压的直流电源上。直流伺服电动机一般采用电枢控制，这种控制方法调速范围广且平滑。下面仅分析电枢控制时的特性。为方便分析，这里假设：①电动机磁路不饱和；②忽略电枢反应去磁的影响。

1. 电枢控制时直流伺服电动机的机械特性

电枢控制时直流伺服电动机的机械特性如图 2-34 所示，U_c 为加在电枢上的控制电压，U_f 等于恒值，为励磁电压。机械特性为 U_c、U_f 等于常数时，$n=f(T)$。

我们知道普通直流电动机转速表达式为

$$n=\frac{U_c}{C_e\Phi}-\frac{R_a}{C_e\Phi C_T\Phi}T \tag{2-11}$$

式 (2-11) 在电枢电压 U_c 和 Φ 不变时，等式右边除转矩 T 外，其余各量都是常数，转速 n 是电磁转矩 T 的线性函数，故公式可改写为

$$n=\frac{U_c}{C_e\Phi}-\frac{R_a}{C_e\Phi C_T\Phi}T=n_0-KT \tag{2-12}$$

显然这是一个直线方程。n_0 为该直线在纵坐标上的截距，对应于理想空载转速；C_e 为直流电动机电动势常数；C_T 为直流电动机转矩常数，且 $C_T=30C_e/\pi$；K 为该直线方程的斜率，K 前面的负号表示直线是下倾的。斜率 K 与电枢电阻 R_a 成正比，电枢电阻 R_a 越大，K 越大，机械特性越软；反之，R_a 越小，K 也越小，机械特性越硬。与普通直流电动机相比，直流伺服电动机的 K 通常较大，机械特性较软，利于调速。由式（2－11）可知，直流伺服电动机在不同电压 U_c 时的机械特性是一簇平行直线，如图 2－34 中的直线 1、2、3 所示。

2. 直流伺服电动机的调节特性

直流伺服电动机在负载转矩（电磁转矩）恒定时，转速与控制电压的关系称为调节特性。由式（2－12）可知，对应不同的负载转矩，调节特性也是一簇平行直线，如图 2－35 所示。

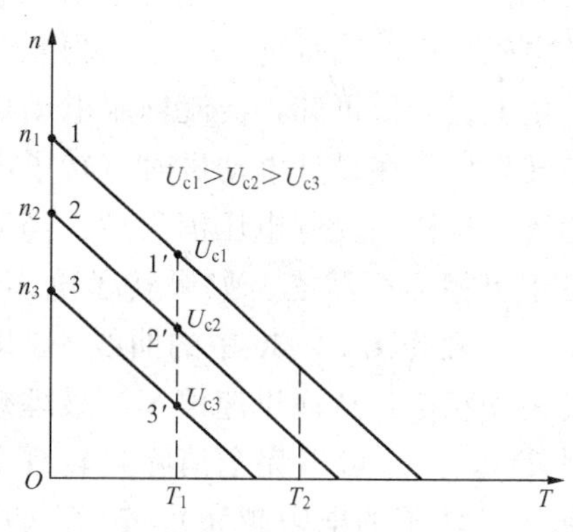

图 2－34　电枢控制直流伺服电动机的机械特性

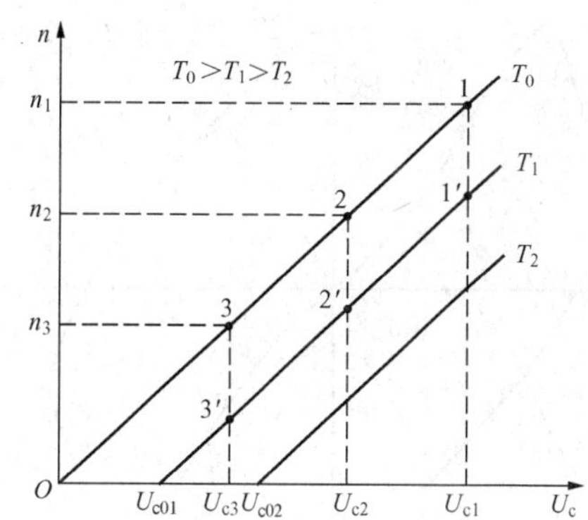

图 2－35　直流伺服电动机在不同负载时的调节特性

表征调节特性的量有两个，即始动电压和调节特性的斜率。

始动电压 U_{c0} 是调节特性曲线与 U_c 轴的交点电压，是伺服电动机处于待动而未动这种临界状态时的控制电压。当 $U_c<U_{c0}$ 时，电动机产生的转矩还不足以克服电动机轴上的总制动转矩，因此电动机不能转动，称 $0\sim U_{c0}$ 这个区域为电动机的死区；当 $U_c>U_{c0}$ 时，电动机开始转动，且随着 U_c 的增加，转速 n 也随之升高。将 $n=0$ 代入式（2－11），得到始动电压

$$U_c=\frac{R_a}{C_T\Phi}T \tag{2-13}$$

当电动机的负载不同时，始动电压 U_{c0} 的大小也不同。$1/C_T\Phi$ 是调节特性的斜率，其大小与控制电压、负载转矩无关，仅与电动机参数有关。

直流伺服电动机的特点是：①电阻大，机械特性软；②机械特性和调节特性均为线性；③滑动接触；④有火花干扰；⑤惯性大，体积大，相对价格较高。直流伺服电动机的特性比交流伺服电动机硬，通常应用于功率稍大的系统中，如随动系统中的位置控制等。

四、交流伺服电动机

交流伺服电动机为两相感应电动机，其定子两相绕组在空间上相距 90°电角度。定子绕

组中的一相为励磁绕组，运行时接到电压为U_f的交流电源上；另一相则为控制绕组，输入控制电压U_c。电压U_c和U_f的频率相同，通常为50Hz或400Hz。

1. 交流伺服电动机消除自转现象的方法

假如交流伺服电动机的机械特性与普通单相感应电动机的机械特性相同，则在某一转速（$0<n<n_1$）下，控制电压突然降为零，电动机仍然产生一个正的电磁转矩而继续旋转，这就是伺服电动机的“自转”现象。

理论研究和实验结果表明：增加转子电阻可以解决“自转”问题。我们知道转子电阻的大小不影响最大电磁转矩，但影响临界转差率s_m，如果增加转子电阻，使$s_m>1$，结果又会是怎样的呢？

当$s_m>1$时，单相交流伺服电动机的机械特性曲线如图2－36的曲线4或曲线5所示。当电动机以某一转速n运转时，U_c突然降为零时，由图2－36可知，这时电动机有一个负的电磁转矩，从而使电动机立即停转。

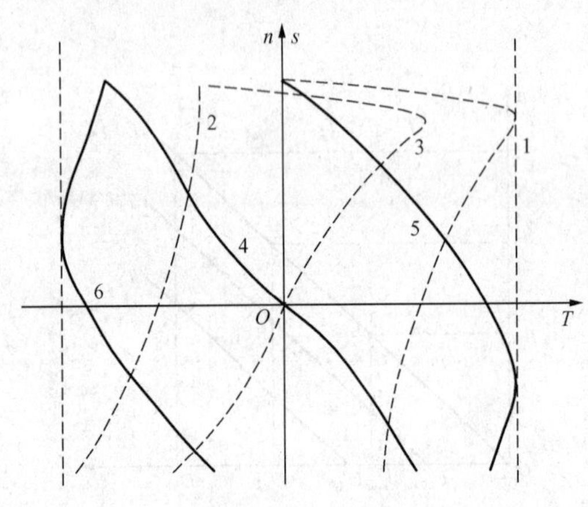

图2－36　单相交流伺服电动机的机械特性

由上述分析可知，交流伺服电动机为消除自转现象，在设计电动机时将转子电阻适当增大。这样当控制电压消失后，伺服电动机处于单相运行状态。如果转子电阻很大，其工作特性为图2－36中的曲线4，即进入能耗制动状态，从而迅速停车。最理想的情况是使$s_m>1$，可以完全消除自转现象，但s_m越大（转子的电阻越大），转子的损耗越大，电动机效率将会降低。

除了转子电阻不够大会引起自转外，还有工艺性的自转，如定子绕组有匝间短路、铁芯间存在片间短路及各向磁阻不均等引起的自转。因此当控制电压$U_c=0$时，本应是单相脉振磁通势在起作用，这时却成了微弱的椭圆形旋转磁场在起作用。由于电动机转动惯量和机械制动力矩很小，在很小的椭圆形磁场作用下，电动机转子就会转起来。

2. 交流伺服电动机转子结构

交流伺服电动机为了满足自动控制系统的要求，其转子通常有以下两种形式：

(1) 高电阻率导条的鼠笼转子。这种转子结构如同普通的鼠笼式感应电动机一样，但是为了减小转子的转动惯量，需做成细而长的结构。鼠笼导条和端环可以采用高电阻率的导电材料（如黄铜、青铜等），也可以采用铸铝转子。

(2) 空心杯转子。空心杯转子交流伺服电动机由外定子、空心杯转子和内定子三部分构成。其外定子与鼠笼转子交流伺服电动机的结构完全一样，有两个空间相差90°电角度的绕组。空心杯转子一般用非导磁的铝合金材料制成，杯子底部固定在转轴上，空心杯转子的壁很薄，在0.5mm以下，所以它与鼠笼转子相比很轻，转动惯量很小。内定子由硅钢片冲片叠压在一个端盖上，内定子上没有绕组，它构成定子磁路的一部分，目的是减小磁路磁阻。电动机旋转时，内、外定子是不动的，只有空心杯转子在内、外定子之间转动。

空心杯转子上没有槽，因此运行平稳、噪声低。但这种结构的电动机空气隙较大，励磁电流也较大，占额定电流的80%～90%，导致电动机的功率因数和效率较低。它的体积和重量都要比同容量的鼠笼式交流伺服电动机大得多。因此，虽然空心杯转子的转动惯量很小，但它的快速响应性能不一定优于鼠笼型交流伺服电动机。由于鼠笼型交流伺服电动机在低速运行时有抖动现象，所以空心杯转子交流伺服电动机主要用于要求较低噪声及平稳运行的系统中。

3. 交流伺服电动机的控制方式

对于两相感应电动机，若在两相对称绕组中施加两相对称电压，便可得到圆形旋转磁场。反之，两相电压如果幅值不等，或相位差不是90°电角度，则定子绕组产生的是椭圆形旋转磁场。椭圆形旋转磁场可以分解为两个转速相同、转向相反而幅值不等的圆形旋转磁场，其中一个是与转子转动方向相同的正向旋转磁场，另一个是与转子转动方向相反的负向旋转磁场。对于一般的椭圆形旋转磁场，正向磁场大于负向磁场。根据圆形旋转磁场作用下得到机械特性曲线的原理，我们可以很容易地作出椭圆形旋转磁场作用下的机械特性曲线。

交流伺服电动机运行时，因控制绕组所加的控制电压U_c是变化的，一般得到的是椭圆形旋转磁场，并由此产生电磁转矩而使电动机旋转。改变控制电压的大小或改变它与励磁电压U_f之间的相位角，都能使电动机气隙中旋转磁场的椭圆度发生变化，从而改变电磁转矩，达到改变电动机转速的目的。因此，交流伺服电动机的控制方式有以下三种：

(1) 幅值控制方式。幅值控制是通过调节控制电压的大小来改变电动机的转速，而控制电压U_f与励磁电压U_c之间的相位角始终保持90°电角度，当$U_c=0$时，电动机停转。

(2) 相位控制方式。相位控制是通过调节控制电压的相位，即调节U_c和U_f之间的相位角来改变电动机的转速，而U_c幅值不变。这种方式一般用得较少。

(3) 幅值—相位控制方式。幅值—相位控制是将励磁绕组串联电容C以后，接到稳压电源U_1上。交流伺服电动机幅值—相位控制接线如图2-37所示。

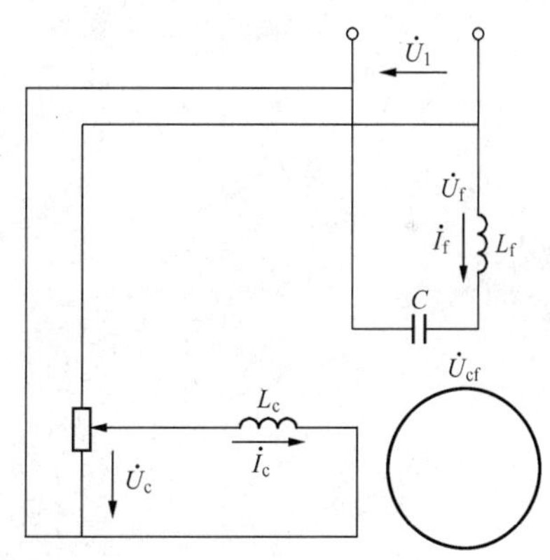

图2-37 交流伺服电动机幅值—相位控制接线

这时励磁绕组电压$U_f=\dot{U}_1-U_{cf}$。而控制绕组上的外施控制电压为$\dot{U}_c$，$\dot{U}_c$的相位始终$\dot{U}_f$同相。当调节电压$\dot{U}_c$的幅值来改变电动机的转速时，由于转子绕组的耦合作用，励磁绕组电流$\dot{I}_f$亦发生变化，使控制绕组上的电压U_f也随之变化，从而导致$\dot{U}_c$和$\dot{U}_f$的大小和它们之间的相位差又发生变化。所以，这是一种幅值和相位的复合控制方式。控制电压$U_c=0$时，电动机停转。这种控制方式是利用串联电容来改变相位的，它不需要复杂的移相装置，所用设备简单、成本低，是最常用的一种控制方法。

4. 交流伺服电动机的工作特性

三种控制方式下交流伺服电动机的工作特性虽然有一定的差异，但差别不大。不同类型的交流伺服电动机具有不同的特点。笼型转子交流伺服电动机具有励磁电流较小、体积较小、机械强度高等特点，但是其低速运行不够平稳，有抖动现象；空心杯转子交流伺服电动机具有结构简单、维护方便、转动惯量小、运行平滑、噪声小、没有无线电干扰、无抖动现象等优点，但是其励磁电流较大、体积也较大、转子易变形，性能上不及直流伺服电动机。

交流伺服电动机的输出功率一般为 0.1～100W，电源频率有 50、400Hz 等多种。其应用很广泛，可以用于各种自动控制系统中。

第三章

PLC运动控制功能、应用指令及其功能模块

本章主要介绍三菱 FX 系列小型 PLC 的运动控制功能、相关应用指令，以及 FX 系列 PLC 的脉冲发生单元（FX_{2N}-1PG 和 FX_{2N}-10PG）、定位控制模块（FX_{2N}-10GM 和 FX_{2N}-20GM）的性能规格、端子功能、控制信号、内部缓冲存储器（BFM）分配、参数设定和编程示例等。

第一节　PLC 基本单元的运动控制功能和应用指令

一、FX 系列 PLC 基本单元的脉冲输出和高速计数功能

1. 脉冲输出功能

FX_{1S}、FX_{1N}、FX_{2N}系列 PLC 的体积虽小，功能却很强大。它们可以捕捉脉宽大于 75μs 的窄脉冲，具有输入/输出刷新、中断、输入滤波时间调整、恒定扫描时间等功能。使用晶体管型 PLC 的脉冲串输出功能，可以直接控制步进电动机或伺服电动机。使用脉冲宽度调制功能，可用于温度控制或照明灯的调光控制。

FX_{3U}系列 PLC 是三菱电机公司适应用户需求开发出来的第三代微型可编程控制器，它在诸多方面进行了增强。FX_{3U}系列 PLC 的基本功能得到了大幅度提升，内置了高达 64K 步的大容量 RAM 存储器，大幅增加了内部软元件的数量。它的运算速度极快，CPU 处理速度达到了 0.065μs/基本指令。通过 CC-Link 网络扩展，可以实现最多达 384 点的控制。

FX_{3U}系列 PLC 晶体管输出型基本单元内置了 3 轴独立、最高 100kHz 的定位功能，并新增了多条定位控制指令，如 DSZR 指令（带 DOG 搜索的回原点）、DVIT 指令（中断单速定位）和 TBL 指令（表格设定定位）等，从而使定位控制功能更强大、使用更方便。

2. 高速计数功能

FX 系列 PLC 内置了高速计数器，具有对高频脉冲信号（如来自于旋转编码器的两相正交脉冲输出信号）进行计数的功能，并有高速计数器用比较指令。FX_{1S}和 FX_{1N}系列 PLC 的最高总计数频率为 60kHz，FX_{2N}和 FX_{2NC}为 20kHz，FX_{2N}和 FX_{2NC}的 X0 和 X1 因为具有特殊的硬件，在进行单相或双相计数时（C235、C236 或 C246）最高为 60kHz，用 C251 进行两相计数时最高为 30kHz。

三菱 FX_{3U} 系列 PLC 内置了 6 点频率同时可达 100kHz 的高速计数器，并新增了高速计数器表比较（HSTC）等应用指令。

另外，FX_{3U} 系列 PLC 通过使用高速输出适配器可以实现最多 4 轴、最高 200kHz 的定位控制，通过使用高速输入适配器可以实现最高 200kHz 的高速计数。

二、FX 系列 PLC 运动控制相关应用指令简介

（一）高速处理指令

工业控制领域中经常需要用到高速脉冲序列的输入处理和输出驱动。运动物体的位移可以转变为一定频率、数量及相位的脉冲串序列，同时，给定数量和频率的脉冲串序列可以作为运动物体位移的驱动信号，调制输出脉冲的脉宽可以用于模拟信号的输出功能。在下面将主要介绍 FX 系列 PLC 的高速处理指令中与运动控制有关的指令，主要是高速计数器、速度检测和脉冲输出指令等。

1. 高速计数器指令

（1）高速计数器比较置位指令。高速计数器比较置位指令 HSCS（SET BY HIGH SPEED COUNTER，FNC53）应用于高速计数器的置位。第一个源元件可取所有数据类型，第二个源元件为高速计数器 C235～C255，目标元件可取 Y、M 和 S。该指令是 32 位运算，占用 13 个程序步。

当高速计数器的当前值达到设定值时，计数器的输出触点立即动作。它采用中断方式使置位和输出立即执行，与扫描周期无关。

高速计数器比较置位指令的使用如图 3－1 所示。图中，［S1·］（第一个源元件）为设定值 K100，当高速计数器 C255（［S2·］，第二个源元件）的当前值由 99 变为 100 或由 101 变为 100 时，Y10（［D·］，目标元件）都将立即置 1。

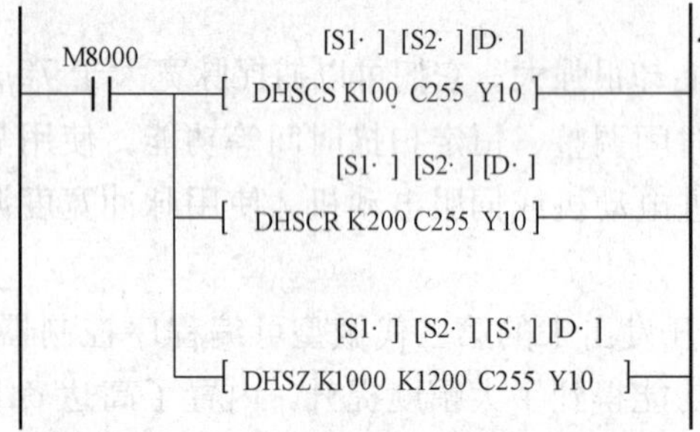

图 3－1　高速计数器比较置位、比较复位和区间比较指令的使用

（2）高速计数器比较复位指令。高速计数器比较复位指令 HSCR（RESET BY HIGH SPEED COUNTER，FNC54）应用于高速计数器的复位。

高速计数器比较复位指令 HSCR 的使用如图 3－1所示。图中，C255 的当前值由 199 变为 200 或由 201 变为 200 时，则用中断的方式使 Y10 立即复位。

（3）高速计数器区间比较指令。高速计数器区间比较指令 HSZ（ZONE COMPARE FOR HIGH SPEED COUNTER，FNC55）用于高速计数器当前值与给定区间上、下限数值的比较。第一个和第二个源元件可取所有数据类型，源元件为 C235～C255，目标元件可取 Y、M、S。该指令为 32 位运算，占用 17 个程序步。

高速计数器区间比较指令有三种操作模式，即标准模式、多段比较模式和频率控制模式，有关使用的具体情况这里不再详述。

高速计数器区间比较指令 HSZ 的使用如图 3－1 所示。图中，目标元件 Y10、Y11 和 Y12 用于比较结果的输出。如果 C255 的当前值＜K1000 时，Y10 为 ON；K1000≤C255 的当前值≤K1200 时，Y11 为 ON；C255 的当前值>K1200 时，Y12 为 ON。

应注意的是，HSZ 指令仅在脉冲输入时才能执行，所以其最初的驱动应由 ZCP（区间比较）指令来控制。

2. 速度检测指令

速度检测指令 SPD（SPEED DETECT，FNC56）的功能是检测给定时间内从光电编码器输入的脉冲个数，并计算出速度。指令的第一个源元件是 X0～X5，用于指定脉冲输入点。第二个源元件可取所有的数据类型，用于指定计数时间（以 ms 为单位）。目标元件可以取 T、C、D、V 和 Z，占用连续三个目标元件，用于指定计数结果存储单元。该指令只有 16 位运算，占用 7 个程序步。

速度检测指令 SPD 的使用如图 3-2 所示。图中，当 X10 为 ON 时，用 D1 对 X0 输入脉冲的上升沿计数，100ms 以后计数结果存于 D0 中。当结果存入 D0 时，D1 被复位，重新对 X0 的输入脉冲进行计数。D2 用来计算剩余的时间。

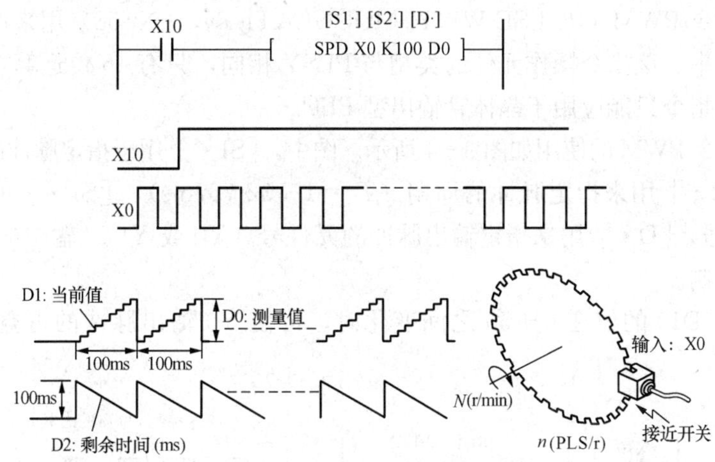

图 3-2 速度检测指令 SPD 的使用

D0 中的脉冲值与旋转速度 N 成正比，速度与测定的脉冲关系式为

$$N = \frac{60(D0)}{nt} \times 10^3$$

式中 n——转速；

(D0)——D0 中的数据；

t——由［S2·］指定的计数时间，ms。

3. 脉冲输出指令

脉冲输出指令 PLSY（PULSE OUTPUT，FNC57）用来产生指定数量和频率的脉冲。第一个和第二个源元件可取所有的数据类型，目标元件为晶体管输出型 PLC 的 Y0 或 Y1。该指令有 16 位和 32 位运算，分别占用 7 个和 13 个程序步。指令在程序中只能使用一次。

脉冲输出指令 PLSY 的使用如图 3-3 所示。第一个源元件［S1·］用于指定脉冲频率，对于 FX_{2N} 和 FX_{2NC}，频率可指定为 2～20 000Hz。第二个源元件［S2·］用于指定脉冲的个数，16 位指令的范围为 1～32 767，32 位指令则为 1～2 147 483 647。如果指定脉冲数为 0，则产生无穷多个脉冲，即连续型脉冲输出。目标元件［D·］用来指定脉冲输出元件号，只能指定晶体管输出型 PLC 的 Y0 或 Y1，脉冲的占空比为 50%，脉冲以中断方式输出。[S1·] 中的内容在指令执行过程中可以改变，但 [S2·] 中的数据不可改变。指定脉冲输出完后，指令完成标志 M8029 置 1。当 PLSY 指令从 ON 变为 OFF 时，M8029 复位。

在图 3-3 中，在指令执行过程中，如果 X10 变为 OFF，则脉冲输出停止。X10 再次变为 ON 时，脉冲再次输出，则脉冲数从头开始计数。在脉冲串输出期间，X10 变为 OFF，则 Y0 也变为 OFF。

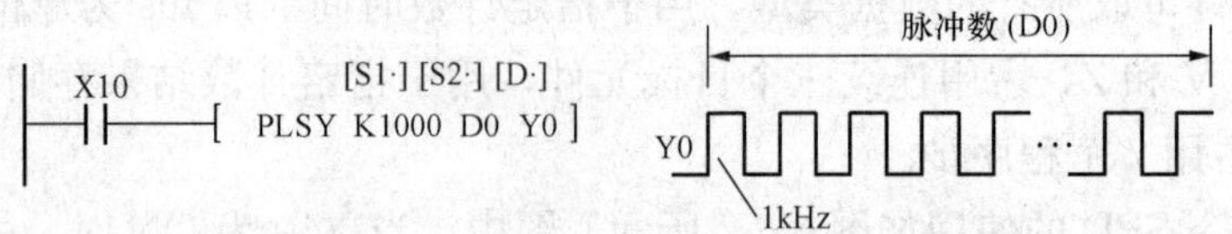

图 3-3 脉冲输出指令 PLSY 的使用

4. 脉宽调制指令

脉宽调制指令 PWM（PULSE WITH MODULATION，FNC58）用来产生指定脉冲宽度和周期的脉冲串。该指令操作元件的类型与 PLSY 相同，只有 16 位运算，占用 7 个程序步。应注意，该指令只能应用于晶体管输出型 PLC。

脉宽调制指令 PWM 的使用如图 3-4 所示。图中，[S1·] 用于指定脉冲的宽度（$t=0$～32 767ms），[S2·] 用来指定脉冲的周期（$T_0=1$～32 767ms），[S1·] 的元件号应小于 [S2·] 的元件号。[D·] 用来指定输出脉冲的元件号（Y0 或 Y1），输出的 ON/OFF 状态采用中断方式控制。

图 3-4 中，D10 的值在 0～50 之间变化时，可使 Y0 输出脉冲的占空比从 0～100% 变化。

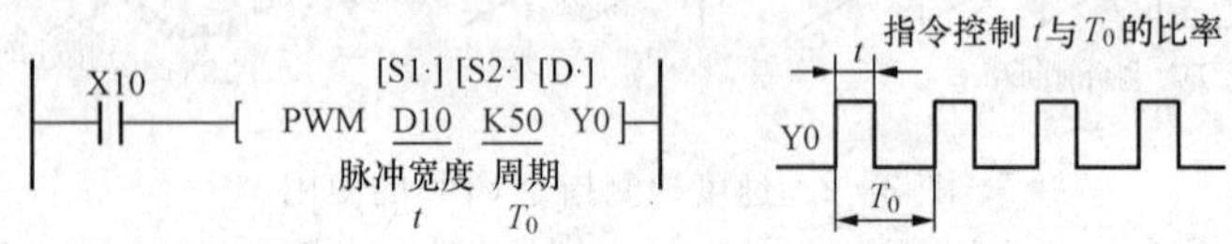

图 3-4 脉宽调制指令 PWM 的使用

5. 带加减速的脉冲输出指令

带加减速脉冲输出指令 PLSR（PLUSE R，FNC59）用于对输出脉冲进行加速，也可用于减速调整，即对所指定的最高频率进行定加速，直到达到所指定的输出脉冲数，再进行定减速。源操作数和目标操作数的类型和 PLSY 指令相同，只能用于晶体管输出型 PLC 的 Y0 和 Y1。可进行 16 位运算也可进行 32 位运算，分别占用 7 个和 17 个程序步。该指令只能使用一次。

带加减速脉冲输出指令 PLSR 如图 3-5 所示。在图 3-5（a）所示的梯形图程序中，当 X10 置于 OFF 时，中断脉冲输出，再置为 ON 时，从初始动作开始定加速，达到指定的输出脉冲数时，再进行定减速。其中，[D·] 用来指定输出脉冲的元件号（Y0 或 Y1）；[S1·] 用来指定脉冲的最高频率（10～20000Hz）；[S2·] 用来指定总的输出脉冲数；[S3·] 用来指定加减速时间（0～5000ms），其值应大于 PLC 扫描周期最大值（D8012）的 10 倍。加减速的变速次数固定为 10 次，即加减速过程的脉冲—频率曲线分别为有 10 个阶梯的阶梯波。

加减速过程曲线如图 3-5（b）所示。

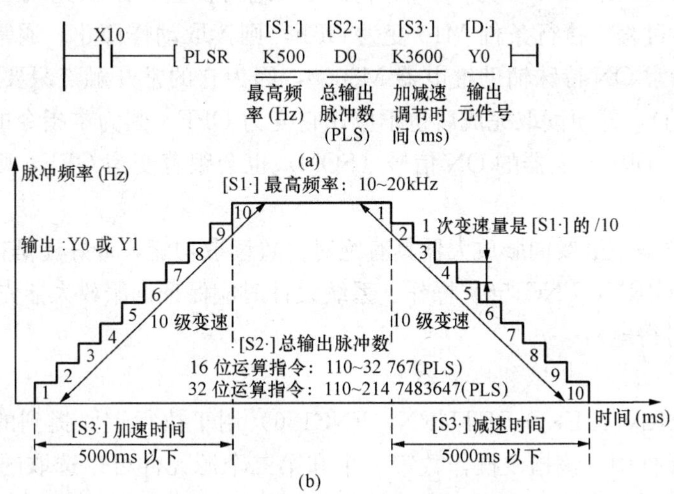

图 3-5　带加减速脉冲输出指令 PLSR 的使用及加减速过程曲线

(a) 带加减速脉冲输出指令的使用；(b) 加减速过程曲线

（二）定位控制指令

定位控制指令只适用于 FX_{1S} 和 FX_{1N} 系列小型 PLC（FX 系列包括 FX_{1S}、FX_{1N}、FX_{1NC}、FX_{2N} 和 FX_{2NC} 等子系列，FX_{1S} 和 FX_{1N} 是其中的两个子系列），目的是使这两种低成本的 PLC 可以不借助其他扩展设备（如 FX_{2N}-10GM 等）就可以实现简单的定位控制。但是，使用这些指令时最好配合三菱电机公司的伺服放大器（如 MR-J2 型或 MR-H 型伺服放大器）。

定位控制指令主要包括当前绝对位置读取指令、回原点指令、变速脉冲输出指令、增量驱动指令和绝对位置驱动指令等。使用这些指令应注意的共同事项和相关软元件的情况将在各个指令的最后给予说明。定位指令的程序实例将在第四章第二节“伺服放大器基本原理和应用技术”中给出，作为 FX 系列 PLC 和 MR-J2S-A 系列伺服放大器配合使用的实例。

1. 当前绝对位置读取

当前绝对位置读取指令 ABS（ABSOLUTE CURRENT VALUE READ，FNC155）用于读取当前的绝对位置，将其送入指定的软元件中。该指令操作数源元件为 X、Y、M 和 S，第一个目标元件为 Y、M 和 S，第二个目标元件为 KnY、KnM、KnS、T、C、D、V 和 Z。

当前绝对位置读取指令 ABS 的使用如图 3-6 所示。使用本指令时，PLC 应与具有绝对位置功能的设备，如 MR-J2 或 MR-H 型伺服放大器连接。

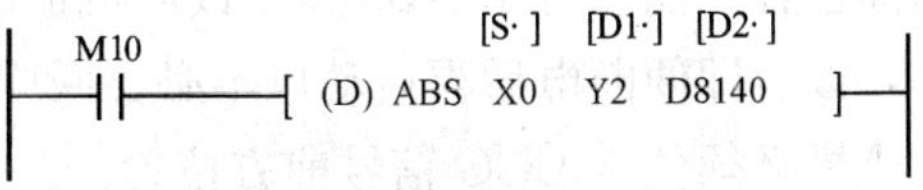

M10　(D) ABS　[S·] X0　[D1·] Y2　[D2·] D8140

图 3-6　当前绝对位置读取指令 ABS 的使用

［S·］指定来自伺服放大器信号输入点首地址，总共占用 3 点，为 X0、X1、X2（图 3-6 仅示出 X0）。［D1·］指定送到伺服放大器控制信号输出点的首地址，这里也总共占用 3 点，即 Y2、Y3、Y4（图 3-6 仅示出 Y2）。［D2·］指定从伺服放大器读取的绝对位置值存放的目标元件，占用双字（32 位）。因为当前绝对位

置必定存入（D8141，D8140），所以通常［D2·］就直接指定为D8140。

当执行条件M10由OFF变为ON时开始读入绝对位置，读取完成后完成标志M8029置为1。如果读入过程中执行条件M10变为OFF，则读取动作停止。通常让执行条件一直为ON（如用运行常ON特殊辅助继电器M8000，因为它的常开触点只要PLC一旦处于运行状态就是闭合的），即便读取完成后也不应让它变为OFF。因为本指令的执行条件在读取完成后变为OFF，伺服放大器的ON信号（SON）也会跟着变为OFF，则伺服放大器将不再工作。

另外应注意的是，虽然伺服放大器具有绝对位置读取功能，最好还是在系统最初启动时执行一次回原点（ZRN，FNC156）操作。系统设计时应保证伺服放大器先于PLC得电，最起码应使两者同时得电。

2. 回原点

回原点指令ZRN（ZERO RETURN，FNC156）用于执行上面提到的回原点操作，将其送入指定的软元件中。该指令操作数第一个和第二个源元件可以选取的软元件为K、H、KnY、KnM、KnS、T、C、D、V和Z，第三个源元件为X、Y、M和S，目标元件只能为Y0或Y1。

当PLC执行DRVI指令（FNC158）和DRVA指令（FNC159）使机器运动时，当前位置值会增加或者减少，但PLC都会记住这些变动值，因而也就知道机器的当前位置。但当PLC断电时这些数据就丢失了，要应对这种情况，机器启动时必须执行回原点操作，以校准机械的原点。

回原点指令ZRN的使用如图3-7所示。图中，［S1·］用于指定回原点的速度，16位指令时为10～32 767Hz，32位指令时为10～100kHz；［S2·］用于指定爬行速度，它是近点开关（DOG，原点接近信号）变为ON后的低速，范围10～32 767Hz；［S3·］用于指定近点开关信号（常开触点），最好使用输入继电器X，以免受扫描周期的影响而加大原点误差；［D·］用于指定脉冲输出点，仅限于Y0和Y1，必须使用晶体管输出型PLC基本单元。

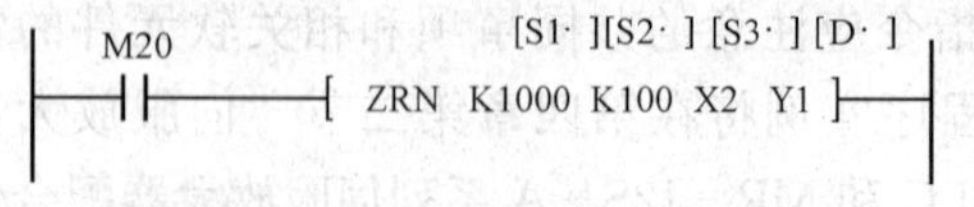

图3-7 回原点指令ZRN的使用

如果在执行ZRN指令之前使M8140置1，可使PLC在回原点操作完成后向伺服放大器输出清零信号。相应的清零信号输出点如下：脉冲输出信号为Y0时，清零输出信号为Y2；脉冲输出信号为Y1时，清零输出信号为Y3。

清零信号必须以漏型晶体管输出，负载能力大于200mA（也适用于PLSV和DRVI指令）。如果配合使用三菱公司的MR-H和MR-2J型伺服放大器，则停电时机械可保持其当前位置，而且可用ABS指令读取机械的绝对位置，所以只需在首次启动时执行回原点操作，以后即便断电后再启动也不必再回原点。因为不具备DOG信号搜索功能，所以回原点前机械必须位于DOG信号前方位置。

回原点指令动作顺序如图3-8所示。

使用ZRN指令时，需要注意以下几点：

(1) 驱动该指令后，以回原点速度［S1·］开始移动；在回原点过程中，如果驱动指令的触点变为OFF状态，机械将不经减速而立即停止。

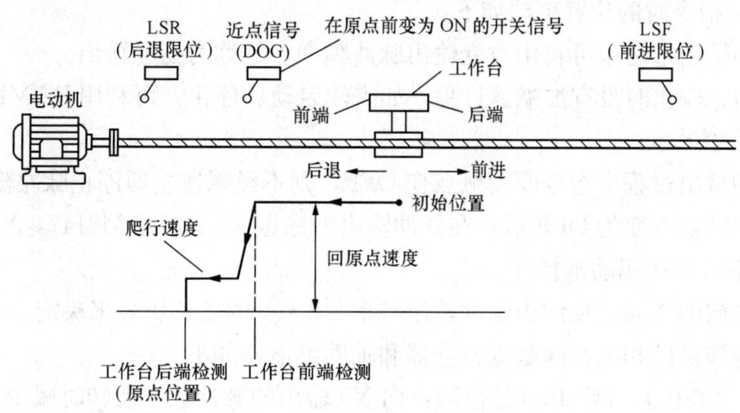

图 3－8 回原点指令动作顺序

（2）驱动指令的触点变为 OFF 后，在脉冲输出中监控（Y000：M8147，Y001：M8148）处于 ON 时，将不接受指令的再次驱动。

（3）当近点信号（DOG）由 OFF 变为 ON 时（由工作台前端检测），减速至爬行速度［S2·］。

（4）当近点信号（DOG）由 ON 变为 OFF 时（由工作台后端检测），在停止脉冲输出的同时，向当前值数据寄存器（Y0：（D8141，D8140），Y1：（D8143，D8142））写入 0，即工作台后端检测到的当前位置为原定位置。此时如果 M8140（清零信号输出功能）为 ON，则同时输出清零信号。之后，当执行完成标志（M8029）动作的同时，脉冲输出中监控（Y000：M8147，Y001：M8148）变为 OFF。

ZRN 指令涉及的相关特殊数据寄存器和辅助继电器如下：

1）（D8141（高位），D8140（低位））：Y0 输出的当前值寄存器（32 位）。

2）（D8143（高位），D8142（低位））：Y1 输出的当前值寄存器（32 位）。

3）M8145：Y0 脉冲输出停止（立即停止）。

4）M8146：Y1 脉冲输出停止（立即停止）。

5）M8147：Y0 脉冲输出中监控（BUSY/READY）。

6）M8148：Y1 脉冲输出中监控（BUSY/READY）。

3. 变速脉冲输出指令

变速脉冲输出指令 PLSV（PULSE V，FNC157）是带旋转方向控制的变速脉冲输出控制指令，将其送入指定的软元件中。该指令操作数源元件可以选取的软元件为 K、H、KnY、KnM、KnS、T、C、D、V 和 Z，第一个目标元件只能为 Y0 或 Y1，第二个目标元件为 Y、M 和 S。

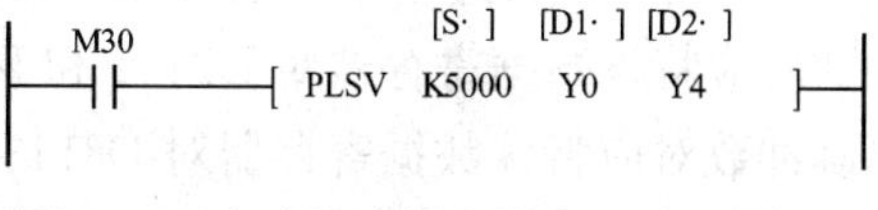

```
                    [S· ]  [D1· ] [D2· ]
 M30
─┤├──────────[ PLSV  K5000   Y0     Y4  ]
```

图 3－9 变速脉冲输出指令 PLSV 的使用

变速脉冲输出指令 PLSV 的使用如图 3－9 所示。图中：［S·］指定输出脉冲频率，16 位指令为 10～32 767Hz，32 位指令为 10～100kHz；［D1·］指定脉冲输出点，仅限于 Y0 与 Y1，必须使用晶体管输出类型的 PLC 基本单元；［D2·］指定旋转方向控制输出点，［D2·］＝ON 时，为正转，［D2·］＝OFF 时为反转。

使用PLSV指令时的注意事项如下：

(1) 在脉冲输出过程中可自由改变输出脉冲频率，故称为变速输出。

(2) 在启动、停止时没有加减速过程，如需软启动、停止，可利用RAMP（FNC67）指令改变［S·］的值。

(3) 在脉冲输出过程中指令驱动触点变OFF，则不经减速立即停止脉冲输出。

(4) 指令驱动触点变为OFF后，在脉冲输出中标志（Y0对应M8147，Y1对应M8148）仍为ON期间不可再次驱动本指令。

(5) 旋转方向的正向、反向由脉冲输出频率［S·］的正、负号来决定。

PLSV指令涉及的相关特殊数据寄存器和辅助继电器如下：

1)（D8141（高位），D8140（低位））：向Y0输出的脉冲数，反转时减少（32位）。

2)（D8143（高位），D8142（低位））：向Y1输出的脉冲数，反转时减少（32位）。

3) M8145：Y0脉冲输出停止（立即停止）。

4) M8146：Y1脉冲输出停止（立即停止）。

5) M8147：Y0脉冲输出中监控（BUSY/READY）。

6) M8148：Y1脉冲输出中监控（BUSY/READY）。

4. 增量驱动指令

增量驱动指令DRVI（DRIVE TO INCREMENT，FNC158）是以增量驱动方式控制的脉冲输出指令。该指令操作数中第一个和第二个源元件可以选取的软元件类型为K、H、KnX、KnY、KnM、KnS、T、C、D、V和Z；第一个目标元件只能为Y0或Y1，第二个目标元件为Y、M和S。

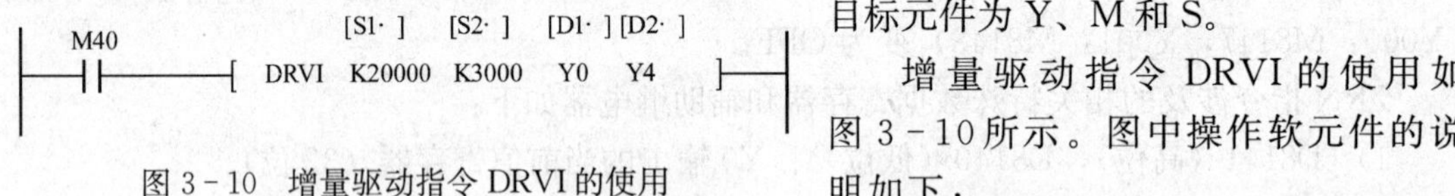

图3-10 增量驱动指令DRVI的使用

增量驱动指令DRVI的使用如图3-10所示。图中操作软元件的说明如下：

(1)［S1·］输出脉冲数：16位指令数值范围是－32 768～＋32 767，32位指令数值范围是－999 999～＋999 999。

(2)［S2·］输出脉冲频率：16位指令10～32 767Hz，32位指令10～10kHz。最低输出频率有限制，见后面的说明和公式。

(3)［D1·］脉冲输出点：仅限于Y0与Y1这两个输出点，必须使用晶体管输出型PLC基本单元。

(4)［D2·］旋转方向信号输出点：ON为正转，OFF为反转。

使用DRVI指令时的注意事项如下：

(1) 指令执行过程中，输出脉冲数以增量方式存入当前值寄存器对。输出点Y0输出脉冲数对应特殊数据寄存器对D8141和D8140中的内容，即（D8141，D8140），输出点Y1输出脉冲数对应特殊数据寄存器对D8143和D8142中的内容，即（D8143，D8142）。

(2) 正转时数值增加，反转时数值减少。旋转方向的正向或反向由［S1·］的符号正、负决定。

(3) 指令执行中改变操作元件的内容也无法在当前运行中反映出来，只有在下一次执行时才生效。

(4) 指令执行过程中，如果执行条件变为 OFF 将会减速停止，但完成标志 M8029 不动作。

(5) 指令执行条件变为 OFF 后，如果脉冲输出中标志（Y0 对应 M8147，Y1 对应 M8148）仍为 ON，将不接受指令的再次驱动。

增量式驱动中［S1·］指定的输出脉冲数是指由当前位置到目标位置之间应输出的脉冲数，即当前位置与目标位置之间的距离（以脉冲数量为单位），如图 3－11 所示。脉冲数的正号或负号表示运动的方向。

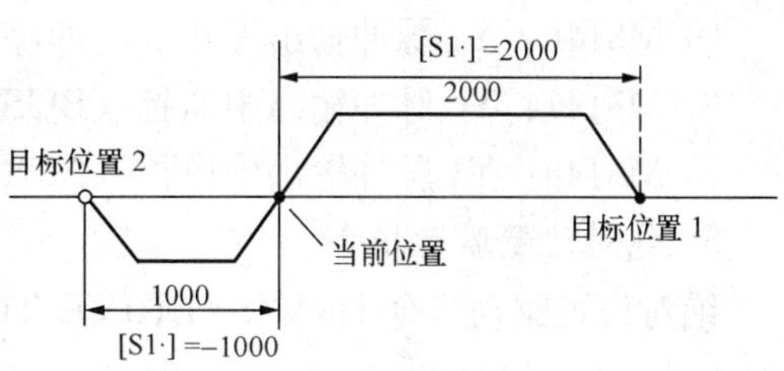

图 3－11　增量驱动指令中目标位置的说明

增量驱动设置值与速度曲线如图 3－12 所示。

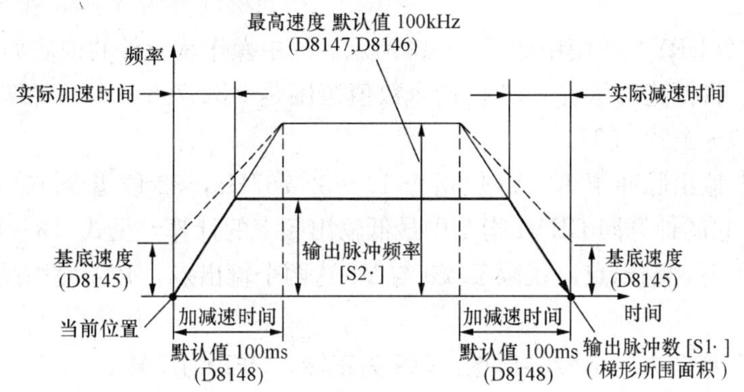

图 3－12　增量驱动设置值与速度曲线

实际能够执行的最低输出脉冲频率由以下公式决定

$$\text{输出最低频率}=\sqrt{\text{最高速度}/[2\times(\text{加减速时间}/1000)]} \tag{3-1}$$

在式（3－1）中，最高速度为特殊数据寄存器对 D8147 和 D8146 中的内容，即（D8147，D8146），单位为 Hz。

加减速时间为特殊数据寄存器对 D8148 中的内容，单位为 ms。

应注意的是，如果输出脉冲频率［S2·］指定了低于上面计算结果的数值，实际输出频率就等于式（3－1）计算结果值。加速初期和减速最终部分的频率也不能低于上述的计算结果。

DRVI 指令涉及的相关特殊数据寄存器和辅助继电器如下：

1)（D8145）：执行 DRVI 和 DRVA（绝对位置驱动）指令时的基底速度。当控制步进电动机时，设定速度需考虑步进电动机的共振区域和自动启动频率。设定范围为最高速度（D8147，D8146）的 1/10 以下。超过该范围时，自动降为最高速度的 1/10 数值运行。

2)（D8147（高位），D8146（低位））：执行 DRVI 和 DRVA 指令时的最高速度。［S2·］指定的输出脉冲频率必须小于该最高速度。设定范围为 10～100kHz。

3)（D8148）：执行 DRVI 和 DRVA 指令时的加减速时间。加减速时间表示到达最高速度（D8147，D8146）所需的时间。因此，当输出脉冲频率［S2·］低于最高速度（D8147，

D8146）时，实际加、减速时间会缩短。设定范围为50～5000ms。

4）M8145：Y0脉冲输出停止（立即停止）。

5）M8146：Y1脉冲输出停止（立即停止）。

6）M8147：Y0脉冲输出中监控（BUSY/READY）。

7）M8148：Y1脉冲输出中监控（BUSY/READY）。

5. 绝对位置驱动指令

绝对位置驱动指令DRVA（DRIVE TO ABSOLUTE，FNC159）是以绝对位置驱动方式控制的脉冲输出指令。该指令操作数第一个和第二个源元件可以选取的软元件类型为K、H、KnY、KnM、KnS、T、C、D、V和Z；第一个目标元件只能为Y0或Y1，第二个目标元件为Y、M和S。

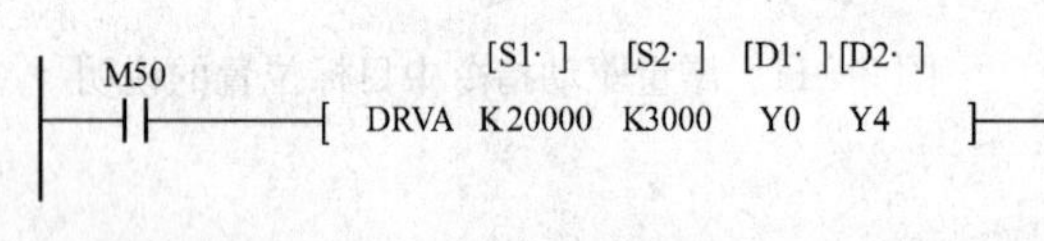

图3-13 绝对位置驱动指令的使用

增量驱动指令DRVA的使用如图3-13所示。图中操作软元件的说明如下：

(1)［S1·］目标绝对位置：16位指令数值范围是－32 768～＋32 767，32位指令数值范围是－999 999～＋999 999。

(2)［S2·］输出脉冲频率：16位指令10～32 767Hz，32位指令10～10kHz［最低输出频率有限制，它的计算同DRVI指令中最低输出频率的计算，见式（3-1)］。

(3)［D1·］脉冲输出点：仅限于Y0与Y1这两个输出点，必须使用晶体管输出型PLC基本单元。

(4)［D2·］旋转方向信号输出点：ON为正转，OFF为反转。

使用DRVA指令时的注意事项如下：

(1) 指令执行过程中，当前绝对位置存入当前值寄存器对。输出点Y0绝对位置对应特殊数据寄存器对D8141和D8140中的内容，即（D8141，D8140）；输出点Y1绝对位置对应特殊数据寄存器对D8143和D8142中的内容，即（D8143，D8142）。

(2) 指令执行中改变操作元件的内容也无法在当前运行中反映出来，只有在下一次执行时才生效。

(3) 指令执行过程中，如果执行条件变为OFF将会减速停止，但完成标志M8029不动作。

(4) 指令执行条件变为OFF后，如果脉冲输出中标志（Y0对应M8147，Y1对应M8148）仍为ON，将不接受指令的再次驱动。

绝对位置驱动方式中，［S1·］指定的是目标位置与原点之间的距离，即目标的绝对位置，如图3-14所示。

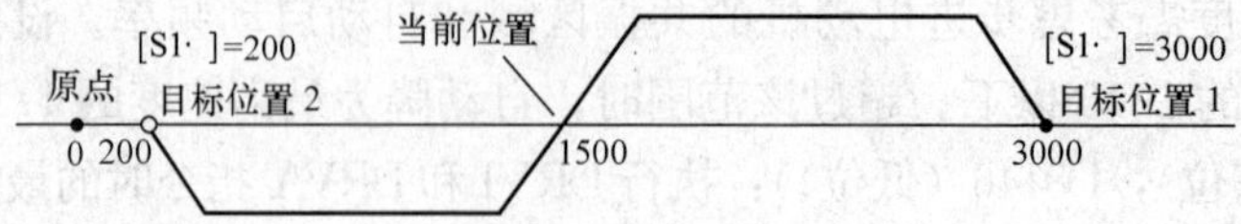

图3-14 绝对位置驱动指令中目标位置的说明

绝对位置驱动方式设置值与速度曲线如图3-15所示。

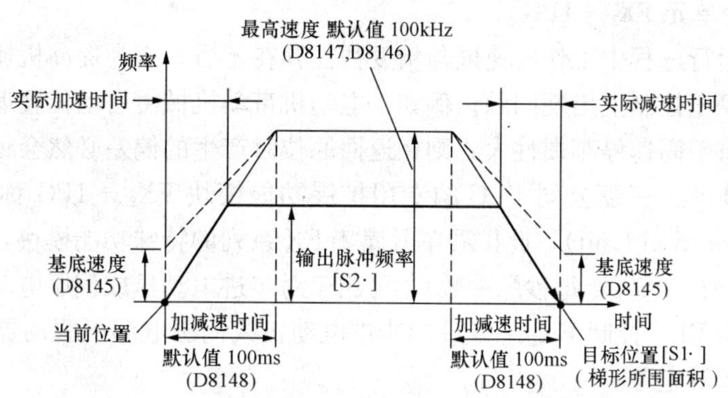

图 3-15　绝对位置驱动方式设置值与速度曲线

DRVA 指令涉及的相关特殊数据寄存器和辅助继电器，请参照前面 DRVI 指令中的说明。

6. 使用定位指令时的注意事项

定位控制指令 ZRN、PLSV、DRVI 和 DRVA 指令编程时均可多次使用，但应当注意以下几点：

(1) 不可以出现“双线圈输出”现象，即不可以有两条指令同时驱动同一个目标线圈。因为这些指令的目标元件的线圈仅限于 Y0 和 Y1 输出，故指令多次使用时很容易犯“双线圈输出”的错误。

(2) 当指令执行条件变为 OFF 后，必须等待该指令目标元件对应的脉冲输出中监控标志（Y0 对应 M8147，Y1 对应 M8148）变为 OFF 后再经一个扫描周期方可再次驱动同一指令。

(3) 为了按上面要求编程，最好参照三菱编程手册的标准程序。

(4) 因为前面的脉冲输出指令（PLSY，FNC57）指令和带加减的速脉冲输出（PLSR，FNC59）指令的目标元件也是 Y0 和 Y1，所以编程如果要使用 PLSY 和 PLSR 指令时最好用 DRVI 指令来代替这两条指令。如果一定要使用 PLSY 和 PLSR 指令，前面的几条注意事项也适用于这两条指令。

(5) Y0 和 Y1 作高速输出时其性能指标为：电压 5～24V DC，电流 10～100mA，输出频率应小于 100kHz。

第二节　脉 冲 发 生 单 元

在位置控制系统中常常采用伺服电动机和步进电动机作为驱动装置，可采用开环控制，也可采用闭环控制。对于步进电动机，可以采用调节发送脉冲的频率改变机械的工作速度。在位置控制应用中，除了使用晶体管输出型 FX 系列 PLC 基本单元的脉冲输出功能驱动步进电动机、伺服电动机外，还经常通过 FX 系列 PLC 扩展脉冲输出形式的定位单元或定位模块，如脉冲发生单元 FX_{2N}-1PG 和定位控制模块 FX_{2N}-10GM 等，来实现一点或多点的定位控制。本节简要介绍 FX 系列 PLC 的脉冲发生单元 FX_{2N}-1PG，主要包括其信号端子、BFM 分配、操作模式和程序示例等。

一、脉冲发生单元 FX_{2N}-1PG

在机械工作运行过程中工作的速度与精度往往存在矛盾，当为提高机械效率而提高速度时，有可能会在停车控制上出现问题。例如，电动机带动机械由启动位置返回原位，如以最快的速度返回，由于高速停车惯性大，则在返回原位时产生的偏差必然会较大，因此进行定位控制是十分必要的。三菱公司 PLC 的专用扩展功能模块 FX_{2N}-1PG 称为脉冲发生单元 PGU（Pulse Generation Unit），此扩展单元属于 FX 系列的特殊功能模块，脉冲输出频率最大可达 100kHz（或 PLS/s，每秒脉冲数），可用于对步进电动机或伺服电动机的位置和速度进行精确控制。由 PLC 控制 FX_{2N}-1PG 向步进电动机或伺服电动机驱动器提供指定数量的脉冲，即可完成单轴定位。

1. 概况

FX_{2N}-1PG 脉冲发生单元（模块）可以完成对一个独立轴的定位。FX_{2N}-1PG 能输出 1 相脉冲数和脉冲频率可调的定位脉冲，输出脉冲通过伺服驱动器、步进驱动器的控制或放大实现单轴简单定位控制。FX_{2N}-1PG 只用于 FX_{2N} 子系列，使用 FROM/TO 指令设定模块各种参数，读出定位值和运行速度，可实现单速定位、运动轴回原点等简单的位置控制功能。FX_{2N}-1PG 脉冲发生单元的脉冲输出形式有“定位脉冲+方向”或“正反向运动脉冲”两种。该单元占用 8 个 I/O 点，可以输出最高频率为 100kHz 的脉冲串。

图 3-16　FX_{2N}-1PG 脉冲发生单元的外形

FX_{2N}-1PG 脉冲发生单元的外形如图 3-16 所示。

该单元（模块）具有以下特点：

（1）具有便于定位控制的 7 种操作模式。

（2）一个模块控制一个轴。最多 8 个模块可连接到 FX_{2N} 系列 PLC 上，最多 4 个模块可连接到 FX_{2NC} 系列 PLC 上。可以实现多轴单独控制。

（3）定位目标的追踪、运行速度及各种参数通过 PLC 主机使用 FROM、TO 指令设定。

（4）除脉冲序列输出外，还有各种高速响应的输出端子，而其他的输入输出通常需要通过 PLC 进行控制，如启动输入及正、反限位开关等。

FX_{2N}-1PG 脉冲发生单元组成的定位控制系统如图 3-17 所示。

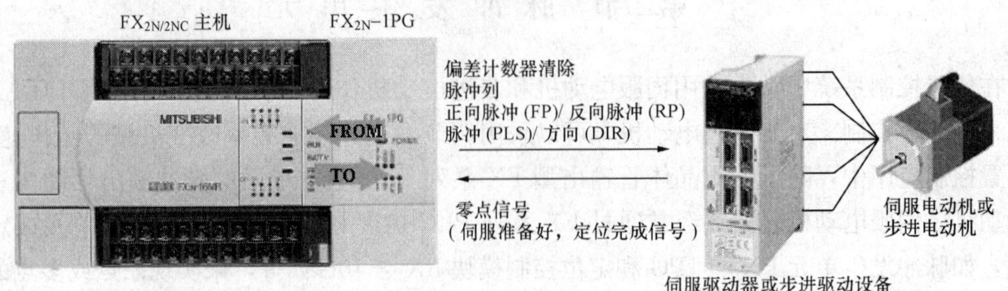

图 3-17　FX_{2N}-1PG 脉冲发生单元组成的定位控制系统

2. 输入/输出性能规格

FX_{2N}-1PG 脉冲发生单元的输入/输出性能规格见表 3-1。

表 3-1　　FX_{2N}-1PG 脉冲发生单元的输入/输出性能规格

项目	性能规格
控制轴数	1 轴，不能做插补控制
脉冲频率	10Hz～100kHz（指令单位可内部折算，单位可在 Hz、cm/min、inch/min、10deg/min 中选择）
定位范围	−999 999～+999 999（指令单位可选）
输入/输出占用点数	每个模块占用 PLC 的 8 个输入或输出点
脉冲输出方式	集电极开路的晶体管输出，DC 5～24V，20mA 以下
控制输入	操作系统 STOP，机械系统 DOG，支持 PG0、正转极限、反转极限等功能。其他输入接在 PLC 上
控制输出	支持 FP、RP、CLR 等功能

FX_{2N}-1PG 脉冲发生单元通过扩展电缆与 PLC 基本单元或扩展单元相连接，通过 PLC 内部总线传送控制指令、交换数据、输出一定数量和频率的脉冲等。

3. 输入/输出端子和控制信号

FX_{2N}-1PG 脉冲发生单元的输入/输出端子分配如图 3-18 所示。

FX_{2N}-1PG 脉冲发生单元的控制，需要 STOP、DOG、PG0 等控制输入信号，能够输出 FP、RP、CLR 等输出信号。FX_{2N}-1PG 的输入/输出信号及其功能见表 3-2。

4. 缓冲存储器（BFM）和设定参数说明

PLC 使用 FROM（读取）、TO（写入）指令设定 FX_{2N}-1PG 单元的各种参数、读出定位值和运行速度等，这些都是通过读写 FX_{2N}-1PG 内部的缓冲存储器（BFM）实现的。FX_{2N}-1PG 脉冲发生单元内部的缓冲存储器分配及其功能含义见表 3-3。

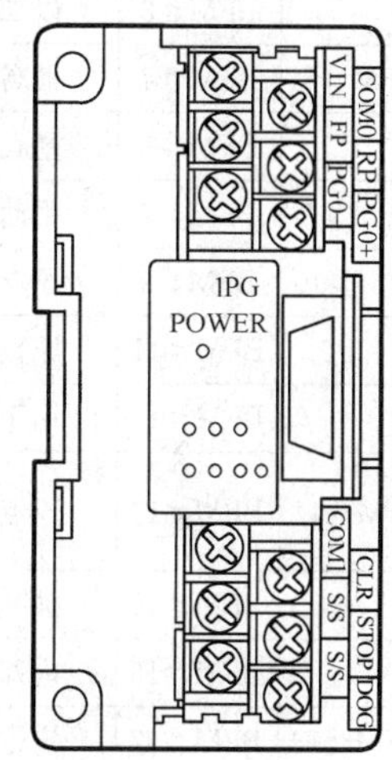

图 3-18　FX_{2N}-1PG 脉冲发生单元的输入/输出端子分配

表 3-2　　FX_{2N}-1PG 输入/输出信号及其功能

信号类型及代号		功能	备注
输入信号	STOP	减速停止输入	在外部操作模式下可作为停止命令输入
	DOG	根据操作模式不同具有以下功能： 机器回原点操作：近点 DOG 输入。 中断单速操作：中断输入。 外部命令操作：减速停止输入	
	S/S	24V 电源端子，用于 STOP 输入和 DOG 输入	连接到 PLC 的传感器电源或外部电源
	PG0+	原点信号的电源端子	DC 5～24V，20mA 以下
	PG0−	从驱动单元或其他放大器输入原点信号	相应脉冲宽度 4ns 以上

续表

信号类型及代号		功能	备注
输出信号	VIN	脉冲输出电源端子（由伺服放大器或外部电源供给）	电源 DC 5～15V，电流 35mA 以下
	FP	输出正向脉冲或方向的端子	10Hz～100kHz，20mA 以下，DC 5～24V
	COM0	脉冲输出公共端	
	RP	输出反向脉冲或方向的端子	10Hz～100kHz，20mA 以下，DC 5～24V
	COM1	CLR 输出的公共端	
	CLR	剩余定位脉冲清除	DC 5～15V，20mA 以下，输出脉冲宽度 20ms

表 3-3　FX_{2N}-1PG 内部缓冲存储器分配及其功能含义

BFM 编号		功能含义	备注
高 16 位	低 16 位		
	BFM#0	脉冲速率（每转脉冲数）	1～32 767PLS/r
BFM#2	BFM#1	进给速率（每转对应的移动距离）	1～999 999
	BFM#3	以二进制码输入的基本参数	其各位含义详见后面的参数说明
BFM#5	BFM#4	最高速度	10～100 000Hz
	BFM#6	基底速度（最低速度）	0～100 000Hz
BFM#8	BFM#7	手动（或寸动，JOG）速度	10～100 000Hz
BFM#10	BFM#9	原点返回速度（高速）	10～100 000Hz
	BFM#11	原点返回速度（爬行速度）	10～100 000Hz
	BFM#12	用于原点返回的零点计数脉冲数	0～32 767PLS
BFM#14	BFM#13	原点位置定义	电动机系统，0～999 999PLS；机器系统/复合系统，－999 999～＋999 999
	BFM#15	加减速时间	50～5000ms
	BFM#16	内部保留	
BFM#18	BFM#17	定位位置（Ⅰ），定位点 1 的位置设定	－999 999～＋999 999
BFM#20	BFM#19	定位速度（Ⅰ），定位点 1 的运行速度设定	10～100 000Hz
BFM#22	BFM#21	定位位置（Ⅱ），定位点 2 的位置设定	－999 999～＋999 999
BFM#24	BFM#23	定位速度（Ⅱ），定位点 2 的运行速度设定	10～10 000Hz
	BFM#25	以二进制码输入的控制命令信号	其各位含义详见后面的参数说明
BFM#27	BFM#26	当前位置	自动写入，范围 －2 147 483 648～＋2 147 483 647
	BFM#28	以二进制码输入的内部状态信号	其各位含义详见后面的参数说明
	BFM#29	错误代码	当错误发生时，错误代码将被自动写入
	BFM#30	模块 ID 号	ID 号“5110”被自动写入
	BFM#31	内部保留	

（1）BFM#3 基本参数中各位（bit15～bit0）对应参数说明如下：

1）bit1，bit0：速度/位置系统单位（电动机系统、机器系统或复合系统）。“00”表示电动机系统，以脉冲为单位；“01”表示机器系统，速度单位为 cm/min 或 deg/min、inch/min，位置单位为 0.001mm； “10”表示复合系统，速度单位为脉冲频率（Hz），位置单位为 0.001mm 或 0.001deg、0.0001inch/min；“11”的含义同“10”。

2）bit3，bit2：无作用。

3）bit5，bit4：位置数据倍率设定。“00”表示倍率为 1；“01”表示倍率为 10；“10”表示倍率为 100；“11”表示倍率为 1000；

4）bit7，bit6：无作用。

5）bit8：定位输出脉冲形式设定。“0”表示正/反脉冲分别输出；“1”表示脉冲＋方向信号。

6）bit9：计数方向设定。“0”表示正向，输出一个正向脉冲，当前计数值加 1；“1”表示反向，输出一个正向脉冲，当前计数值减 1。

7）bit10：回原点方向设定。“0”表示回原点方向为当前计数值减少方向；“1”表示回原点方向为当前计数值增加方向。

8）bit11：无作用。

9）bit12：DOG 信号输入极性设定。“0”表示 DOG 信号“1（接通）”有效，即“1”时进行原点减速；“1”表示 DOG 信号“0（断开）”有效，即“0”时进行原点减速。

10）bit13：原点位置设定。“0”表示 DOG 信号有效，原点减速开始后，立即进行 PG0 的计数，当 PG0 的计数值到达设定值（BFM＃12 设定）的数值后，该 PG0（第 N 个零点脉冲）的位置即作为原点位置；“1”表示 DOG 信号有效时进行原点减速，但是当 DOG 信号放开以后，才进行 PG0 的计数，当 PG0 的计数值到达设定值（BFM＃12 设定）的数值后，该 PG0（第 N 个零点脉冲）的位置即作为原点位置。

11）bit14：STOP 信号输入极性设定。“0”表示 STOP 信号“1”有效，“1”时停止运行；“1”表示 STOP 信号“0”有效，“0”时停止运行。

12）bit15：STOP 信号输入模式（停止后剩余行程处理设定）。“0”表示 STOP 信号有效，停止运行，重新启动后首先继续完成剩余的行程，然后再进行下一步定位；“1”表示 STOP 信号有效，停止运行，重新启动后，清除剩余行程，直接进行下一步的定位。

（2）BFM＃25 控制命令信号各位（bit15～bit0）对应参数说明如下：

1）bit0：模块错误复位。

2）bit1：停止信号，上升沿有效。

3）bit2：正向极限到达。“0”表示正常运行；“1”表示正向极限到达，停止输出脉冲。

4）bit3：反向极限到达。“0”表示正常运行；“1”表示反向极限到达，停止输出脉冲。

5）bit4：正向手动信号。“0”表示不进行正向手动运行；“1”表示进行正向手动运行，连续输出正向脉冲。

6）bit5：负向手动信号。“0”表示不进行负向手动运行；“1”表示进行负向手动运行，连续输出负向脉冲。

7）bit6：回原点启动信号，上升沿有效。

8）bit7：位置值的给定形式。“0”表示绝对位置形式；“1”表示增量位置形式。

9）bit8：单速定位启动信号，上升沿有效。

10）bit9：单速定位中断信号，上升沿有效。

11）bit10：双速定位启动信号，上升沿有效。

12）bit11：外部定位启动信号，上升沿有效。

13）bit12：变速定位启动信号。“0”表示变速定位停止；“1”表示变速定位启动。

（3）BFM＃28 模块状态信息各位（bit8～bit0）对应信息说明如下：

1）bit0：模块状态信息，“1”表示模块准备好。

2）bit1：实际旋转方向。“0”表示反向旋转；“1”表示正向旋转。

3）bit2：回原点结束信号。

4）bit3：STOP 信号状态。

5）bit4：DOG 信号状态。

6）bit5：PG0 信号状态。

7）bit6：当前位置计数值溢出。

8）bit7：模块错误标志。

9）bit8：定位完成标志。

5. FROM 和 TO 指令简介

（1）指令组成要素。特殊功能模块与 PLC 主机的数据联系通信需要使用 FROM（读出）指令和 TO（写入）指令。FROM 指令用于将特殊功能模块缓冲存储器（BFM）中的数据读入到 PLC。TO 指令可将数据从 PLC 写入特殊功能模块的缓冲存储器中。使用 FROM（读出）指令及 TO（写入）指令可以进行模块的配置、偏移及增益的调整、模拟量转换成数字量或待转换为模拟量的数字量传送等。特殊功能模块的读出、写入指令的组成要素见表 3－4。

表 3－4　特殊功能模块读出、写入指令的组成要素

指令名称	功能码、处理位数	助记符	操作数范围				占用程序步数
			m1	m2	［D・］、［S・］	n	
特殊功能模块读出	FNC78（16/32）	FROM FROMP	K、H：0～7，特殊功能模块编号	K、H：0～32 767，BFM 号	KnY、KnM、KnS、T、C、D、V、Z	K、H：1～32 767	FROM…9 步 FROMP…17 步
特殊功能模块写入	FNC79（16/32）	TO TOP	K、H：0～7，特殊功能模块编号	K、H：0～32 767，BFM 号	KnY、KnM、KnS、T、C、D、V、Z	K、H：1～32 767	TO…9 步 TOP…17 步

（2）指令使用说明及示例。特殊功能模块的读出、写入指令的格式如图 3－19 所示。

在图 3－19 中，梯形图中第一行中的 X0 接通时，将 PLC 右侧编号为 0 的特殊功能模块内的第 26 个数据缓冲存储器（BFM＃26）开始的一个数据读入到 PLC 中的 M10～M25（一个字）中。

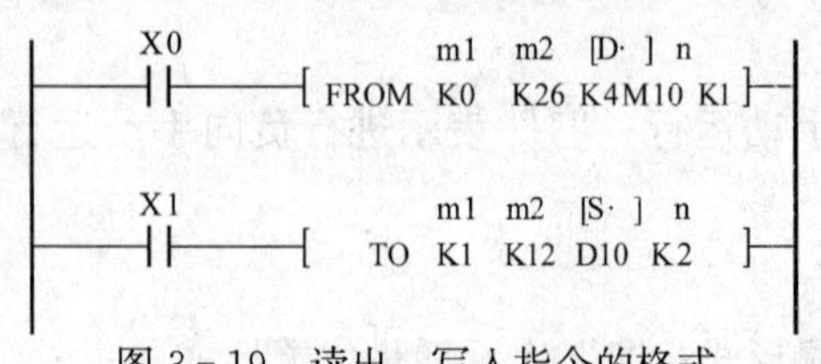

图 3－19　读出、写入指令的格式

在梯形图中的第二行中的 X1 接通时，将 PLC 基本单元中从 D10 开始的两个字的数据写入到编号为 1 的特殊功能模块内从编号 12 开始的 2 个数据缓冲存储器中（BFM＃12 和 BFM＃13）。

应注意，M8028为ON时，在读出、写入指令执行过程中禁止中断。在此期间发生的中断，在读、写指令执行完后执行。

(3) 特殊功能模块的编号举例。在PLC基本单元扩展特殊功能模块后，系统中特殊功能模块编号举例如图3-20所示。

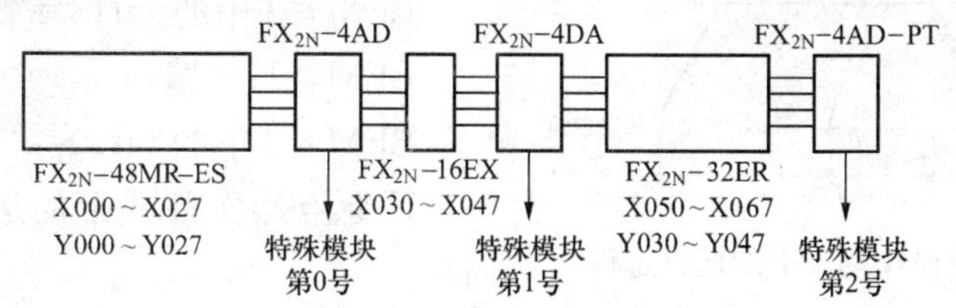

图3-20 特殊功能模块的编号举例

6. 各种操作模式简介

FX_{2N}-1PG模块的定位控制模式有手动、回原点、单速定位、中断单速定位、双速定位、变速定位和外部控制定位等七种操作模式。各种操作模式与需要设定的BFM参数（基本参数和控制命令信号）的关系简要介绍如下。

(1) 手动（JOG，或称为寸动）操作。手动操作是FX_{2N}-1PG最常用、最基本的操作方式。为了实现手动操作，需要设定BFM基本参数和相关控制信号。

1) 设定参数包括：

a) BFM#5，BFM#4：最高运行速度。

b) BFM#6：基底速度。

c) BFM#8，BFM#7：手动运行速度。

d) BFM#15：加减速时间。

2) 控制命令信号包括：

a) BFM#25中的bit4：正向手动启动信号。

b) BFM#25中的bit5：反向手动启动信号。

手动操作模式下的运行过程如图3-21所示。

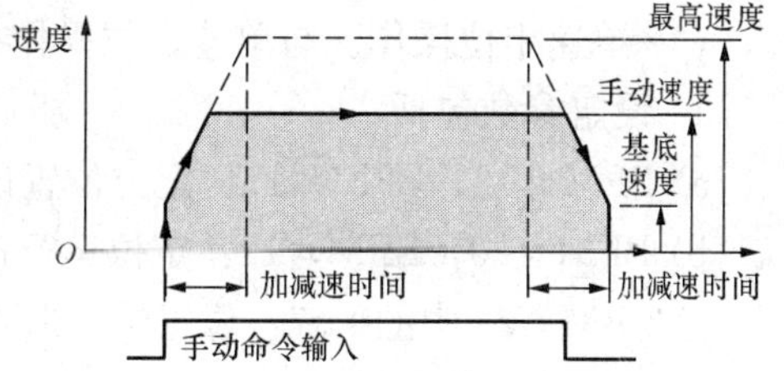

图3-21 手动操作模式下的运行过程

(2) 回原点操作。回原点操作为FX_{2N}-1PG的常用操作模式之一。与回原点有关的BFM基本参数和相关控制信号如下：

1) 设定参数包括：

a) BFM#10，BFM#9：回原点高速。

b) BFM#11：回原点爬行速度。

c) BFM#12：回原点零点信号脉冲计数。

d) BFM#14，BFM#13：原点位置设定。

c) BFM#3中的bit12：DOG信号极性设定。

2) 控制命令信号包括：

a) BFM#3中的bit10：回原点方向设定。

b) BFM#25中的bit6：回原点启动信号。

另外与原点有关的外部输入信号还有DOG（原点检测近点信号）、PG0（零点脉冲计数信号）等。

例如，要求当减速开关DOG放开后进行PG0计数，零点脉冲计数信号为1次，回原点方向为增加方向（正向），则需要设定的参数如下：

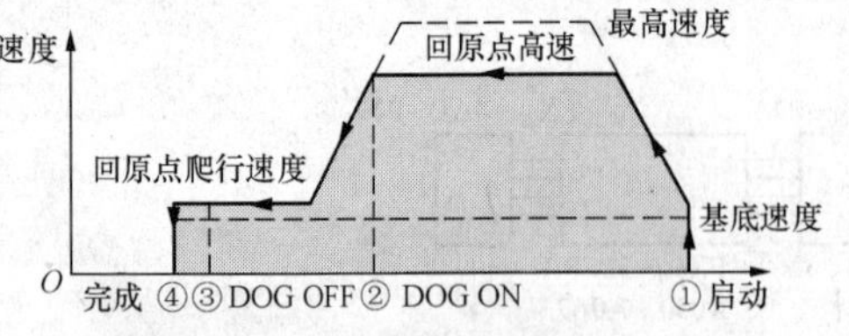

图3-22 回原点操作模式下的运行过程

BFM＃3中的bit13＝“1”；

BFM＃12＝“1”；

BFM＃3中的bit10＝“1”。

回原点操作模式下的运行过程如图3-22所示。

当回原点启动信号BFM＃25中的bit6＝“1”（上升沿有效）时，运动轴启动并以（BFM＃10，BFM＃9）中定义的回原点高速正向运行。

在运动过程中，如果外部减速开关DOG“合上”（DOG信号为ON），DOG信号有效的极性取决于BFM＃3中的bit12的设定，运动轴立即减速到BFM＃11（回原点爬行速度）设定的速度运行搜索原点位置。

在外部减速开关DOG“放开”（DOG信号为OFF）后，开始计算输入的PG0零点脉冲数量，当PG0零点脉冲计数值到达BFM＃12定义的设定值时，将该PG0脉冲到达设定值发生时刻对应的位置作为原点位置。

应注意的是，当设定BFM＃3中的bit3＝“0”时，在外部减速开关DOG“合上”即开始计算输入PG0零点计数脉冲数值，当PG0脉冲计数数值达到BFM＃12设定的数值时，就将该PG0脉冲对应的位置作为原点位置。

运动轴原点到达后，模块立即停止输出脉冲，并将当前位置的计数值自动变为（BFM＃14，BFM＃13）中设定的数值。同时，BFM＃28中的bit2即回原点结束信号自动置为“1”，并输出计数清除信号CLR。

（3）单速定位操作。与单速定位操作有关的BFM基本参数和相关控制信号如下：

1）设定参数包括：

a）BFM＃18，BFM＃17：定位位置设定1。

b）BFM＃20，BFM＃19：定位运行速度1。

c）BFM＃25中的bit7：位置给定形式。

2）控制命令信号包括：

a）BFM＃25中的bit8：单速定位启动信号。

b）BFM＃25中的bit9：单速定位中断信号。

单速定位操作模式下的运行过程如图3-23所示。

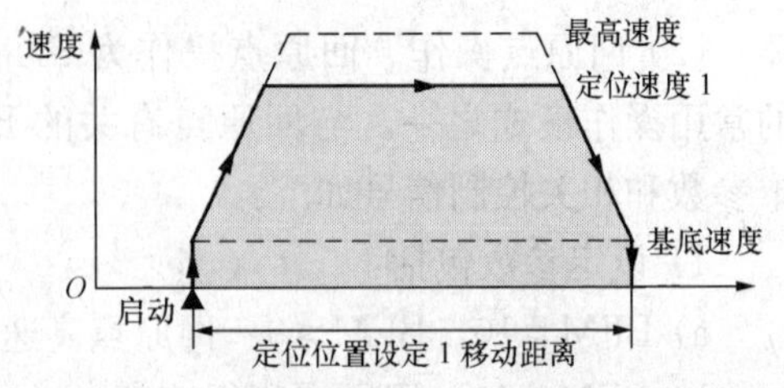

图3-23 单速定位操作模式下的运行过程

单速定位的位置给定形式可以通过BFM＃25中bit7（位置给定形式）的设定选择“绝对位置形式”或是“增量位置形式”。绝对位置形式是指目标位置以坐标原点（坐标原点位是由回原点操作自动设定的）为基准点给定的定位位置形式，定位目标位置与定位起点位置无关；增量位置形式是指目标位置以实际运动距离的形式进行给定，即目标位置相对当前位置的运动距离数值，目标位置与定位起点位置有关。

单速定位可以通过控制信号 BFM＃25 中 bit9（单速定位中断）中断或 STOP（停止）信号停止。单速定位被 STOP 信号停止后，可以通过 BFM＃25 中 bit8（单速定位启动信号）再次启动。启动后是否继续完成上次剩余的行程，取决于 BFM＃3 中 bit15（停止后剩余行程处理设定）中的设定。

（4）中断单速定位操作。与中断单速定位操作有关的 BFM 基本参数和相关控制信号如下：

1）设定参数包括：

a）BFM＃20，BFM＃19：定位运行速度 1。

b）BFM＃18，BFM＃17：定位位置设定 1。

c）BFM＃25 中的 bit7：位置值的给定形式。

2）控制命令信号是 BFM＃3 中的 bit13，即单速定位中断信号。

中断单速定位操作模式下的运行过程如图 3－24 所示。

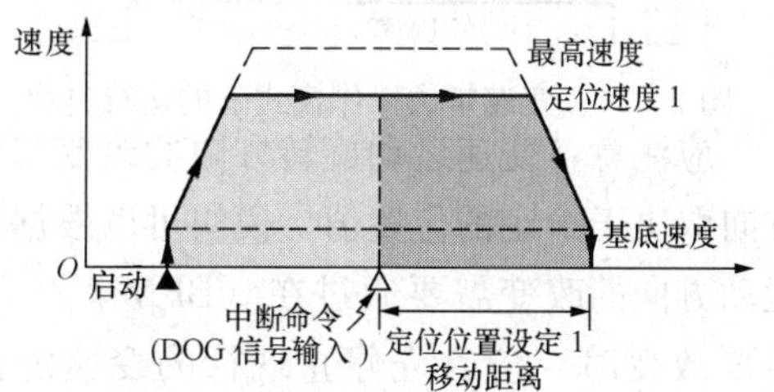

图 3－24　中断单速定位操作模式下的运行过程

当启动条件由 OFF 变为 ON 时，电动机以定位运行速度 1（BFM＃20，BFM＃19）开始运转，在中断条件变为 ON 后，继续移动目标到由定位位置设定 1（BFM＃18，BFM＃17）设定的移动距离（只可指定相对位置形式）。

当启动时当前位置计数器将被清为 0，直到中断条件变为 ON 后，当前位置计数器才会变化，当停止时当前位置与定位位置设定 1 的内容将会相同。

当与绝对位置形式指定动作一起使用时，应当特别注意轴实际运动的距离和方向。

中断信号是通过检测 DOG 信号输入信号的变化产生的（DOG 信号由 OFF 变为 ON 或者由 ON 变为 OFF）。

（5）双速定位操作。与双速定位操作有关的 BFM 基本参数和相关控制信号如下：

1）设定参数包括：

a）BFM＃18，BFM＃17：定位位置 1 设定。

b）BFM＃20，BFM＃19：定位运行速度 1 设定。

c）BFM＃22，BFM＃21：定位位置 2 设定。

d）BFM＃24，BFM＃23：定位运行速度 2 设定。

e）BFM＃25 中的 bit7：位置值的给定形式。

双速定位的位置给定形式也可以通过 BFM＃25 中的 bit7 在“绝对位置形式”与“增量位置形式”中选择其中一种，定位完成后模块定位完成信号 BFM＃28 中的 bit8 自动置“1”。

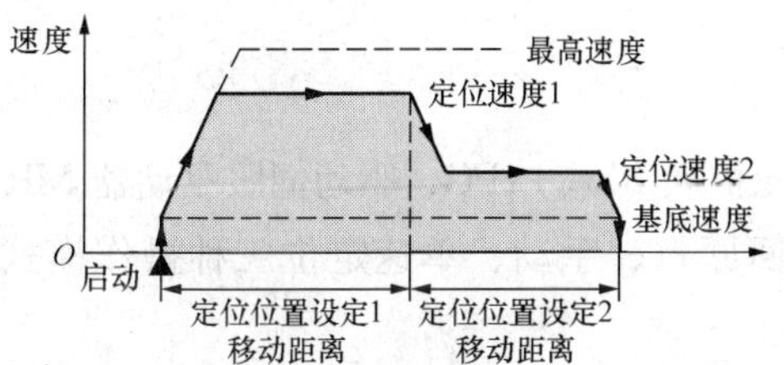

图 3－25　双速定位操作模式下的运行过程

2）控制命令信号是 BFM＃25 中的 bit10，即双速定位启动信号。

双速定位操作模式下的运行过程如图 3－25 所示。

（6）变速定位操作。变速定位操作是一种模块不进行位置控制的定位模式。变速运动需要设定参数是定位速度1，即（BFM＃20，BFM＃19）中的内容；相关控制信号是“变速定位启动信号”，即BFM＃25中的bit12。当变速定位启动信号BFM＃25中的bit12变为“1”时，运动轴以（BFM＃20，BFM＃19）中定义的速度运动。在运动过程中通过不断改写（BFM＃20，BFM＃19）中的数值，就可以达到改变速度的目的。

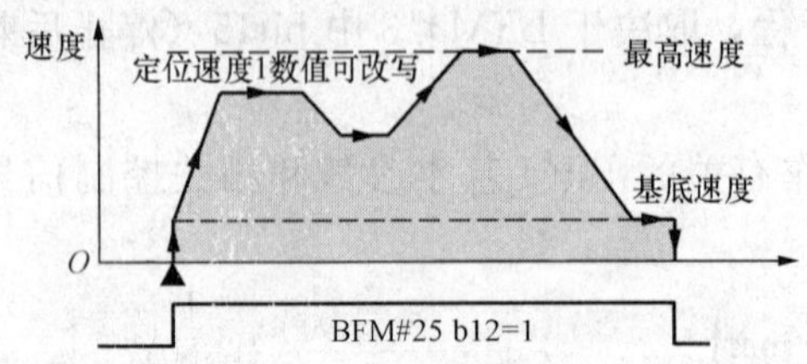

图3－26　变速定位操作模式下的运行过程

变速定位操作模式下的运行过程如图3－26所示。

应注意，变速运动旋转方向的改变与单速或双速定位是不同的。单速或双速定位的运动方向取决于给定的位置值，模块可以根据当前位置与目标位置的关系决定运动方向；而变速运动方向的改变需要通过在（BFM＃20，BFM＃19）中给定负的速度值实现，而且方向需要改变时，应首先停止现行的变速定位动作，即令BFM＃25中的bit12为“0”。

还应注意，变速运动的启动与停止只能通过改变变速定位启动信号，即BFM＃25中的bit12进行控制，而不能通过在定位速度即（BFM＃20，BFM＃19）中写入“0”进行停止变速运动。

(7) 外部定位操作。外部定位操作是一种模块不进行位置控制，而由外部信号决定定位点的双速定位模式。

当外部定位启动信号BFM＃25中的bit11为“1”时，运动轴以（BFM＃20，BFM＃19）给定的速度运动。

在运动过程中，如果外部减速信号DOG有效，运动轴减速到（BFM＃24，BFM＃23）定义的速度继续运动。

停止外部定位操作需要通过模块的STOP信号控制。外部定位运动的旋转方向改变与变速运动的方向改变相同，需要通过在（BFM＃20，BFM＃19）中给定负的速度值进行，而且减速速度（BFM＃24，BFM＃23）中的数值始终为绝对值，其运动方向与（BFM＃20，BFM＃19）中定义的方向保持一致。外部定位的启动由BFM＃25中的bit11进行控制，减速与停止只能通过外部输入DOG和STOP控制。

外部定位需要设定的参数包括：

1）BFM＃20，BFM＃19：定位速度。

2）BFM＃24，BFM＃23：减速速度。

有关的控制信号是BFM＃25中的bit11（外部定位启动信号）和外部输入信号DOG和STOP等。

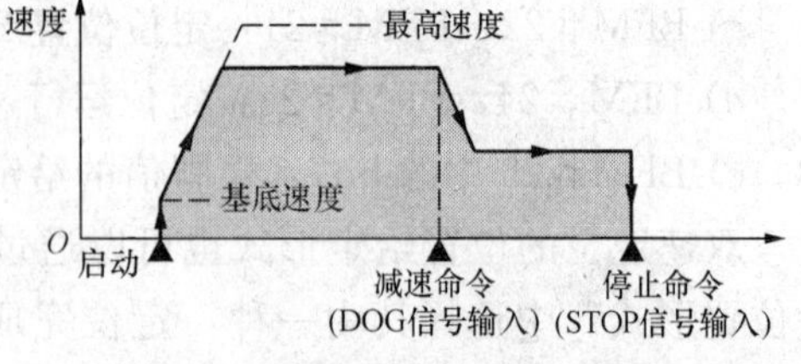

图3－27　外部定位操作模式下的运行过程

外部定位操作模式下的运行过程如图3－27所示。

7. 编程示例

(1) 定位控制要求。某定位系统由FX_{2N}基本单元扩展FX_{2N}－1PG、驱动伺服驱动器MR－J2S实现工作台的单速定位功能。该定位系统设有回原点、手动、单速定位三种操作模式，具体要求如下：

1）回原点操作。按下“回原点”操作按钮时启动回原点操作，电动机运行，带动工作台回到机器的原点位置。

2）手动操作。当按下并且保持“正向手动”或“反向手动”（JOG＋或JOG－）按钮时，电动机带动工作台执行“正向”或“反向”的手动运动。

3）定位操作。按下自动运行按钮，电动机带动工作台以正向增量位置形式前进10 000mm，到达指定位置后指示灯点亮，暂停2s后再后退10 000mm。

（2）各操作模式驱动示意图。

1）回原点操作。回原点操作过程如图3－28所示。

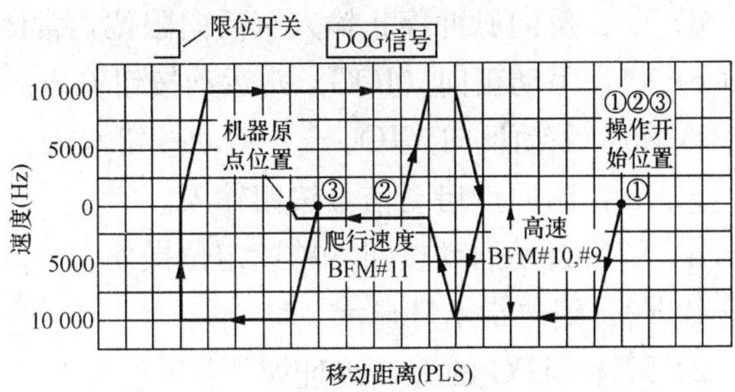

图3－28 回原点操作过程

回原点运行时，按照电动机拖动运动部件所在位置的不同有不同的运动路径。

a）电动机拖动的运动部件在通过DOG开关之前DOG近点信号为OFF状态，此时的运动路径为图3－28中①指示的路径。在运动部件启动后按照回原点高速（BFM＃10，BFM＃9）运行，压下DOG开关后转为爬行速度（BFM＃11），在接收到指定的零点计数脉冲后即认为当前位置为原点位置。

b）电动机拖动的运动部件已经压下了DOG开关使DOG近点信号为ON，此时的运动路径为图3－28中②指示的路径。运动部件首先要向右（计数器增大方向）运行使DOG释放为OFF，然后再向左（计数器减少方向）高速运行，压下DOG开关转为爬行速度，在接收到指定的零点计数脉冲后即认为当前位置为原点位置。

c）电动机拖动的运动部件在通过DOG开关之后DOG近点信号为OFF状态，此时的运动路径为图3－28中③指示的路径。运动部件首先要向左（计数器减少方向）运行撞压限位开关，然后向右运行通过DOG开关使DOG信号变为OFF后，再马上向左高速运行，压下DOG开关转为爬行速度，在接收到指定的零点计数脉冲后即认为当前位置为原点位置。

2）手动操作。手动操作过程如图3－29所示。

3）单速定位操作。单速定位操作过程如图3－30所示。

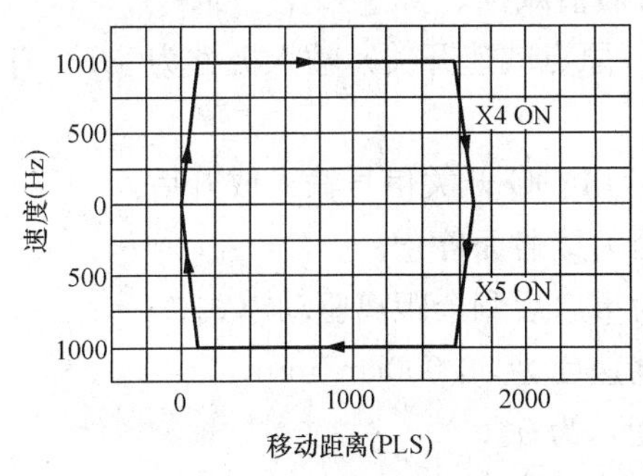

图3－29 手动操作过程

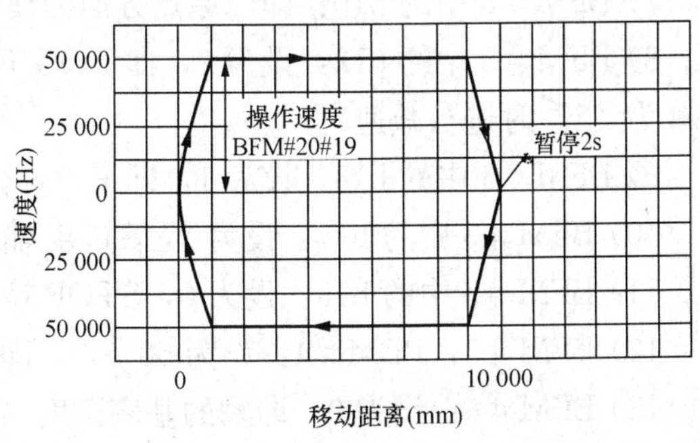

图3－30 单速定位操作过程

（3）系统I/O地址分配。

1）FX_{2N}系列PLC的I/O地址如下：

a）X0：错误复位信号，X0为“1”则进行1PG模块的错误复位。

b）X1：外部停止输入。

c）X2：正向脉冲停止输入（正向限位，常闭信号）。

d）X3：反向脉冲停止输入（反向限位，常闭信号）。

e）X4：手动正向（JOG＋）运动按钮输入。

f）X5：手动反向（JOG－）运动按钮输入。

g）X6：回原点启动信号按钮输入。

h）X7：自动启动按钮（单速定位操作）。

i）Y0：到位指示灯显示。

2）FX_{2N}-1PG的I/O地址如下：

a）DOG：回原点近点减速开关。

b）STOP：减速停止信号开关。

c）PG0：来自伺服驱动器编码器的零点脉冲。

d）FP：前向脉冲信号，输出至伺服放大器的PP端子。

e）RP：反向脉冲信号，输出至伺服放大器的NP端子。

f）CLR：清除滞留脉冲计数器的输出信号，输出至伺服放大器的CR端子。

（4）定位系统硬件接线。定位系统硬件接线如图3-31所示。

（5）BFM设置。脉冲发生单元FX_{2N}-1PG内部需设置的BFM单元如下：

1）BFM＃0：设为8192，即脉冲速率为8192PLS/r（这里是以MR-J2为例，该数值随连接的伺服驱动器型号不同而有所不同）。

2）BFM＃2，BFM＃1：设为1000，进给速率为1000mm/r。

3）BFM＃3中的b1（即bit1）和b0（即bit0）：分别设为1和0，即系统单位设为复合系统，其中的速度单位为PLS，位置单位为0.001mm。

4）BFM＃3中的b5和b4：分别设为1和1，即位置数据倍数为10^3。

5）BFM＃3中的b8：设为0，即前向脉冲。

6）BFM＃3中的b9：设为0，即计数方向为使当前计数器值增大。

7）BFM＃3中的b10：即回原点方向为使当前计数器值减少。

8）BFM＃3中的b12：设为0，即DOG开关信号（原点减速开关）输入极性为“1”有效（为“1”时进行减速）。

9）BFM＃3中的b13：设为1，即零点计数开始点为DOG开关信号输入放开后。

10）BFM＃3中的b14：设为0，STOP输入极性因为接通而停止。

11）BFM＃3中的b15：设为0，STOP输入模式为重启后剩余距离驱动模式。

12）BFM＃5，BFM＃4：设为50 000，即轴的最高速度为50 000cm/min。

13）BFM＃6：设为0，即轴的基底速度（最低速度）为0。

14）BFM＃8，BFM＃7：设为10 000，即手动运动速度为10 000cm/min。

15）BFM＃10，BFM＃9：设为10 000，即回原点高速为10 000cm/min。

16）BFM＃11：回原点爬行速度为1500cm/min。

17）BFM＃12：设为10，即原点位置为DOG近点减速信号放开后接收到第10个PG0

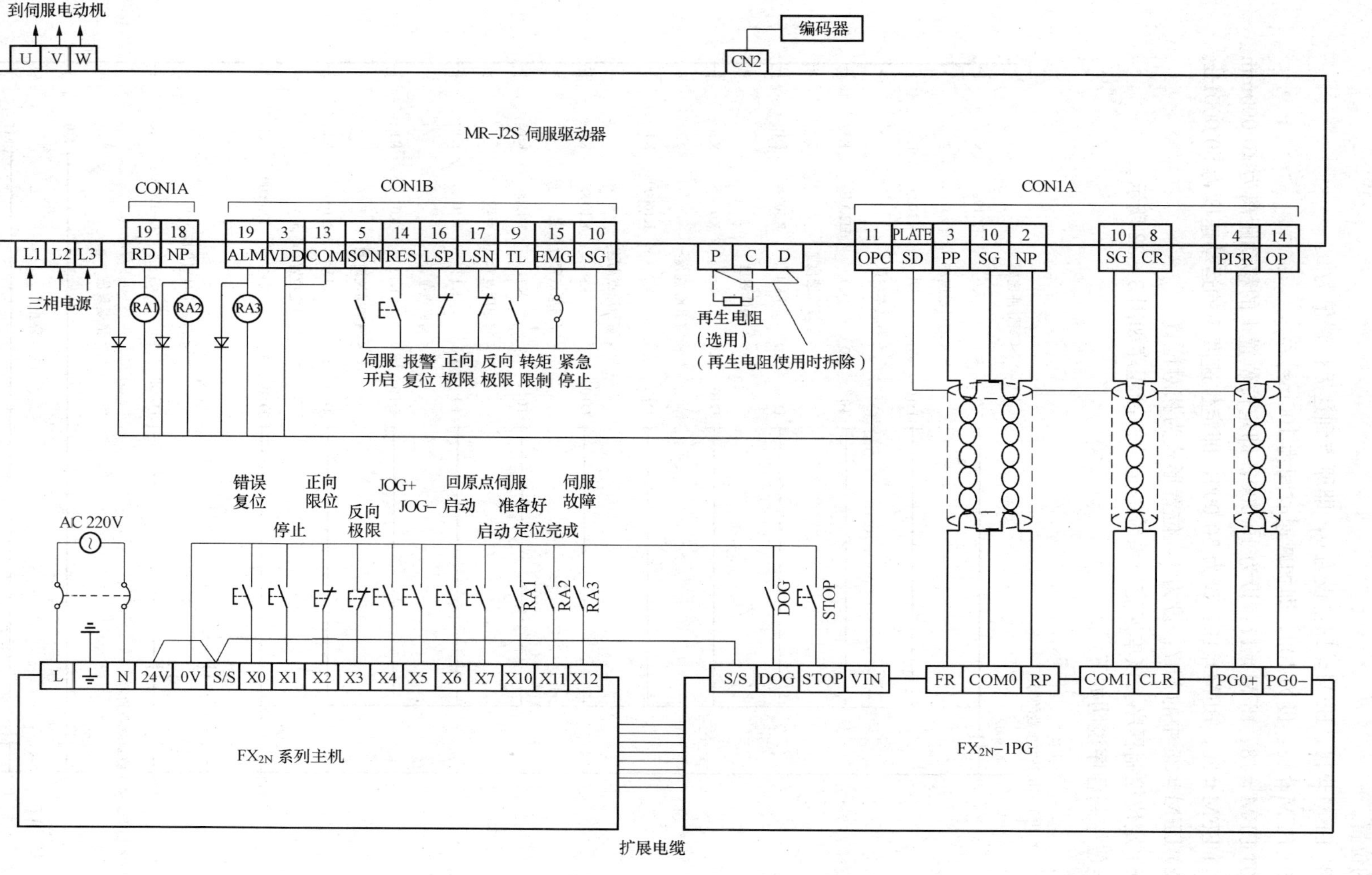

图 3－31　定位系统硬件接线图

信号的位置。

18）BFM＃14，BFM＃13：设为0，即原点到达后位置值为0。

19）BFM＃15：设为100，即加减速时间为100ms。

20）BFM＃18，BFM＃17：设为10 000，即定位位置1的移动距离为10 000mm。

21）BFM＃20，BFM＃19：设为50 000，即定位速度1的运动速度为50 000Hz。

22）BFM＃25中的bit7：设为1，位置形式为相对位置。

（6）定位控制程序。该单速定位系统的定位控制程序如图3－32所示。

定位控制程序说明如下：

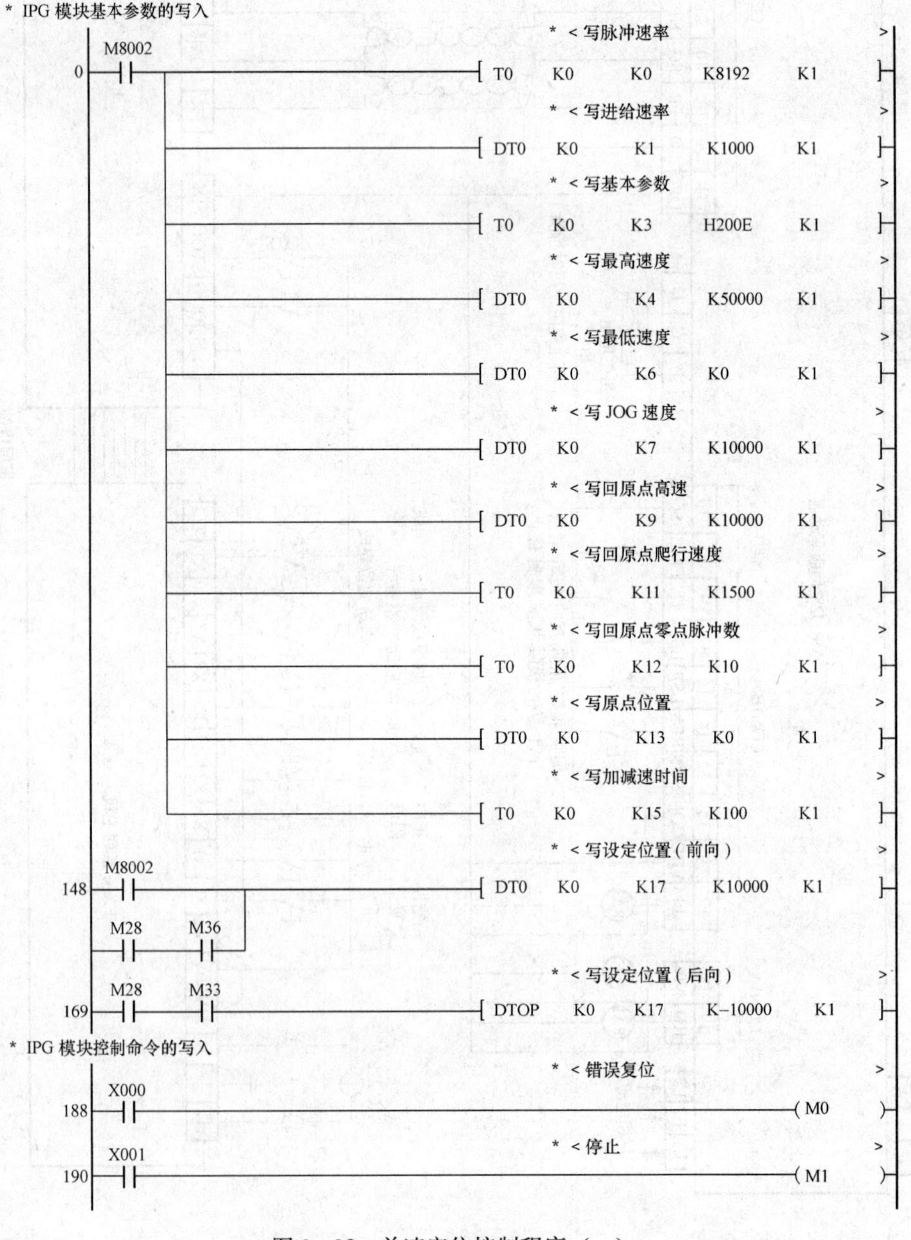

图3－32　单速定位控制程序（一）

```
                                        * < 前向脉冲停止                      >
     X002
192 ─┤├──────────────────────────────────────────────────────( M2 )

                                        * < 反向脉冲停止                      >
     X003
194 ─┤├──────────────────────────────────────────────────────( M3 )

                                        * <JOG+ 操作                          >
     X004
196 ─┤├──────────────────────────────────────────────────────( M4 )

                                        * <JOG- 操作                          >
     X005
198 ─┤├──────────────────────────────────────────────────────( M5 )

                                        * < 回原点启动                        >
     X006
200 ─┤├──────────────────────────────────────────────────────( M6 )

                                        * < 写相对位置形式                    >
     M8000
202 ─┤├──────────────────────────────────────────────────────( M7 )

                                        * < 单速定位启动                      >
     X007
204 ─┤├─┬────────────────────────────────────────────────────( M8 )
     T0  │
    ─┤├─┘

                                        * < 中断单速定位启动                  >
     M8000
207 ─┤/├─┬───────────────────────────────────────────────────( M9 )
         │                              * < 双速定位启动                      >
         ├───────────────────────────────────────────────────( M10 )
         │                              * < 外部命令定位启动                  >
         ├───────────────────────────────────────────────────( M11 )
         │                              * < 变速操作启动                      >
         └───────────────────────────────────────────────────( M12 )

                                        * < 写控制命令                        >
     M8000
212 ─┤├──────────────────────[ T0      K0      K25      K4M0      K1 ]

* 模块信息读取和自动定位
                                        * < 读当前位置                        >
     M8000
222 ─┤├─┬────────────────────[ DFROM   K0      K26      D10       K1 ]
         │                              * < 读模块的状态                      >
         ├────────────────────[ DFROM   K0      K28      K3M20     K1 ]
         │                              * < 读模块的错误代码                  >
         ├────────────────────[ FROM    K0      K29      D12       K1 ]
         │                              * < 读模块的 ID 号                    >
         ├────────────────────[ FROM    K0      K30      D13       K1 ]
         ├───────────────────────────────[ DCMP    D10     K10000    M32 ]
         └───────────────────────────────[ DCMP    D10     K0        M35 ]

                                        * < 暂停 2s, 驱动指定灯显示           >
     M28      M33                                                   K20
301 ─┤├──────┤├──┬───────────────────────────────────────────( T0 )
                  └───────────────────────────────────────────( Y000 )

307 ─────────────────────────────────────────────────────────[ END ]
```

图 3-32 单速定位控制程序（二）

1）模块基本参数写入部分。在图3－32所示的程序中，首先通过TO指令利用初始化脉冲M8002向1PG写入模块的基本参数，即向BFM＃3中赋指定的参数值。

2）模块控制命令信号写入部分。为了通过写入指令TO以单字的形式集中地写入模块控制信号，这里PLC的输入信号X经过内部辅助继电器M做中间存储后，转换成与模块基本参数控制字BFM＃25中一一对应的二进制位信号再进行写入，即辅助继电器M0～M15中的16个位信号与BFM＃25（控制命令信号）中的16个位信号一一对应。

3）模块信息读取和自动定位控制部分。通过FROM指令将模块缓冲存储器中的当前位置和状态信息读取到指定的数据寄存器中，数据寄存器D10、D11为当前位置值，D12为模块ID号，D13为模块错误代码。M20～M31中的12个二进制位信号与BFM＃26（模块状态信号）中的12个位信号一一对应（实际只用到了BFM＃26中的9个位）。在程序的最后，使用两条DCMP指令实现定位终点和原点位置的比较。M32、M33和M34为定位终点位置比较结果存放中间存储位。M35、M36和M37为定位原点位置比较结果存放中间存储位；当执行第一比较指令DCMP时，如果当前位置为10 000mm时（定位终点），则辅助继电器M33为“1”；如果当前位置为0时（定位原点），则辅助继电器M36为“1”。因此可以得到，只要M33为“1”，电动机轴应变为反向旋转，带动工作台运动距离为－10 000mm；只要M36为“1”，电动机轴应变为正向旋转，带动工作台运动距离为10 000mm。应注意的是，程序中的DFROM和DCMP指令为32位的模块读取指令和比较指令。

而且，当电动机轴带动工作台处于终点且定位完成，则BFM＃28中的bit8（定位完成标志位）将变为“1”，程序段中的最后一行通过内部辅助继电器M28的常开触点接通，驱动定位终点指示灯Y0亮，经定时器T0延时2s后，再次启动单速定位开始信号，即单速定位启动信号M8的线圈是由单速定位自动开始按钮信号X7的常开触点和M8的常开触点并联后驱动的。

二、脉冲发生单元 FX_{2N}－10PG

1. 概况

FX_{2N}－10PG脉冲发生单元（PGU）是实现简单位置控制的另一种特殊功能模块，其定位功能与FX_{2N}－1PG相似，下面只对其进行简要介绍。该单元（模块）输出脉冲频率最高可达1MHz（差分驱动器输出），最低脉冲频率可达1Hz，可见其脉冲定位范围比FX_{2N}－1PG更宽。它的脉冲频率可以是可变的定位脉冲，脉冲输出形式可以是“定位脉冲＋方向”或是“正向/反向运动脉冲”。FX_{2N}－10PG能够驱动1台单轴的步进电动机或伺服电动机。通过使用读出（FROM）或写入（TO）指令，FX_{2N}或FX_{2NC}系列PLC的基本单元可与连接的FX_{2N}－10PG模块进行数据交换，读出其状态并对其写入参数。

在模块硬件功能的扩展上，FX_{2N}－10PG增加了手摇脉冲发生器（手摇轮）输入接口，定位可以通过手摇轮进行控制。在输入控制信号方面，增加了外部启动输入端START信号，使得高速启动时间缩短到了1～3ms。此外，通过X0、X1两个外部中断输入端的控制，可以方便地控制中断操作。输出驱动采用了差分线驱动器输出，提高了驱动能力与性能。

在软件方面，增加了定位数据输入字长，扩大了定位范围。增加了多段定位、多速定位控制功能，可以使用内部的数据表进行多点定位控制。

该单元（模块）主要具有以下特点：

（1）最高 1MHz 的高速脉冲输出，使速度和精度匹配得更好。

（2）最小 1ms 的启动时间，缩短了定位操作的时间。

（3）在定位期间加强了最优速度控制。

（4）应用了近似 S 形加速/减速控制。

（5）可以接收从外部脉冲发生器产生的最高频率为 30kHz 的输脉冲入。

（6）具有表格操作，使得多定位编程更容易。

FX_{2N}-10PG 脉冲发生单元的外形如图 3-33 所示。

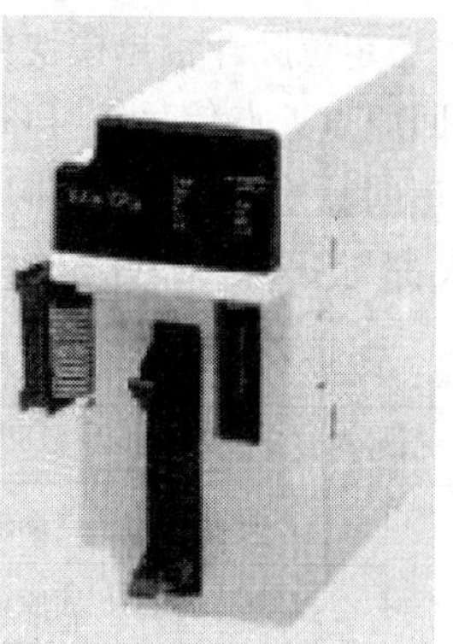

图 3-33 FX_{2N}-10PG 脉冲发生单元的外形

2. 输入/输出性能规格

FX_{2N}-10PG 脉冲发生单元输入/输出性能规格见表 3-5。

表 3-5 FX_{2N}-10PG 脉冲发生单元输入/输出性能规格

项目		性能规格
控制轴数		1 轴，1 台 PLC 基本单元通过扩展该单元，可最多控制 8 根独立轴
脉冲频率		脉冲速度 1Hz～1MHz 之间工作； 指令单位可以在 Hz、cm/min、10deg/min 和 inch/min 之间选择
脉冲设置		设置范围为－2 147 483 648～＋2 147 483 647； 可以选择绝对位置形式或增量位置形式； 指令单位可以在脉冲、mm、mdeg 和 10^{-4}inch 中选择； 位置倍率数据可以设置为 10^0、10^1、10^2 或 10^3
脉冲输出方式		可以选择正向（FP）或反向（RP）脉冲（通过 VIN 的端子提供的 DC 5～24V 电源），电流不超过 20mA； CLR 信号：DC 5～24V，电流不超过 20mA； 由伺服放大器或外部电源供电
电源	输入信号	START、DOG、X0 和 X1 等输入信号的电压为 DC 24V×（1±10%），电流消耗为不超过 32mA； START、DOG、X0 和 X1 等输入信号可以连接到 PLC 基本单元的 24V 端子上
	内部控制	DC 5V，120mA（基本单元提供的内部电源）
	脉冲输出	通过 VIN 伺服放大器或外部电源供电
占用的输入/输出点数		占用 8 个输入点或输出点
适用的控制器		FX_{2N}系列 PLC
尺寸（宽×厚×高，mm×mm×mm）		3×87×90
质量		0.2kg

3. 输入/输出端子和接线

FX_{2N}-10PG脉冲发生单元通过扩展电缆与FX_{2N}或FX_{2NC}系列PLC的基本单元或扩展单元相连，通过PLC内部总线，使用读出（FROM）或写入（TO）指令传送模块的控制命令、内部数据或状态、定义输出脉冲频率及数量等。

定位脉冲输出模块的控制，需要用到STOP（停止信号）、START（启动信号）、DOG（回原点近点信号）、PG0（回原点零点脉冲）、X0和X1等控制输入信号。脉冲输出有FP（正向脉冲）、RP（反向脉冲）和CLR（滞留脉冲清除信号）等输出信号，这些信号的功能大都与FX_{2N}-1PG相似。FX_{2N}-10PG输入/输出信号及其功能，见表3-6。

表3-6　FX_{2N}-10PG输入/输出信号及其功能

信号类型及代号		功能作用	备注
输入信号	START	启动输入端子	
	DOG	回原点近点减速信号输入端子	
	X0	中断输入1端子	
	X1	中断输入2端子	
	S/S	DC 24V电源端子，给START、DOG、X0和X1等输入信号提供DC 24V电压	有2个S/S端子，它们的管脚在内部是短路的
	ΦA+/ΦB+	手摇脉冲发生器A相或B相输入端子	
	ΦA−/ΦB−	ΦA+或ΦB+的公共端子	
	PG0+	零点脉冲信号的电源端子	
	PG0−	PG0+的公共端子	
输出信号	VIN+	脉冲输出电源输入端子	电源DC 5～24V
	VIN−	VIN+的公共端子	
	FP+	在正向/反向模式，为正向脉冲输出； 在脉冲/方向模式，为脉冲输出端子	
	FP−	FP+的公共端子	
	RP+	在正向/反向模式，为反向脉冲输出； 在脉冲/方向模式，为方向输出端子	
	RP−	RP+的公共端子	
	CLR+	伺服放大器剩余定位脉冲清除输出端子	
	CLR−	CLR+的公共端子	

FX_{2N}-10PG脉冲发生单元外部接线如图3-34所示。

4. 缓冲存储器（BFM）和设定参数说明

FX_{2N}-10PG模块的控制需要通过PLC基本单元使用的TO（写入）和FROM（读出）指令进行。FX_{2N}-10PG脉冲发生单元内部缓冲存储器（BFM）中的数据、参数要比FX_{2N}-1PG多一些，地址分配也与其不同，使用时应特别注意。FX_{2N}-10PG的主要缓冲存储器（BFM）编号和功能含义见表3-7。

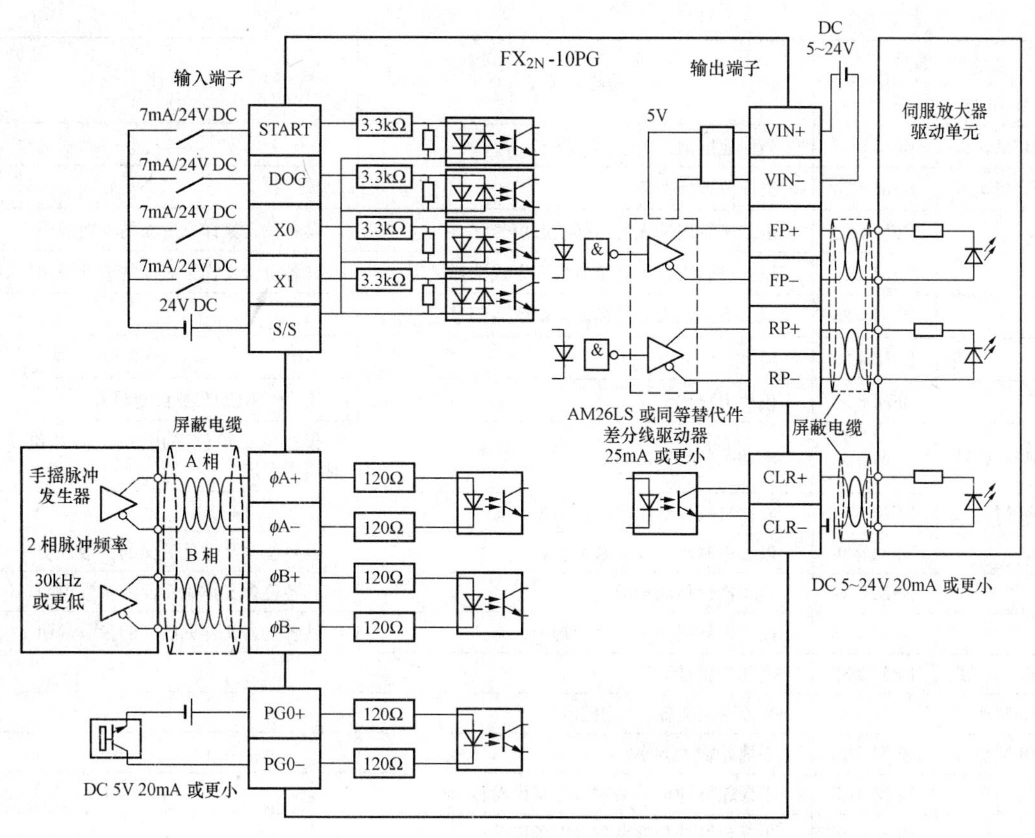

图 3-34 FX_{2N}-10PG 脉冲发生单元外部接线图

表 3-7　　FX_{2N}-10PG 的主要缓冲存储器（BFM）编号和功能含义

BFM 编号		功能含义	备注
高 16 位	低 16 位		
BFM#1	BFM#0	最高运行速度	
	BFM#2	基底速度（最低运行速度）	
BFM#4	BFM#3	手动（或寸动，JOG）运行速度	
BFM#6	BFM#5	回原点高速	
	BFM#7	回原点低速	
	BFM#8	回原点零点脉冲（PG0）计数值	
BFM#10	BFM#9	原点位置到达后当前位置值	
	BFM#11	加速时间	
	BFM#12	减速时间	
BFM#14	BFM#13	定位点 1 的位置设定	
BFM#16	BFM#15	定位点 1 的运行速度设定	
BFM#18	BFM#17	定位点 2 的位置设定	
BFM#20	BFM#19	定位点 2 的运行速度设定	
	BFM#21	速度倍率	0.1%～3000%

续表

BFM编号		功能含义	备注
高16位	低16位		
BFM＃23	BFM＃22	当前速度值	
BFM＃25	BFM＃24	当前位置计数值	
	BFM＃26	以二进制码输入的内部状态信号	其各位含义详见后面的参数说明
	BFM＃27	以二进制码输入的定位操作方式选择设定	其各位含义详见后面的参数说明
	BFM＃28	以二进制码输入的模块内部状态信号	
	BFM＃29	M代码	
	BFM＃30	模块ID号	ID号“5120”被自动写入
BFM＃33	BFM＃32	电动机每转脉冲数	仅在位置单位采用mm、deg和inch时需要设定
BFM＃35	BFM＃34	电动机每转对应的运动距离	
	BFM＃36	以二进制码输入的基本参数	其各位含义详见后面的参数说明
	BFM＃37	模块错误代码指示	其各位含义详见后面的参数说明
	BFM＃38	以二进制码显示的控制端子状态	其各位含义详见后面的参数说明
BFM＃40	BFM＃39	当前位置计数值	
BFM＃42	BFM＃31	当前手摇轮输入计数值	
BFM＃44	BFM＃43	手摇轮输入频率	
	BFM＃45	手摇轮脉冲倍乘系数（电子齿轮比分子）	
	BFM＃46	手摇轮脉冲分频系数（电子齿轮比分母）	
	BFM＃47	手摇轮灵敏度设定	1～5级
	BFM＃64	模块软件版本号	
	BFM＃98	数据表定位时的启动表格号	
	BFM＃99	数据表定位时的当前执行表格号	
BFM＃1299～BFM＃100		数据表定位数据设定	详见后面的说明

(1) BFM＃26中的参数使用写入指令（TO）进行写入，其各位含义说明如下：

1）bit0：“1”为模块错误复位。

2）bit1：停止信号，“1”为手动、回原点运动停止。

3）bit2：正向极限到达。“0”为正常运行；“1”为正向极限到达，停止输出正向脉冲。

4）bit3：负向极限到达。“0”为正常运行；“1”为负向极限到达，停止输出负向脉冲。

5）bit4：正向手动信号。“0”为不进行正向手动运行；“1”为进行正向手动运行，输出连续正向脉冲信号。

6）bit5：负向手动信号。“0”不进行负向手动运行；“1”为进行负向手动运行，输出连续负向脉冲信号。

7）bit6：回原点启动信号，不写入原点位置值，上升沿有效。

8）bit7：回原点启动信号，写入原点位置值，上升沿有效。

9）bit8：位置值的给定形式。“0”为绝对位置形式；“1”为增量（相对）位置形式。

10）bit9：定位启动信号（内部启动信号），上升沿有效，动作由BFM＃27指定。

11）bit10：速度转换设定。“0”为速度转换允许；“1”为速度转换禁止。

12）bit11：m代码关闭（OFF），上升沿有效。

（2）BFM＃27中的参数也要使用写入指令（TO）进行写入，其各位含义说明如下：

1）bit0：“1”为选择“定位点1速度”操作。定位启动使用BFM＃26中的bit9或外部START（启动）信号。

2）bit1：“1”为选择“定位点速度1定位中断”功能。X0作为中断输入。定位启动使用BFM＃26中的bit9或外部START（启动）信号。

3）bit2：“1”为选择“定位点速度2”功能。定位启动使用BFM＃26中的bit9或外部START（启动）信号。

4）bit3：“1”为选择“定位点速度2定位中断”功能。X0、X1分别作为中断输入。

5）bit4：“1”为选择“定位中断”功能。X0作为中断输入。

6）bit5：“1”为选择数据表定位操作。启动用BFM＃26中的bit9或外部START（启动）信号。

7）bit6：“1”为选择可变速定位操作。

8）bit7：“1”为选择手摇轮操作。

9）bit15～bit8：内部保留，无作用。

应注意，BFM＃27中的bit7～bit0各位中只能有且必须有1位为“1”，否则模块将产生报警信号。

（3）BFM＃28中各位含义说明如下：

1）bit0：“0”为模块忙，脉冲输出中；“1”为模块准备好，无脉冲输出。

2）bit1：“1”为正向脉冲输出。

3）bit2：“1”为反向脉冲输出。

4）bit3：“1”为回原点完成。

5）bit4：“1”为当前位置计数值溢出。

6）bit5：“1”为模块存在错误。

7）bit6：“1”为定位位置到达（完成定位）。

8）bit7：“1”为定位未完成。

9）bit8：“1”为m代码ON标记。

10）bit9：“1”为手摇轮移动方向为正向。

11）bit10：“1”为手摇轮移动方向为负向。

（4）BFM＃36中各位含义说明如下：

1）bit1，bit0：速度/位置系统单位设定。“00”表示速度单位为脉冲频率（Hz）；“01”表示速度单位为cm/min或deg/min、inch/min，位置单位为0.001mm；“10”表示速度单位为脉冲频率（Hz），位置单位为0.001mm或0.001deg、0.0001inch/min；“11”的含义同“10”。

2）bit3，bit2：无作用。

3）bit5，bit4：位置数据倍率设定。“00”表示倍率为1；“01”表示倍率为10；“10”表示倍率为100；“11”表示倍率为1000。

4）bit7，bit6：无作用。

5）bit8：定位输出脉冲形式设定。“0”表示正/反脉冲分别输出；“1”表示脉冲+方向信号。

6）bit9：计数方向设定。“0”表示正向，输出一个正向脉冲，当前计数值加1；“1”表示反向，输出一个正向脉冲，当前计数值减1。

7）bit10：回原点方向设定。“0”表示回原点方向为当前计数值减少方向；“1”表示回原点方向为当前计数值增加方向。

8）bit11：加减速方式设定。“0”表示直线加减速，“1”表示S形加减速。

9）bit12：DOG信号输入极性设定。“0”表示DOG信号“1（接通）”有效，即“1”时进行原点减速；“1”表示DOG信号“0（断开）”有效，即“0”时进行原点减速。

10）bit13：原点位置设定。“0”表示DOG信号有效，原点减速开始后，立即进行PG0的计数，当PG0的计数值到达设定值（BFM＃8设定）的数值后，该PG0（第*N*个零点脉冲）的位置即作为原点位置；“1”表示DOG信号有效时进行原点减速，但是当DOG信号放开以后，才进行PG0的计数，当PG0的计数值到达设定值（BFM＃8设定）的数值后，该PG0（第*N*个零点脉冲）的位置即作为原点位置。

11）bit14：无作用。

12）bit15：停止后剩余行程处理设定。“0”表示停止信号有效，停止运行，重新启动后首先继续完成剩余的行程，然后再进行下一步定位；“1”表示停止信号有效，停止运行，重新启动后清除剩余行程，直接进行下一步的定位。

（5）BFM＃37中模块错误代码指示说明如下：

1）0：无错误。

2）1：无定义。

3）□□□□2：参数设定范围不正确（□□□□代表BFM号）。

4）□□□□3：参数溢出（□□□□代表BFM号）。

5）4：正向或负向限位到达。

6）5：无定义。

7）6：BFM＃26中的bit6、bit7、bit9或者BFM＃26中的bit4、bit5同时有效。

8）7：BFM＃27中选择了多种定位方式。

（6）BFM＃38中各位含义说明如下：

1）bit0：START输入端子状态。

2）bit1：DOG输入端子状态。

3）bit2：PG0输入端子状态。

4）bit3：X0输入端子状态。

5）bit4：X1输入端子状态。

6）bit5：ΦA输入端子状态。

7）bit6：ΦB输入端子状态。

8）bit7：CLR输出端子状态。

9）bit15～bit8：无定义。

（7）BFM＃1299～BFM＃100数据表定位说明。

1）每一组定位数据占用6个连续的字，以第1组为例，当表格号为0时，BFM＃105～

BFM#100 中的含义如下：

a) BFM#101，BFM#100：定位位置。

b) BFM#103，BFM#102：定位速度。

c) BFM#104：输出的 m 代码。

d) BFM#105：表格操作方式的选择。

e) BFM#111～BFM#106 为第 2 组定位数据，表格号为 1，依此类推。共计可以设定 200 组定位表格数据。

2) 表格操作方式选择设定含义说明如下：

a) 0：表格“步进”，每次 START 启动，递进一组表格。

b) 1：连续进行表格定位。

c) 2：速度自动控制定位方式（速度与终点位置同时到达的定位方式）。

d) 3：定位表格结束。

e) 4：表格跳转，跳转目标在定位位置参数中写入。

总的来说，FX_{2N}-10PG 模块的编程方法与 FX_{2N}-1PG 模块的编程方法相似，PLC 基本单元使用 TO 指令写入必要的定位控制参数，使用 FROM 指令读出其参数数据和状态信息。FX_{2N}-10PG 模块的编程示例这里不再给出，读者可参阅三菱电机公司有关定位单元的使用手册和编程手册。

第三节 定位控制模块

一、三菱 FX 系列定位控制模块简介

1. 概况

FX_{2N}-10GM（可简称为 10GM）为脉冲序列输出、单轴定位控制模块（也可称为数控单元），不仅能处理单速定位和中断定位，而且能处理复杂的控制，如多速操作。最多可有 8 个 FX_{2N}-10GM 连接在 FX_{2N}系列 PLC 上。其最大输出脉冲频率为 200kHz。

一个 FX_{2N}-20GM（可简称为 20GM）可以控制 2 个轴，执行直线插补、圆弧插补或独立的两轴定位控制，最大输出脉冲串为 200kHz（在插补期间，最大为 100kHz）。FX_{2N}-10GM、FX_{2N}-20GM 均可使用流程图形式的编程软件，使程序的开发具有可视性。

FX_{2N}-10GM 和 FX_{2N}-20GM 的定位可以使用相对坐标（增量方式），也可使用绝对坐标，命令单位有 mm、deg（度）、inch（英寸）、PLS（脉冲）等几种形式。采用自动梯形模式加速/减速，速度可达 15 300cm/min。回零点操作，既可以自动也可以手动；通过电气启动点设置可以进行自动电气零点的返回；如果采用具有 ABS 检测功能的 MR－J2 和 MR－H 型伺服电动机时，还可进行绝对位置检测。

FX_{2N}-10GM 和 FX_{2N}-20GM 的外形如图 3－35 所示。

(a)

(b)

图 3－35 FX_{2N}-10GM、FX_{2N}-20GM 的外形
(a) FX_{2N}-10GM；(b) FX_{2N} (E)-20GM

这两个定位控制模块的主要特点如下：

(1) 利用1台FX_{2N}-10GM可以控制1轴，FX_{2N}-20GM可以控制独立的2轴或者实现同时2轴的直线插补、圆弧插补。

(2) 应用定位专用指令（cod指令）和顺序控制指令，定位模块可以和FX_{2N}系列PLC总线连接配合使用，也可以单独运转。

(3) 定位程序可用专用手提式示教编程板（E-20TP）编写。

(4) 如果将FX-10GM、FX-20GM安装在FX_{2N}系列PLC上，需要和FX_{2N}-CNV-IF一起使用。

2. 定位模块输入/输出规格

FX_{2N}-10GM和FX_{2N}-20GM定位控制模块的输入/输出规格见表3-8。

表3-8 FX_{2N}-10GM和FX_{2N}-20GM定位控制模块的输入/输出规格

项目	内容	
	FX_{2N}-10GM	FX_{2N}-20GM/FX_E-20GM
控制轴数	1轴	最大2轴或独立2轴
输出点占有数	每一台模块占用PLC的8个输入/输出点	
脉冲输出形式	开式连接器晶体输出DC 5～24V	
控制输入	操作系统：MANU、FWD、RVS、ZRN、START、STOP、手摇脉冲发生器、步进运转输入 机械系统：DOG、LSF、LSR、中断7点 伺服系统：SVRDY、SVEND、PG0	
	通用：X0～X3	通用：基本单元X0～X7，利用扩展模块可输入X10～X67
控制输出	伺服系统：FP、RP、CLR	
	通用：Y0～Y5	通用：基本单元Y0～Y7，利用扩展模块可输出Y10～Y67

二、定位控制模块FX_{2N}-10GM

FX_{2N}-10GM是三菱FX系列的单轴定位控制专用模块，可作为特殊单元连接至FX_{2N}或FX_{2NC}系列PLC。该模块采用脉冲形式输出位置值（可以认为是一种简易的数控单元），在数控机床中需要简易定位时经常会用到。它的脉冲输出形式可以是“定位脉冲+方向”或“正/反运动脉冲”，最高输出脉冲频率为200kHz，最低输出脉冲频率为1Hz。一台FX_{2N}-10GM控制1根轴，FX_{2N}系列PLC最多可以连接8台FX_{2N}-10GM，FX_{2NC}系列PLC最多可以连接4台。

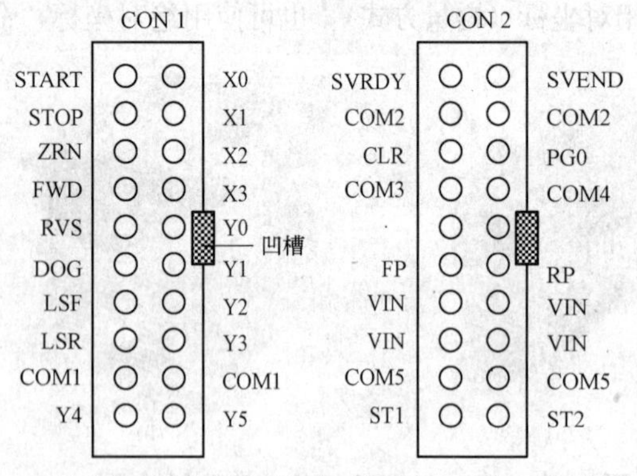

图3-36 FX_{2N}-10GM的I/O连接器信号端子

1. I/O连接器信号分配及功能

FX_{2N}-10GM的I/O连接器信号端子如图3-36所示。

FX_{2N}-10GM的I/O连接器信号端子分配及功能见表3-9。

表 3-9　　FX_{2N}-10GM 的 I/O 连接器信号端子分配及功能

信号类型及连接器针脚号		代号	功能说明
控制输入信号	CON1：1 脚	START	自动操作开始输入。在自动模式的准备状态（当脉冲无输出时）下，当 START 信号从 ON 变为 OFF 时，开始命令被置位且运行开始，此信号被停止命令 m00 或 m02 复位
	CON1：2 脚	STOP	停止输入。当停止信号从 OFF 变为 ON 时，停止命令被置位且操作停止。STOP 信号的优先级高于 START、FWD 和 RVS 信号停止操作。根据参数 23 的设置（0～7）不同而不同
	CON1：3 脚	ZRN	机械回零点（原点）开始输入手动。当 ZRN 信号从 OFF 变为 ON 时，回零点命令被置位，机器开始回到零点。当回零结束或发出停止命令时，ZRN 信号被复位
	CON1：4 脚	FWD	正向旋转输入（手动）。当 FWD 信号变为 ON 时，定位单元发出一个最小命令单位的前向脉冲。当 FWD 信号保持 ON 状态 0.1s 以上时，定位单元将发出持续的正向脉冲
	CON1：5 脚	RVS	反向旋转输入（手动）。当 RVS 信号变为 ON 时，定位单元发出一个最小命令单位的反向脉冲。当 RVS 信号保持 ON 状态 0.1s 以上时，定位单元将发出持续的反向脉冲
	CON1：6 脚	DOG	DOG 近点信号输入
	CON1：7 脚	LSF	正向行程限位
	CON1：8 脚	LSR	反向行程限位
	CON1：9，19 脚	COM1	公共端
通用输入信号	CON1：11 脚	X0	通用输入。通过设定参数，这些针脚可被分配给数字开关的输入 m 代码 OFF 命令、手摇脉冲发生器、绝对位置 ABS 检测数据、步进模式等。当被一个参数设置的 STEP 输入打开时就选择了步进模式程序的执行，根据开始命令的 OFF 或 ON 继续到下一行，直到当前行命令结束步进操作才无效
	CON1：12 脚	X1	
	CON1：13 脚	X2	
	CON1：14 脚	X3	
驱动器输入和脉冲输出信号	CON2：1 脚	SVRDY	从伺服放大器接收到的 READY 信号，这表明伺服放大器已经准备好
	CON2：2，12 脚	COM2	SVRDY 和 SVEND 信号 X 轴的公共端
	CON2：3 脚	CLR	输出偏差计数器清除信号
	CON2：4 脚	COM3	CLR 信号（*X* 轴）公共端
	CON2：6 脚	FP	正向脉冲输出
	CON2：7，8，17，18 脚	VIN	FP 和 RP 的电源输入（DC 5～24V，20mA）
	CON2：9，19 脚	COM5	FP 和 RP 信号（*X* 轴）公共端
	CON2：10 脚	ST1	当连接到 PG0 为 DC 5V 电源时，应短路 ST1 和 ST2
	CON2：11 脚	SVEND	从伺服放大器接收到的 INP 信号，表明定位完成
	CON2：13 脚	PG0	零点接收信号
	CON2：14 脚	COM4	PG0（*X* 轴）公共端
	CON2：16 脚	RP	反向脉冲输出
	CON2：20 脚	ST2	当连接到 PG0 为 DC 5V 电源时，短路 ST1 和 ST2
通用输出信号	CON1：10 脚	Y0	通用输出。通过设定参数，这些针脚可被分配到数字开关、数字变换的输出、准备信号、m 代码、绝对位置（ABS）检测控制信号等
	CON1：15 脚	Y1	
	CON1：16 脚	Y2	
	CON1：17 脚	Y3	
	CON1：18 脚	Y4	
	CON1：20 脚	Y5	

2. FX_{2N}-10GM（FX_{2N}-20GM）的主要参数

FX_{2N}-10GM内部使用的参数较多，主要分为定位参数、I/O控制参数和系统参数三种。因为FX_{2N}-10GM的内部参数与FX_{2N}-20GM的基本相同，所以这里对它们的内部参数一并进行介绍和说明，有关FX_{2N}-20GM的具体使用方法和编程方法后面还会介绍。

应特别注意的是，在FX_{2N}-10GM中模块的内部参数具有独立的存储器，每一参数都有单独的存储区和参数编号（10GM的内部参数就像通用变频器内部参数一样）。这些参数编号和设定内容与PLC传送所需要的缓冲存储器（BFM）的地址和内容（模块中的BFM可以看成是特殊功能模块与PLC主机交互数据的专用存储区）是不同的，但模块内部参数和BFM中的内容存在着密切的对应联动关系。上述特点使FX_{2N}-10GM（FX_{2N}-20GM）与前面的FX_{2N}-1PG和FX_{2N}-10PG等脉冲发生单元有着明显的区别。

FX_{2N}-10GM（FX_{2N}-20GM）的主要参数见表3-10。

表3-10　FX_{2N}-10GM（FX_{2N}-20GM）主要参数表

参数编号	参数功能及设定内容	备注
0	速度、位置单位体系选择： 0表示单位体系为机械系统，速度单位为cm/min或deg/min、inch/min，位置单位为mm、deg和0.1inch； 1表示单位体系为电动机系统，速度单位为脉冲频率（Hz），位置单位为脉冲数（PLS）； 2表示单位体系为复合系统，速度单位为脉冲频率（Hz），位置单位为mm或deg、0.1inch	
1	脉冲率，电动机每转对应脉冲数	设定范围1～65 535PLS/r（脉冲/转）
2	进给率，电动机每转对应的运动距离	设定范围1～999 999
3	最小指令单位： 0表示倍率为10^0（mm），10^0（deg），10^{-1}（inch），10^3（PLS）； 1表示倍率为10^{-1}（mm），10^{-1}（deg），10^{-2}（inch），10^2（PLS）； 2表示倍率为10^{-2}（mm），10^{-2}（deg），10^{-3}（inch），10^1（PLS）； 3表示倍率为10^{-3}（mm），10^{-3}（deg），10^{-4}（inch），10^0（PLS）	
4	最大运行速度	单位为cm/min、deg/min、inch/min时，设定范围为1～153 000；单位为Hz时，设定范围为1～200 000
5	手动运行速度	
6	最小运行速度	
7	漂移矫正	0～65 535PLS
8	快速定位加速时间	1～5000ms
9	快速定位减速时间	1～5000ms
10	插补运动加减速时间常数	1～5000ms
11	脉冲输出类型： 0表示FP为正向旋转脉冲，RP为反向旋转脉冲； 1表示FP为旋转脉冲，RP为旋转方向规定	
12	旋转计数方向设定： 0表示通过正向旋转脉冲（FP）增加计数当前值； 1表示通过正向旋转脉冲（FP）减少计数当前值	

续表

参数编号	参数功能及设定内容	备注
13	回原点速度设定	单位为 cm/min、deg/min、inch /min 时，设定范围为 1～153 000；单位为 Hz 时，设定范围为 1～200 000
14	回原点爬行速度设定	
15	回原点方向设定： 0 表示回原点方向为当前计数值增加方向； 1 表示回原点方向为当前计数值减少方向	
16	机械原点位置设定（原点到达后的当前位置值设定）	−999 999～+999 999PLS
17	原点信号计数次数（PG0 计数值）	0～65 535
18	原点信号计数开始点： 0 表示 DOG 信号有效，原点减速开始后立即进行 PG0 的计数，当 PG0 的计数到达设定值（由参数 17 设定）的数量后，该 PG0（第 *N* 个零点脉冲）的位置即作为原点位置； 1 表示 DOG 信号有效时进行原点减速，当 DOG 信号释放后（从 ON 到 OFF）才进行 PG0 的计数，当 PG0 的计数到达设定值（由参数 17 设定）的数量后，该 PG0（第 *N* 个零点脉冲）的位置即作为原点位置； 2 表示无近点开关 DOG 信号	
19	DOG 信号极性设定： 0 表示 DOG 信号为 1（常开触点）进行原点减速； 1 表示 DOG 信号为 0（常闭触点）进行原点减速	
20	极限信号极性设定： 0 表示 LSR/LSF 信号为 1（常开触点）有效； 1 表示 LSR/LSF 信号为 0（常闭触点）有效	
21	伺服定位完成检查时间	0～5000ms（当设为 0 时，伺服检查无效）
22	伺服准备好检查：0 表示有效；1 表示无效	
23	停止模式： 0，4 表示使停止命令无效； 1 表示使能剩余距离驱动（在插补操作中跳到 END 指令）； 2 表示忽略剩余距离（但在插补操作中跳到 END 指令）； 3，7 表示忽略剩余距离并直接跳到 END 指令； 5 表示进行剩余距离驱动（包括插补操作）； 6 表示忽略剩余距离（在插补操作中跳到 NEXT 指令）1	
24	电气原点	−999 999～+999 999PLS
25	正向软件限位	−2 147 483 648～+2 147 483 647
26	反向软件限位	
30	程序编号规定方法： 0 表示规定程序号为 0； 1 表示数字开关的 1 位（范围 0～9）； 2 表示数字开关的 2 位（范围 00～99）； 3 表示由专用数据寄存器给定（D9000，D9001）	设定 1、2 时，必须同时设定参数 31～33
31	数字开关分时读通用输入信号地址（连续 4 点）	

续表

参数编号	参数功能及设定内容	备注
32	数字开关分时读通用输出信号地址（1点或2点）	
33	数字开关读间隔	7～100ms，增量为1ms
34	伺服准备好（RDY）信号输出有效性：0表示无效；1表示有效	
35	伺服准备好（RDY）信号输出地址号（需参数34预先设定为1，占1点输出）	FX_{2N}-20GM：Y0～Y7； FX_{2N}-10GM：Y0～Y5
36	m代码外部输出有效性：0表示无效；1表示有效	
37	m代码外部输出地址设定（需参数36预先设定为1，占1点输出）	FX_{2N}-20GM：Y0～Y57（占9点）； FX_{2N}-10GM：Y0（占6点）
38	m代码关闭命令输入地址设定	FX_{2N}-20GM：X0～X67，X372～X377； FX_{2N}-10GM：X0～X3，X375～X377
39	手摇脉冲发生器有效性：0表示无效；1表示有效（1个手摇脉冲发生器）；2表示有效（2个手摇脉冲发生器）	在FX_{2N}-10GM中，仅可设定0或1
40	手摇脉冲发生器倍乘系数	放大倍数1～255
41	手摇脉冲发生器分频系数	1～128（仅20GM，10GM不可设定）
42	手摇脉冲发生的输入地址设定	FX_{2N}-20GM：X2～X67（一个手摇脉冲发生器占1点）； FX_{2N}-10GM：X2～X3（占9点）
50	绝对值编码器（ABS）生效设定：0表示无效，1表示有效	必须同时设定参数51和52
51	绝对值编码器（ABS）数据输入首地址设定，占2点输入，第1点为ABS数据位，第2点为发送准备信号位	FX_{2N}-20GM：X0～X66（占2点）； FX_{2N}-10GM：X0～X2，X375～X376（占2点）
52	绝对值编码器（ABS）数据输出首地址设定，占3点输出，第1点为ABS数据传送方式输出位，第2点为数据发送位，第3点为伺服ON信号位	FX_{2N}-20GM：Y0～Y65（占3点）； FX_{2N}-10GM：Y0～Y3（占3点）
53	单步操作模式生效设定：0表示无效，1表示有效	
54	单步操作模式输入地址设定	FX_{2N}-20GM：X0～X67，X372～X377（占1点）； FX_{2N}-10GM：X0～X3，X375～X377（占1点）
56	FWD/RVS/ZRN通用输入信号定义： 0表示使通用输入信号无效； 1表示在自动（AUTO）模式下使能（特殊m代码指令无效）； 2表示通用输入总有效（特殊m代码指令无效）； 3表示在自动（AUTO）模式下使能（特殊m代码指令有效）； 4表示通用输入总有效（特殊m代码指令有效）	
100	存储器容量：0表示8K步，1表示4K步	在FX_{2N}-10GM中，仅有1（4K步）
101	文件寄存器容量设定：0～3000点	通过D4000～D6999分配

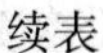

续表

参数编号	参数功能及设定内容	备注
102	电池电压报警状态设定： 0表示LED亮，不使模块有输出（M9127为OFF）； 1表示LED暗，不使模块有输出（M9127为ON）； 2表示LED暗，使模块有输出（M9127为OFF）	FX_{2N}-10GM中不可设定
103	电池状态输出地址	FX_{2N}-20GM：Y0～Y67，FX_{2N}-10GM中不可设定
104	子任务开始方式设定： 0表示当从模式手动（MANU）转为自动（AUTO）时，开始执行子任务； 1表示当通过参数105设置的输入接通时，开始执行子任务； 2表示当从模式手动（MANU）转为自动（AUTO）或者通过参数105设置的输入接通时，开始执行子任务	子任务开始输入由参数105定义
105	子任务开始输入地址	FX_{2N}-20GM：X0～X67，X372～X377； FX_{2N}-10GM：X0～X3，X375～X377
106	子任务停止： 0表示当从自动（AUTO）转为手动（MANU）； 1表示当通过参数107设置的输入接通或者从自动（AUTO）转为手动（MANU）	子任务停止输入由参数107定义
107	子任务停止输入地址	FX_{2N}-20GM：X0～X67，X372～X377； FX_{2N}-10GM：X0～X3，X375～X377
108	子任务错误输出方式设定： 0表示当错误发生时，定位模块给予输出； 1表示当错误发生时，定位模块不输出	FX_{2N}-20GM：Y0～Y67
109	子任务错误输出地址	FX_{2N}-20GM：Y0～Y67； FX_{2N}-10GM：Y0～Y5
110	子任务操作模式转换： 0表示通用输入无效，当M9112被程序置位时，机器进行单步操作，当M9112被程序复位时，机器进行连续操作； 1表示使能通用输入，单步操作和连续操作通过参数111设定的输入或者M9112来改变	
111	子任务执行控制信号输入地址设定： 0表示连续执行；1表示单步执行	FX_{2N}-20GM：X0～X67，X372～X377； FX_{2N}-10GM：X0～X3，X375～X377

3. FX_{2N}-10GM（FX_{2N}-20GM）内部缓冲存储器（BFM）

FX_{2N}-10GM和FX_{2N}-20GM定位控制模块作为PLC的特殊功能模块使用时，为了便于与PLC之间的协调运作，一般不使用模块的外部输入控制信号。在这种情况下，模块的控制信号、参数等，需要通过PLC的TO（写入）指令向指定的缓冲存储器（BFM）进行传送；同时，PLC也可以通过FROM（读出）指令从缓冲存储器（BFM）中读出定位模块的内部参数和工作状态信息。FX_{2N}-10GM和FX_{2N}-20GM模块用于控制信号、参数设置的主要缓冲存储器（BFM）的编号与功能含义见表3-11。定位模块控制信号、状态信号还与定位模块内部的特殊辅助继电器一一对应（见表后的说明）。前面说过缓冲存储器（BFM）的地址和存储内容与定位模块内部存储器的参数地址和设定内容是不同的区域，应特别注意两者的区别。

表3-11　FX_{2N}-10GM（FX_{2N}-20GM）的主要缓冲存储器（BFM）的编号与功能含义

BFM编号		功能含义	备注
X轴	Y轴		
BFM#0	BFM#10	定位程序编号设定	10GM为单轴模块，无Y轴BFM，下同
BFM#1	BFM#11	当前执行定位程序编号	
BFM#2	BFM#12	当前执行的程序行号	
BFM#3	BFM#13	当前m代码	
BFM#4/5	BFM#14/15	当前位置值	
BFM#6/7	BFM#16/17	无定义	
BFM#8/9	BFM#18/19	无定义	
BFM#20	BFM#21	以二进制位设定的模块控制命令（定位程序）	各位含义详见表后的说明
BFM#23	BFM#25	以二进制位显示的模块工作状态（定位程序）	各位含义详见表后的说明
BFM#24	BFM#26	以二进制位显示的模块输入端子状态信号	各位含义详见表后的说明
BFM#27		以二进制为设定的模块控制信号（顺序控制程序）	各位含义详见表后的说明
BFM#28		以二进制位设定的模块工作状态（顺序控制程序）	各位含义详见表后的说明
BFM#32		bit0～bit7：通用输入端子X0～X7	10GM仅X0～X3
BFM#47		bit0～bit7：通用输入端子X370～X377	10GM仅X375～X377
BFM#48		bit0～bit7：通用输出端子Y0～Y7	10GM仅Y0～Y5
BFM#64～BFM#95		对应内部辅助继电器M0～M511状态设定及显示	
BFM#100～BFM#3999		对应数据寄存器D100～D3999状态设定及显示	D0～D99无对应的缓冲存储器
BFM#4000～BFM#6999		对应数据寄存器D4000～D6999状态设定及显示	
BFM#7000～BFM#8999		无定义	
BFM#9000～BFM#9019		对应数据寄存器D9000～D9019状态设定及显示	
BFM#9020		存储器容量	
BFM#9021		存储器类型	
BFM#9022		电池电压	

续表

BFM 编号		功能含义	备注
X 轴	Y 轴		
BFM＃9023		电池电压低报警设定值	
BFM＃9025		瞬时电压中断检测时间设定值	
BFM＃9026		模块 ID 号	20GM：ID 号为 5310 10GM：ID 号为 5210
BFM＃9200～BFM＃9313	BFM＃9400～BFM＃9513	对应模块内部参数 0～56，每一参数占用连续的 2 个字的缓冲存储器，每轴占用 114 个字的缓冲存储器。例如，X 轴参数 0 对应为 BFM＃9200（低）/BFM＃9201（高）；Y 轴参数 0 对应为 BFM＃9400（低）/＃9401（高）	

(1) BFM＃20（BFM＃21）中的参数使用写入指令（TO）进行写入，其各位含义说明如下：

1）bit0：单步模式执行信号。

2）bit1：定位程序启动信号。

3）bit2：定位程序停止信号。

4）bit3：m 代码关闭信号。

5）bit4：机械回零点（原点）信号。

6）bit5：正向手动（FWD）信号。

7）bit6：反向手动（RVS）信号。

8）bit7：错误复位信号。

9）bit8：回零轴零点信号。

10）bit9～bit13：无定义。

11）bit14：16 位写入/读出模式。通过开启 BFM＃20 的 bit14（即特殊辅助继电器的 M9014）可以把 32 位（双字）缓冲存储器作为独立的 16 位数据类型（单字）对待，这样就可以允许使用不带 D 的 TO 指令（16 位数据操作）将 16 位数据分别发送到各 BFM 中。

12）bit15：连续路径模式。

BFM＃20（BFM＃21）为定位模块控制命令，是定位程序（主任务）执行控制信号。该控制信号对应的定位模块内部特殊辅助继电器（Ms）为 M9000～M9015（X 轴控制，BFM＃20 的 bit0～bit15）和 M9016～M9031（Y 轴控制，BFM＃21 的 bit0～bit15）。

例如，BFM＃20 中的 bit3 和 BFM＃21 中的 bit3 为 m 代码关闭信号，它们分别对应模块内部的特殊辅助继电器 M9003（X 轴）或 M9019（Y 轴）。

(2) BFM＃23（BFM＃25）中的参数也要使用读出指令（FROM）进行读取，其各位含义说明：

1）bit0：定位模块准备好信号。

2）bit1：定位完成信号。

3）bit2：错误检测信号。

4）bit3：m 代码开启信号。

5）bit4：m 代码关闭信号。

6）bit5：m00 代码信号。

7）bit6：m02 代码信号。

8）bit7：脉冲输出停止信号。

9）bit8：定位程序执行中。

10）bit9：原点到达信号。

11）bit10～bit11：无定义。

12）bit12：定位操作错误。

13）bit13：零点脉冲信号。

14）bit14：借位标志。

15）bit15：进位标志。

BFM＃23（BFM＃25）为定位模块执行状态信号，是定位程序（主任务）执行状态信号。该控制信号对应的定位模块内部特殊辅助继电器（Ms）为 M9048～M9063（*X* 轴状态，BFM＃23 的 bit0～bit15）和 M9080～M9095（*Y* 轴状态，BFM＃25 的 bit0～bit15）。

例如，BFM＃23 中的 bit3 和 BFM＃25 中的 bit3 为 m 代码开启信号，它们分别对应着模块内部的特殊辅助继电器（Ms）的 M9051（*X* 轴）或 M9083（*Y* 轴）。

（3）BFM＃24（BFM＃26）中各位含义说明如下：

1）bit0：DOG 输入端子状态。

2）bit1：START（启动）输入端子状态。

3）bit2：STOP（停止）输入端子状态。

4）bit3：ZRN（回原点）输入端子状态。

5）bit4：FWD（手动正向）输入端子状态。

6）bit5：RVS（手动反向）输入端子状态。

7）bit6～bit7：无定义。

8）bit8：SVRDY（伺服准备好）输入端子状态。

9）bit9：SVEND（伺服定位完成）输入端子状态。

10）bit10～bit15：无定义。

BFM＃24（BFM＃26）状态信号对应的定位模块内部特殊辅助继电器（Ms）为 M9064～M9079（*X* 轴状态，BFM＃24 的 bit0～bit15）和 M9096～M9111（*Y* 轴状态，BFM＃26 的 bit0～bit15）。

（4）BFM＃27 中各位含义说明如下：

1）bit0：顺序控制程序单步执行信号。

2）bit1：顺序控制程序启动信号。

3）bit2：顺序控制程序停止信号。

4）bit3：顺序控制程序错误复位信号。

5）bit4～bit5：无定义。

6）bit6：子任务操作错误（状态信号）。

7）bit7～bit15：无定义。

BFM＃27为顺序控制（子任务）执行控制信号，该控制信号对应的定位模块内部特殊辅助继电器为M9112～M9127。

（5）BFM＃28中各位含义说明如下：

1）bit0：定位模块准备好信号。

2）bit1：错误检测信号。

3）bit2：m100代码信号。

4）bit3：m102代码信号。

5）bit4：顺序控制程序执行中信号。

6）bit5：零点脉冲标志。

7）bit6：借位标志。

8）bit7：进位标志。

9）bit8～bit10：无定义。

10）bit11：2轴同步控制

11）bit12：手动控制状态。

12）bit13～bit14：无定义。

13）bit15：电池电压低。

BFM＃27为顺序控制（子任务）执行控制信号，该控制信号对应的定位模块内部特殊辅助继电器（Ms）为M9128～M9143。

三、定位控制模块 FX_{2N}-20GM

1．FX_{2N}-20GM的基本性能及特点

FX_{2N}-20GM定位控制模块配有电源、CPU、操作系统输入、机械系统输出和I/O驱动单元等，它能够不与PLC基本单元连接而独立地运行。该定位模块（数控单元）有8个输入点和8个输出点作为通用I/O，它们能够连接外部的I/O设备。如果20GM的I/O点不足，FX系列PLC的扩展模块可作为20GM的扩展模块与其连接；20GM还可以与FX系列PLC基本单元一起配合使用，此时，20GM定位控制模块作为PLC一个专用的特殊功能模块。一个FX系列PLC最多可连接8个特殊功能模块（包括20GM、模拟量输入/输出模块和高速计数模块等）。

20GM定位模块的LED能够显示模块的工作状态。它包含7个LED灯，可分别表示电源、*X*轴准备、*Y*轴准备、*X*轴错误、*Y*轴错误、电池电压低、CPU-E等。通过不同LED灯的状态，用户便可判断该模块的工作状态。

FX_{2N}-20GM主要特点如下：

（1）20GM能同时执行两轴控制，可执行直线插补和圆弧插补的连续轮廓轨迹控制。

（2）20GM既可以不连接到PLC上独立操作，也可以多个定位控制模块连接到一个PLC进行多轴定位操作。

（3）20GM定位控制模块（可视为简易数控单元）具有一种专用的定位语言（cod代码）和顺序控制指令（包括基本指令及应用指令）。同时，采用具有流程图的编程软件，可使程序开发可视化。

(4) 最大脉冲串输出频率可达200kHz。

(5) 配备有绝对位置检测功能和手摇脉冲发生器连接功能。

(6) 具有高速启动时间(10ms)和8个中断输入点，能实行多个高速、多个位置的定位。

2. I/O分配和I/O扩展连接器

当独立使用FX_{2N}-20GM时，除了FX_{2N}-20GM内部的16个I/O点(8个输入点和8个输出点外)，还可添加48个I/O点，也就是总共可以有64个输入/输出点。扩展输入和扩展输出点独立地从距离FX_{2N}-20GM单元最近的地方分配。当连接FX_{2N}-20GM到PLC的基本单元时，FX_{2N}-20GM单元被看作PLC的功能模块，从离PLC最近的位置算起功能模块的编号0～7被自动地分配到所连接的功能模块上。此功能模块编号在FROM/TO指令中使用FX_{2N}-20GM中的通用I/O点，与PLC中的I/O点相隔离，并像FX_{2N}-10GM中的I/O点一样占用一台PLC的8个I/O点，其I/O点的分配细节参见FX_{2N}/FX_{2NC}系列硬件手册。

FX_{2N}-20GM能连接到FX_{2N}系列扩展模块(不包括继电器输出型)上来扩展通用I/O点。FX_{2N}-20GM通过FX_{2N}-CNV-IF可连接到FX_{2N}晶体管或三端双向晶闸管输出型的扩展模块上来扩展通用I/O点，扩展点数最大为48点。同步ON比例为50%或更小。

从FX_{2N}-20GM右侧移去扩展连接器盖板，拉起挂钩把扩展模块上的卡爪塞进FX_{2N}-20GM上的装配孔中来进行连接，然后，拉下挂钩以固定扩展模块。连接一个扩展模块和另一扩展模块也按同样方式进行。

3. 输入/输出控制信号

FX_{2N}-20GM的主要控制输入信号有FWD(手动正转)、RVS(手动反转)、ZRN(机械零点回归)、START(自动开始)、STOP(停止)、DOG(回原点近点信号)、LSF(正向旋转极限)、LSR(反向旋转极限)、SVRDY(伺服准备)、SVEND(伺服结束)、PG0(零点信号)等；控制输出信号有FP(正向旋转脉冲)、RP(反向旋转脉冲)、CLR(偏差信号清除计数器)等。

该定位控制模块具有4个信号连接口，分别为CON1～CON4。各连接口功能如下：CON1为I/O指定的连接口，16点输入/输出接口；CON2也是I/O指定的连接口，进行外部开关信号及启动/停止信号等的连接；CON3为X轴驱动器接口，进行X轴控制信号的连接；CON4为Y轴驱动器接口，进行Y轴控制信号的连接。

4. 定位模块内部参数

在20GM定位控制模块内部的参数主要分为定位参数、I/O控制参数和系统参数三种。该定位模块有12种系统参数设置、27种定位参数设置和19种110个控制参数设置，可通过特殊数据寄存器来更改程序设置(系统设置除外)。在参数设定中，要实现独立的2轴操作必须分别对2轴(X轴或Y轴)的定位参数和I/O控制参数进行设定。20GM定位控制模块系统中较为常用和重要的内部参数有几十个，它们与10GM定位模块的内部参数基本相同，参见表3-10。

四、定位控制模块的使用和编程

(一) 定位模块通信过程和内部软元件

1. 定位模块和PLC之间的通信过程

利用定位控制模块10GM和20GM内部的缓冲存储器(BFM)，通过使用PLC的应用指令 FROM、TO 就可以实现定位模块与 PLC 之间的通信交互。PLC 和定位控制模块（10GM 及 20GM）之间的通信过程如图 3-37 所示。

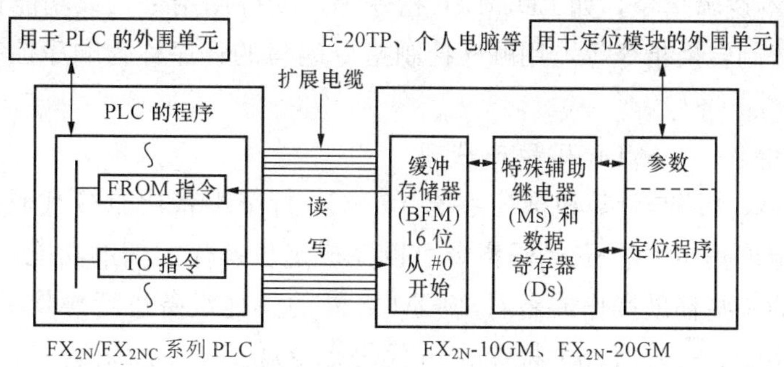

图 3-37　PLC 与定位控制模块之间的通信过程

2. 20GM 定位模块内部软元件

20GM 定位模块与 PLC 相似，在其内部设置了辅助继电器（M）和数据寄存器（D）。其中，M0～M511 为通用辅助继电器，M9000～M9175 为特殊辅助继电器；D0～D3999 为通用数据寄存器，D4000～D6999 为文件数据寄存器，D9000～D9599 为特殊数据寄存器。从 M9000 开始的专用辅助继电器称为特殊辅助继电器（Ms），从 D9000 开始的专用数据寄存器称为特殊数据寄存器（Ds）。它们被作为专用软元件（位元件和字元件），主要用于存储命令、状态信息、参数设置值等。

每个特殊 Ms 和特殊 Ds 都分配有对应的缓冲存储器（BFM）。缓冲存储器用“＃”加编号表示，如一个缓冲存储器 BFM＃20 由 16 位数据组成，特殊辅助继电器为位元件，从 M9000 开始，每 16 位被分配给 BFM 编号为 BFM＃20 开始的一个缓冲存储器，这种缓冲存储器每一位都有特定的含义。而对于字元件的特殊数据寄存器，每个都被分配给一个编号相同的 BFM，如特殊数据寄存器 D9000 分配给 BFM＃9000，一个缓冲存储器就是一个二进制 16 位字数据，不按位操作。

应用指令 FROM（特殊功能模块读出）指令把缓冲存储器（BFM）中的内容读到 PLC 中，而 TO（特殊功能模块写入）指令把 PLC 的内容写入 BFM 中。当执行顺序控制程序中的 FROM 或 TO 指令时，就会在 PLC 和定位控制模块之间进行通信。这时定位控制模块可能处于 MANU（手动）模式或 AUTO（自动）模式下。

20GM 中的 Ms 和 Ds 可以通过 PLC 程序 FROM 和 TO 指令进行读写，用于发送命令、读取状态信息、设置系统参数等。但应注意的是，进行读出、写入操作时，是对 20GM 中的缓冲存储器（BFM）进行操作，不是直接对特殊 Ms 和特殊 Ds 进行操作。但是，在 20GM 中缓冲存储器（BFM）与定位控制模块中的特殊辅助继电器（Ms）和特殊数据寄存器（Ds）互锁联动，当缓冲存储器中（BFM）的内容改变时，特殊辅助继电器（Ms）和特殊数据寄存器（Ds）中的内容也会随之同时改变，定位控制模块自动在它们之间进行数据传送。PLC 通过这两条应用指令即可实现对 20GM 的控制。

（二）定位指令和顺序控制指令

20GM 数控单元具有一种专用的定位指令（cod 代码）和顺序控制指令（包括基本顺序指令及应用指令）。在 20GM 模块定位程序开发中，可以使用三种指令：①定位指令，即

cod代码，这是20GM指令的主体部分，它们是实现两轴定位操作的指令，如直线插补、圆弧插补等，用定位指令编写的程序称为定位程序或主程序、主任务；②基本顺序指令，它们类似于PLC的基本逻辑指令，如LD、LDI指令等；③应用指令（或功能指令），如条件跳转、算术运算、数制转换指令等，用顺序控制指令编写的程序称为顺序控制程序或子程序、子任务。

1. 定位控制指令——cod代码和m代码

定位模块的cod代码与计算机数控系统（CNC）标准准备功能G代码和M代码较为相似。另外，模块定位程序中的m代码指令可以完成定位操作的辅助功能，通过它们用以驱动定位操作以外的一些辅助操作或者对20GM之外的其他设备进行操作。m代码有m00～m99共计100条指令。另外有几个特殊的m代码指令规定了专门用途，如m02为主任务结束用，m102为子任务结束用（它是每个程序的END指令），其他都是通用的m代码指令。

FX_{2N}-20GM定位控制指令cod代码、m代码的指令代码、助记符和功能含义见表3-12。

表3-12　FX_{2N}-20GM（FX_{2N}-10GM）定位控制指令简表

指令代码	助记符	功能含义	备注
cod00	DRV	高速定位	
cod01	LIN	直线插补定位	仅20GM模块具有该指令，10GM模块无该指令
cod02	CW	顺时针圆弧插补定位	仅20GM模块具有该指令，10GM模块无该指令
cod03	CCW	逆时针圆弧插补定位	仅20GM模块具有该指令，10GM模块无该指令
cod04	TIM	可以指定时间的程序暂停	
cod09	CHK	伺服定位结束检查	
cod28	DRVZ	返回机械原点位置	
cod29	SETR	设置电气原点位置	
cod30	DRVR	返回电气原点位置	
cod31	INT	中断停止忽略剩下距离	
cod71	SINT	指定中断停止距离的中断1	以1种速度中断停止
cod72	DINT	指定中断停止距离的中断2	以2种速度中断停止
cod73	MOVC	位置偏移补偿	
cod74	CNTC	中心位置补偿	
cod75	RADC	半径补偿	
cod76	CANC	取消补偿	
cod90	ABS	指定绝对坐标方式编程	
cod91	INC	指定增量坐标方式编程	
cod92	SET	设定当前位置值	
m00	WAIT	主程序暂停	
m02	END	定位程序（主任务）结束	
m100	WAIT	子任务暂停	
m102	END	子任务结束	

2. 顺序控制指令

定位控制模块的顺序控制指令中的基本顺序指令与三菱 FX 系列 PLC 中的基本逻辑指令非常类似，但是模块的应用指令与三菱 FX 系列 PLC 的应用指令有所区别，使用时应注意。FX_{2N}- 10GM（FX_{2N}- 20GM）的基本顺序控制指令见表 3 - 13。

表 3 - 13　FX_{2N}- 10GM（FX_{2N}- 20GM）的基本顺序控制指令简表

指令代码	助记符	功能含义	备注
—	LD	开始运算，取常开触点与左母线相连	
—	LDI	开始运算，取常闭触点与左母线相连	
—	AND	常开触点串联连接	
—	ANI	常闭触点串联连接	
—	OR	常开触点并联连接	
—	ORI	常闭触点并联连接	
—	ANB	电路块串联连接	
—	ORB	电路块并联连接	
—	SET	置位，驱动目标软元件自保持	
—	RST	复位，目标软元件自保持解除	
—	NOP	空操作指令	
FNC00	CJ	条件转移	
FNC01	CJN	否定条件转移	
FNC02	CALL	子程序调用	
FNC03	RET	子程序返回	
FNC04	JMP	无条件跳转转移	
FNC05	BRET	返回母线	
FNC08	RPT	循环开始	
FNC09	RPE	循环结束	
FNC10	CMP	比较	
FNC11	ZCP	区间比较	
FNC12	MOV	16 位数据传送	
FNC13	MMOV	带符号扩展的 16～32 位传送	其中 bit31～bit16 的内容与 bit15 中的内容相同
FNC14	RMOV	带符号锁定缩小 32～16 位传送	其中 bit30～bit16 的内容被忽略，bit31 内容传送到 bit15
FNC18	BCD	二进制转换为 BCD 码	
FNC19	BIN	BCD 码转换为二进制	
FNC20	ADD	二进制加法运算	
FNC21	SUB	二进制减法运算	
FNC22	MUL	二进制乘法运算	
FNC23	DIV	二进制除法运算	
FNC24	INC	二进制加 1 运算	

续表

指令代码	助记符	功能含义	备注
FNC25	DEC	二进制减 1 运算	
FNC26	WAND	字逻辑与运算	
FNC27	WOR	字逻辑或运算	
FNC28	WXOR	字逻辑异或运算	
FNC29	NEG	求补运算	
FNC72	EXT	分时读取数字开关	
FNC74	SEGL	带锁存的 7 段显示	
FNC90	OUT	驱动输出	
FNC92	XAB	X 轴绝对位置检测	
FNC93	YAB	Y 轴绝对位置检测	

（三）定位程序的组成和指令代码格式

习惯上将以专用指令 cod 代码为主编写的定位程序直接称为“定位程序”或者“主任务”，将以基本顺序控制指令和应用指令为主编写的控制程序称为“顺序控制程序”或者“子任务”。每个 FX－10GM 定位模块（包括 FX_{2N}－20GM 定位模块）允许使用多个不同程序编号的定位程序（或主任务），但只能使用一个顺序控制程序（子任务）。

1. 定位程序（主任务）

定位模块定位程序表达形式包括行号、程序号和具体定位程序。

```
程序号
↓
Ox10
行号
↓
N0000  cod28(DRVZ);          ⎫
N0001  m00(WAIT);            ⎪
N0002  cod00(DRV)  x100  f500;  ⎬  程序
N0003  m00(WAIT);            ⎪
…                            ⎭
N0100  m02(END)
```

定位程序中的最后 1 行“m02（END）”为程序结束标记，代表定位程序（主任务）O00～O99、Ox00～Ox99、Oy00～Oy99 结束。

由上面的这一小段定位程序可见：程序中间部分的每一行称为一个“程序段”，代表具体的定位要求与控制动作。程序段是程序的主体部分，程序段的数量受定位模块内部存储器容量的限制。

程序段开头部分的 N□□□□（□代表数字 0～9）称为“行号”或“程序段号”。行号仅作为程序段起始的标记，不占用存储器容量。行号编排可以任意，且同一行号可以在不同的定位程序中重复使用。

程序段的结尾应以“;”标记，代表一个程序段的结束。当单步模式执行定位程序时，每次执行一个程序段。

程序段中的 cod□□、m□□为指令代码，括号内的英文大写（如 DRV）为指令助记符。

指令代码后面的 x□□□□、f□□□□为指令所需要的定位位置、移动速度等操作数。

为了与其内部的辅助继电器 M、输入继电器 X、输出继电器 Y 等软元件区别，规定在定位程序中的英文字符（指令助记符除外）一律采用小写格式。

编制定位程序时有以下注意事项：

(1) 关于行号的说明。

1) 每一条指令都指派了行号，从 N0～N9999，这样就能很容易地把指令代码分隔开来。首行号从外部单元输入，然后每次输入分隔符时下一个行号就会自动赋给下一条指令，通过使用行号来读入指令。

2) 任何 4 位或以下的数字都可以用作首行号，相同的行号可以分配给程序号不一样的其他程序，首行号不一定必须为 N0000。

3) 程序的容量是由步数控制的。每一行使用的步数根据指令代码的不同而变化，行号不包括在步数内。

(2) 关于程序号的说明。程序号被赋给每一个定位程序操作，目的不同的程序所分配的程序号也不相同。程序号最前附有符号“O”。程序号的格式分成 2 轴同步操作格式（用于 FX_{2N}-20GM)、2 轴独立操作格式（用在 FX_{2N}-10GM 上时为 1 轴操作）和子任务格式，如下所示：

2 轴同步运行	2 轴独立运行		子任务
	X 轴	Y 轴	
O00	Ox00	Oy00	O100
…	…	…	…
m02 (END)	m02 (END)	m02 (END)	m102 (END)

1) 在 FX_{2N}-10GM 中只能给 X 轴和子任务分配程序编号。

2) 每个程序的结尾必须有 END 指令。对于 2 轴同步操作、X 轴运行和 Y 轴运行是 m02 代码，而对于子任务则是 m102 代码。

3) 程序号 00～99（共计 100 个）可以按照下面方式使用，例如：O00～O99 或者 Ox00～Ox99 或者 Oy00～Oy99，而 O100 仅用于子任务。

4) 应注意，在 FX_{2N}-20GM 中不能混合使用 2 轴同步运行程序和 2 轴独立运行程序，只能使用两者中的一种。如果同时存在两种类型的程序，则会出现程序错误（错误代码 3010)。

5) 根据定位模块内部参数 30 程序编号指定方法的设定值不同，可以通过一个数字开关或 PLC 来指定要执行的程序号。

(3) 关于定位程序的编写和说明。当输入启动时，指定程序编号所代表的那个程序就从头开始一步一步地执行指定程序。根据程序编制号的顺序执行。当一条指令执行结束后，接着执行下一行指令。例如：

```
Ox20(Ox20为X轴程序编号)
N0000  cod28(DRVZ);
N0001  cod00(DRV)
       x1000  f1000;
N0002  cod04(TIM)
       K100;
N0003  m02(END);
```

在上面所示的定位程序中：N0001 行表示当 X 轴方向移动到达“1000”定位单位位置时，继续执行下一行的指令；在 N0002 行表示当定时器到达定时时间后，继续执行下一行指令的执行。

2. 顺序控制程序（子任务）

子任务主要用来处理 PLC 的程序。主任务是一个由 O、Ox、Oy 表示的定位程序，其任务是在 2 轴同步模式和 2 轴独立模式下执行定位操作，在 FX_{2N}-10GM 中只能使用 Ox。子任务是一个主要由顺序指令组成的程序，它不执行定位控制。当主程序有 2 个以上时，可以用参数 30 程序编号指定来选择要执行的程序。子任务只能创建一个，这时选定的主任务和子任务同步执行。

编制顺序控制程序应注意以下几点：

(1) 任何一个子任务的程序号都是 O100，该程序号必须包含在程序的第一行中。在程序的最后添加“m102（END)”，用 m100（WAIT）暂停程序的执行。m102 和 m100 在子程序都是固定用法，应注意在子程序中结束和暂停不能使用“m02”、“m00”。

(2) 子任务可以在定位单元程序区（第 0～3799 步或第 0～7799 步）的任何位置创建。但是为了容易识别，推荐在定位程序的后面创建子任务。

(3) 子任务的开始、停止和单步操作等是由相应定位模块内部参数设定的。子任务有自己专用的特殊辅助继电器（Ms）和特殊数据寄存器（Ds)。

(4) 顺序控制程序（子任务）的执行和定位程序（主任务）的执行方式一样，也是每次执行一行指令。当输入 START（启动）信号后，子任务从第一行程序开始执行，当遇到指令 m102（END）后结束，然后等待下一个 START 信号。

例如，如果要实现循环操作，可使用一条像下面程序所示的 FNC04（JMP）跳转指令。但是，应注意不能从子任务中跳转到定位程序（主程序）中。如果子任务需要重复执行，建议程序的行数应限制在 100 行以内，以免运行时间过长。

```
  O100,N0;
┌→P0;
│ LD X00;
│ AND X01
│ SET Y0;
└─FNC 04(JMP) P0;
  M102;
```

(5) 在子任务的内部，所有顺序指令、应用指令和像 cod04（TIM）暂停时间、cod73（MOVC）位移偏移补偿、cod74（CNTC）中点位置补偿、cod75（RADC）半径补偿、cod76（CANC）取消补偿和 cod92（SET）设置当前位置等这些 cod 代码指令是可以使用的。

但是，不能使用 m 代码进行输出控制，只有 m100（WAIT）和 m102（END）这两条特殊的 m 代码可以在子任务中使用。

(6) 子任务编程示例。下面是两个子任务程序编程的例子。应注意，如果一个程序在定位程序和除了定位控制以外其他控制中的执行需要较长时间，那么最好将该程序编成子任务程序来处理。

1）获取数字开关数据

```
O100,N0;
N00  P255;
N01  FNC  74([D]SEGL)
D9004  Y00  K4  K0;
N02  FNC  04(JMP)  P255;
N03  m102(END)
```

这个例子，显示了 X 轴当前位置的低 4 位。同样，任何与定位操作没有直接联系的代码都可以放到子任务程序中进行处理。

2）实现错误检测输出

```
O100,N0;
N00  P255;
N01  LDI  M9050;                  //M9050 为X轴错误检测信号,即 BFM#23 中的 bit2
N02  ANI  M9082;                  //M9082 为Y轴错误检测信号,即 BFM#25 中的 bit2
N03  FNC  90(OUT)Y00;             //当X轴和Y轴都没有错误时,会驱动 Y0 输出
N04  FNC  04(JMP)P255;            //无条件跳转到标号 P255 处,因为有跳转指令,END 指令
N05  M102(END);                     并不会被执行
```

在这个例子中，当检测到有 X 轴或 Y 轴的错误时，程序会禁止正常输出 Y0。

3. 程序中 m 代码的驱动

m 代码有两种驱动方式，用不同的指令书写格式表示。

(1) AFTER 模式：m 代码单独另起一行书写，m 码指令是在前面的定位控制指令执行完后执行。例如：

```
N0000  cod01(LIN)x100  y200  f500;          //直线插补执行
N0001  m10;                                 //之后,m10 被驱动,m 代码开启信号打开
```

(2) WITH 模式：m 代码作为最后一个操作数写在定位控制指令中，此时，m 代码指令和定位控制指令同时执行。例如：

```
N0000  cod01(LIN)x100  y100  f500  m10;     //在执行直线插补的同时,m 代码开启信号打开
```

在上面的任一情况下，当 m 代码驱动时 m 代码开启信号就会打开，并且 m 代码编号被

存入特殊的数据寄存器（Ds）中。m代码开启信号始终保持“ON”状态，直到m代码关闭信号打开。m代码的分配见表3-14。

表3-14　　m代码的分配

m代码类型	X轴		Y轴	
	特殊Ms/Ds	缓冲存储器（BFM）	特殊Ms/Ds	缓冲存储器（BFM）
m代码开启信号	M9051	＃23的bit3	M9083	＃25的bit3
m代码关闭命令	M9003	＃20的bit3	M9019	＃21的bit3
m代码编号	D9003	＃9003	D9013	＃9013

在FX_{2N}-20GM或FX_{2N}-10GM定位控制模块中，可以利用其内部缓冲存储器（BFM）通过FX_{2N}/FX_{2NC}系列PLC使用读出或写入来传输m代码。可以使用内部参数36～38（见表3-10）将与m代码有关的信号输出至外部单元。在连续使用m代码时应该延长m代码开启信号的关闭时间，使它比PLC的扫描周期更长一些。

五、定位控制模块编程示例

（一）FX_{2N}-10GM定位模块编程示例

1. 系统控制要求

某数控系统采用FX_{2N}-10GM定位控制模块进行简易定位控制，且将其作为PLC基本单元扩展的特殊功能模块使用，具体控制要求如下：

（1）当控制系统启动后，第一次按下“启动”按钮，系统自动回原点，原点位置值设为0。

（2）在系统回原点完成后，再次按下“启动”按钮，系统可自动地实现如下动作循环：

1）X轴快速运动到300mm处停止；

2）在300mm处，执行第1特定的顺序控制动作（如钻孔）；

3）第1动作完成后，X轴快速运动到800mm处停止；

4）在位置800mm处，执行第2特定的顺序控制动作（如裁断）；

5）第2动作完成后，X轴快速返回到原点处停止。

（3）以上动作均可以通过操作面板上的“停止”按钮进行暂停。

2. 定位控制系统配置和实现方法

（1）定位系统的启动和停止由PLC基本单元进行控制。

（2）PLC与定位模块之间的动作协调通过传送m代码进行控制。在位置300mm处的第1特定的顺序控制动作，由定位模块输出m10代码进行启动控制；在位置800mm处的第2特定的顺序控制动作，由定位模块输出m11代码进行启动控制，并通过PLC基本单元的输出点作为外部动作的启动信号。

（3）定位控制模块定位程序的编写。系统回原点、原点设定、自动定位控制，可通过FX_{2N}-10GM模块的定位控制指令，如cod28（DRVZ，返回机械原点）、cod29（SETR，设定电气原点）、cod00（DRV，快速定位）实现。

（4）当第1、2特定的顺序控制动作完成后，通过PLC的输入点返回完成信号，并且启动下一步的动作。

通过上述分析，可确定PLC基本单元的输入/输出点（I/O点）、内部辅助继电器（M）

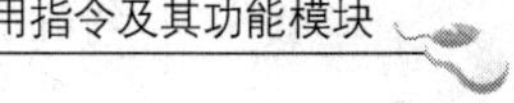

和数据寄存器（D）的地址分配，见表 3-15。

表 3-15　　10GM 编程示例中的 PLC 地址分配

地址		功能含义	备注
I 点	X1	定位启动按钮	
	X2	定位停止按钮	
	X3	在 300mm 位置处第 1 顺序控制动作完成输入信号	
	X4	在 800mm 位置处第 2 顺序控制动作完成输入信号	
O 点	Y0	在 300mm 位置处第 1 顺序控制动作启动输出信号	
	Y1	在 800mm 位置处第 2 顺序控制动作启动输出信号	
M 和 D	M1	定位控制模块定位启动信号	PLC→10GM
	M2	定位控制模块停止启动信号	PLC→10GM
	M3	第 1、第 2 顺序控制动作完成信号（m 代码关闭控制信号）	PLC→10GM
	M51	第 1、第 2 顺序控制动作启动信号（m 代码开启控制信号）	10GM→PLC
	M210	m10 代码输出	10GM→PLC
	M211	m11 代码输出	10GM→PLC
	D0	m 代码编号存储单元	10GM→PLC

为了实现上面的控制动作（包括定位模块进行定位控制和 PLC 基本单元进行顺序控制动作），需要对定位模块和 PLC 分别编写两种不同的控制程序。在 PLC 中主要进行输入、输出的逻辑运算处理和与定位控制模块信息交互的控制；在定位控制模块中主要进行定位功能的控制。

同时，必须对定位模块设置相应的控制参数。定位控制模块 10GM 的参数较多，进行参数设定时只需要通过 TO 指令写入定位控制模块的缓冲存储器（BFM）中即可，写入方法与前面介绍的 FX_{2N}-1PG/FX_{2N}-10PG 参数的写入方法非常相似，在下面的控制程序中不再给出 PLC 程序详细的运行说明。

3. 控制程序

(1) 定位控制模块定位程序。10GM 定位程序在 PC 机上使用三菱电机公司的可视化定位控制软件（Visual Positioning Controller Software）FXVPS-E 进行编辑。在 VPS 软件中，新建一个 10GM 加工程序，采用流程符号 Flow Symbols 中的 Program in Text 编写出的程序如下：

```
Ox01,N0                          //定义程序编号为 Ox01
N00  LD  M9057;                  //读取回原点到达标志内部特殊辅助继电器 M9057
N01  FNC00(CJ)  P0;              //如已经回到原点(M9057=1)则跳转到 P0 标号处
N02  cod28(DRVZ);                //回机械原点指令
N03  cod29(SETR);                //设置电气原点
N04  P0;                         //N01 程序行跳转目的地
N05  cod00(DRV)  x300000;        //X轴运动到 300mm 处,单位系统选择为 0.001mm
N06  m10;                        //在 300mm 处输出 m10 代码
N07  cod00(DRV)  x800000;        //X轴运动到 800mm 处
N08  m11;                        //在 800mm 处输出 m11 代码
```

```
N08  m11;                    //在 800mm 处输出 m11 代码
N09  cod30(DRVR);            //返回电气原点处
N10  m02(END);               //定位程序结束
```

(2) PLC 基本单元控制程序。10GM 编程示例的 PLC 控制程序如图 3－38 所示。

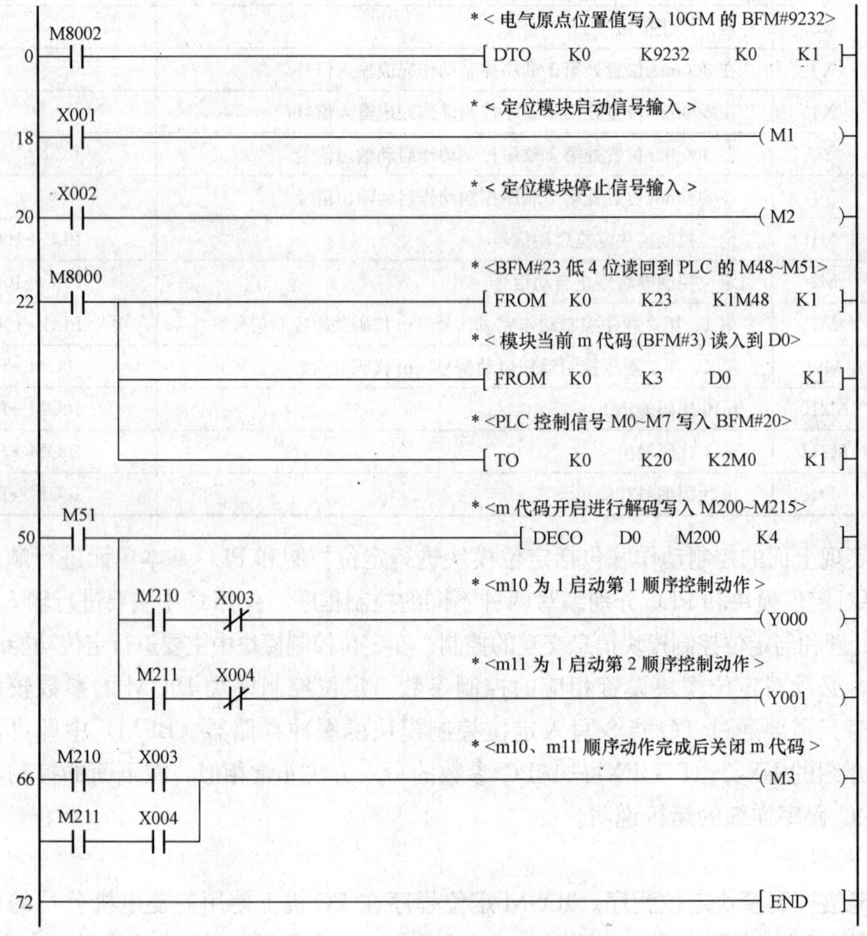

图 3－38　10GM 编程示例的 PLC 控制程序

(二) FX_{2N}－20GM 定位模块编程示例

1. 系统控制要求

采用基于 FX_{2N}－20GM 定位控制模块组成的 PLC 数控机床系统，加工一个梅花图形，如图 3－39 所示。在图中以 *A* 点为起点，连续加工出 4 个半圆形后成为梅花，并在图形的中心钻一个孔。图中标出了相对坐标值，整个图形的加工需要 20GM 控制的 *X*、*Z* 两轴联动（*X*、*Z* 轴对应 20GM 定位模块控制的同步两轴 *X* 轴和 *Y* 轴）和 PLC 基本单元控制的 *Y* 轴进行伺服系统的进刀、退刀配合完成加工。其具体加工工序如下：

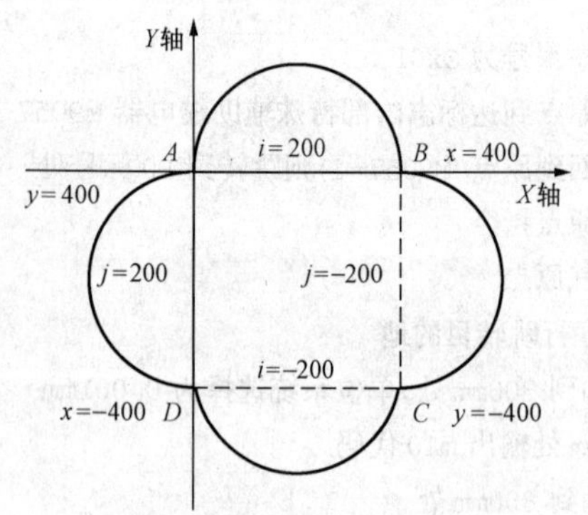

图 3－39　20GM 模块加工梅花图形

(1) PLC 控制 Y 轴进刀后，启动 20GM 加工。

(2) 20GM 加工程序从 A 点开始同步控制 2 轴用顺圆弧插补连续路径加工 4 个半圆，回到 A 点。

(3) PLC 控制 Y 轴退刀并换刀，然后 20GM 模块控制 X 轴和 Z 轴快速走刀到中心。

(4) PLC 控制 Y 轴进刀钻孔，钻孔后退刀，最后 20GM 控制高速返回到电气原点。

2. 定位控制系统配置和实现方法

(1) 定位系统的启动和停止输入信号由 PLC 基本单元进行控制。

(2) FX_{2N}- 20GM 定位模块运行定位程序完成梅花图形的加工，PLC 与定位模块之间的动作协调通过传送 m 代码进行控制。顺圆弧加工完成梅花图形后，由 FX_{2N}- 20GM 定位模块输出 m10 代码进行退刀和换刀；之后高速定位至梅花图形的中心，再由 FX_{2N}- 20GM 定位模块输出 m11 代码进行进刀和钻孔，通过 PLC 基本单元的输出点完成退刀、换刀和进刀、钻孔等动作。

(3) 定位控制模块定位程序的编写。系统回原点、原点设定、顺圆弧加工、自动定位控制和回电气原点动作，可通过 FX_{2N}- 20GM 模块的定位控制指令，如 cod28（DRVZ，返回机械原点）、cod29（SETR，设定电气原点）、cod02（CW，顺圆弧插补）、cod00（DRV，快速定位）和 cod30（DRVR，回电气原点）等实现。

通过上述分析，可确定 PLC 基本单元的输入/输出点（I/O 点）、内部辅助继电器（M）和数据寄存器（D）的地址分配，见表 3 - 16。

表 3 - 16　20GM 编程示例中的 PLC 地址分配

地址		功能含义	备注
I 点	X1	定位启动按钮	
	X2	定位停止按钮	
	X10	退刀完成接近开关输入信号	
	X11	换刀完成接近开关输入信号	
	X12	进刀完成接近开关输入信号	
	X13	钻孔完成接近开关输入信号	
O 点	Y0	退刀输出信号	
	Y1	换刀输出信号	
	Y2	进刀输出信号	
	Y3	钻孔输出信号	
M 和 D	M1	定位控制模块定位启动信号	PLC→10GM
	M2	定位控制模块停止启动信号	PLC→10GM
	M3	m 代码关闭控制信号	PLC→10GM
	M121	退刀换刀完成记忆位	
	M122	进刀钻孔完成记忆位	
	M123	退刀换刀输出记忆位	
	M124	进刀换刀输出记忆位	
	M51	m 代码开启控制信号	10GM→PLC
	M210	m10 代码输出	10GM→PLC
	M211	m11 代码输出	10GM→PLC
	D100	m 代码编号存储单元	10GM→PLC

3. 控制程序

(1) 定位控制模块定位程序。在 VPS 可视化软件中，新建一个 20GM 两轴加工定位程序，采用流程符号 Flow Symbols 中的 Program in Text 编写出的定位程序如下：

```
O01,N1                                          //定义程序编号为 O01
N00  LD  M9057;                                 //读取回原点到达标志位 M9057
N01  FNC00(CJ)  P0;                             //如已经回到原点(M9057=1)则跳转到 P0 标号处
N02  cod28(DRVZ);                               //回机械原点指令
N03  cod29(SETR);                               //设置电气原点
N04  P0;                                        //N01 程序行跳转目的地
N05  cod02(CW)  x400  y0  i200  j0  f300;       //顺圆弧插补加工第 1 个半圆
N06  cod02(CW)  x0  y-400  i0  j-200  f300;     //顺圆弧插补加工第 2 个半圆
N07  cod02(CW)  x-400  y0  i-200  j0  f300;     //顺圆弧插补加工第 3 个半圆
N08  cod02(CW)  x0  y400  i0  j200  f300;       //顺圆弧插补加工第 4 个半圆
N09  m10;                                       //顺圆弧加工完梅花图形后输出 m10 代码
N10  cod00(DRV)  x200000  y-200000;             //高速定位至梅花图形的中心
N11  m11;                                       //输出 m11 代码进行换刀和钻孔
N12  cod30(DRVR);                               //返回电气原点处
N13  m02(END);                                  //定位程序结束
```

在上面的定位程序中，20GM 定位模块定位程序先控制数控系统机械回原点，然后应用顺圆弧插补指令加工图形。cod02（CW）连续加工出梅花的 4 个半圆形后，驱动编号为 m10 的 m 代码，然后将控制权交给 PLC 基本单元，20GM 定位模块此时处于等待状态。此时，PLC 获得编号 m10 代码的开启状态信号，控制 Y 轴退刀，随后发送 m 代码关闭命令。20GM 定位模块得到 m 代码关闭命令，立即高速移动到图形中心，接着驱动 m11 并等待。PLC 获得编号为 m11 代码开启信号，控制 Y 轴钻孔，钻孔后退刀并发送 m 代码关闭命令。20GM 定位模块得到 m 代码关闭命令后，高速返回零点结束整个加工。在 cod02（CW）顺圆弧插补指令中，x、y 为 2 轴的终点坐标，i、j 为圆心坐标，f 为进给速度。注意，定位程序的编写采用以原点（加工坐标的起点）为坐标基准的增量方式（相对坐标方式）编程。

(2) PLC 基本单元控制程序。20GM 编程示例的 PLC 控制程序如图 3-40 所示。

在图 3-40 所示的 PLC 控制程序中，20GM 定位控制模块启动信号为 X1，停止信号为 X2，退刀换刀操作完成信号辅助记忆位为 M121，进刀钻孔操作完成信号辅助记忆位为 M122，退刀和换刀操作辅助记忆位为 M123，进刀和钻孔操作辅助记忆位为 M124。PLC 用两条 FROM 指令实时读取 m 代码开启信号和当前 m 代码的编号。定位模块状态信号（含 m 代码开启信号）从 BFM＃23 中被读到 PLC 的 M48～M63 中，因此与 m 代码开启信号对应的特殊辅助继电器 M9051 中状态的被读到 PLC 的 M51 中。m 代码编号从 BFM＃3（即定位模块的 D9003 或 BFM＃9003）中读到 PLC 的数据寄存器 D100。一旦 m 代码被驱动，PLC 立即读到 m 代码开启信号和 m 代码的编号，使 M51 接通。在 PLC 程序中应用解码指令（DECO）对读到的 m 代码编号进行解码，定位模块的 m10 代码驱动时经解码后可使 PLC 的 M210 接通，可驱动 M123 控制退刀并换刀。定位模块的 m11 代码驱动时，经解码后可使 PLC

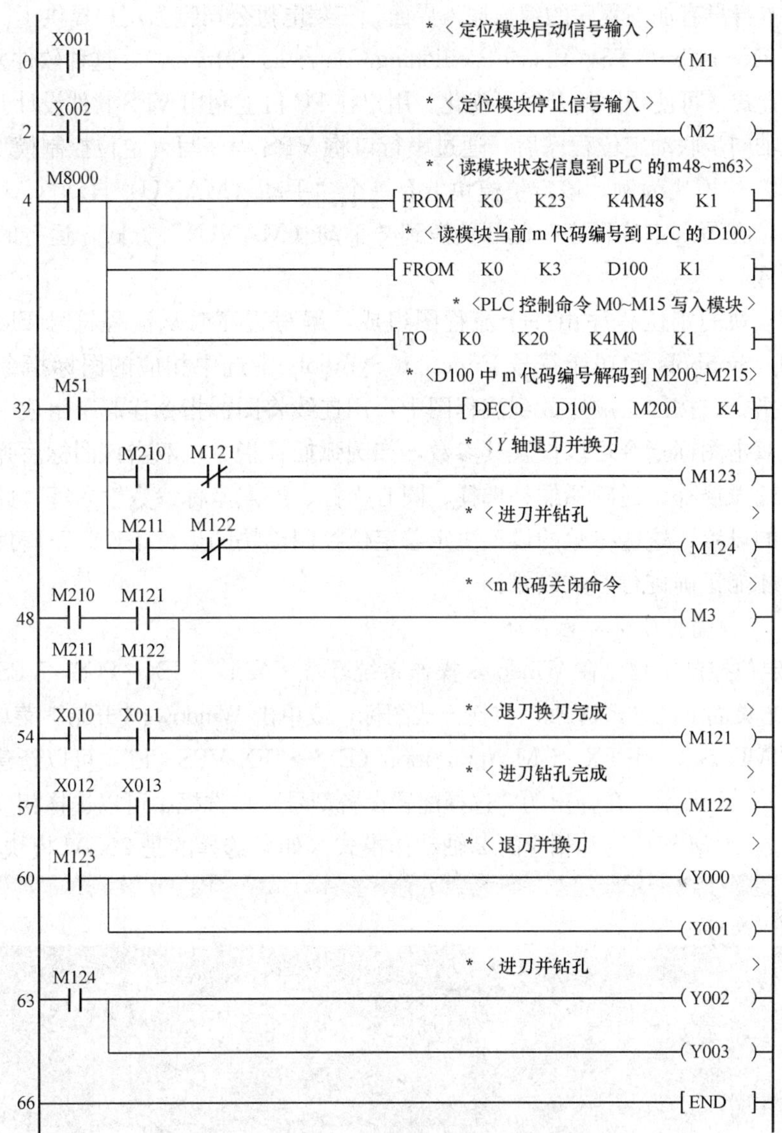

图3-40　20GM编程示例的PLC控制程序

的M211接通，可驱动M124控制进刀和钻孔。程序中的“DECO D100 M200 K4”这一行对D100中的二进制数值进行解码，可使连续16位目标元件M200～M215中的某一点接通。

由上面的PLC控制程序可知，退刀和换刀动作结束后M121将接通，会驱动M3输出。钻孔和换刀过程结束后M122将接通，也会驱动M3输出，M3信号用以实现m代码的关闭，通过PLC的TO指令写入到20GM定位模块的BFM＃20的bit3位（即M9003），实现了m代码的关闭。实际上TO指令传送了M0～M15，程序中用到了M1、M2和M3传送定位模块启动命令、停止命令和m代码关闭命令。缓冲存储器BFM＃23、BFM＃20中各位的具体功能含义可参见表3-11。

六、可视化定位控制模块编程软件VPS简介

在以FX_{2N}-10GM或FX_{2N}-20GM定位控制模块构建定位控制系统（如简易数控系统）时，

定位控制模块本身没有加工程序的编辑输入界面。三菱电机公司特为用户提供了一个可视化的定位控制软件FX-PCS-VPS（Visual Positioning Controller Software），这种软件采用具有流程图形式的编程方式，可使程序的开发可视化。用户在PC机上利用VPS软件设计开发10GM单轴或20GM两轴同步联动定位程序后，通过串行口将VPS程序写入定位控制模块中。

以20GM定位模块为例，该定位模块上有一个“手动（MANU）/自动（AUTO）”运行模式选择开关，在写入定位程序时此开关拨到“手动（MANU）”方式，运行时拨到“自动（AUTO）”方式。

定位控制模块的定位程序由一个流程图组成，编写程序时从流程符号Flow Symbols、代码符号Code Symbols和功能符号Function Symbols中选中相应的图标指令，如直线插补、圆弧插补指令，按加工顺序放到流程图中，用连线将图标指令连起来组成一个完整的定位控制程序。双击图标指令可以设置其参数，如圆弧插补指令；双击该图标后弹出参数设置界面，包括顺圆弧插补、逆圆弧插补选择、圆心坐标、终点坐标参数输入等。此外还有一系列的运动参数的设置，这些参数的设置决定着定位控制模块的运行条件。正确理解这些参数功能和作用，才能正确进行参数设置。

1. 新建工程和编程软件界面简介

（1）新建定位控制工程。在Windows操作系统环境下安装了FX-PCS-VPS定位模块编程软件后，点击桌面上的“FXVPS”快捷方式图标，或单击Windows“开始”菜单，依次指向“所有程序”→“MELSEC-F FX-GM Application（E）”→“FX VPS-E”，可以新建一个定位控制工程，如图3-41所示。在弹出的“选择配置设备型号”单选框中可以选择相应的定位模块类型（10GM或20GM模块）和相应的2轴动作模式（如果选择的是20GM模块）。

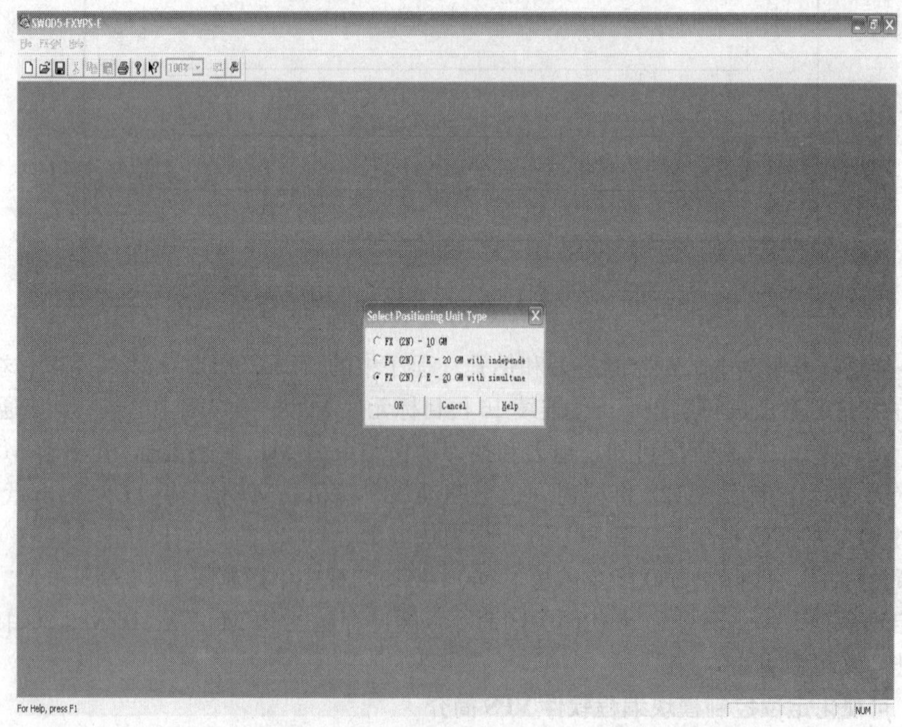

图3-41　FX-VPS编程中新建一个工程

(2) VPS 编程软件界面。在“选择配置设备型号”单选框中选择相应的定位模块类型和 2 轴动作模式后，点击“确认”将进入 FXVPS 可视化定位模块编程软件的主界面，如图 3 - 42 所示。

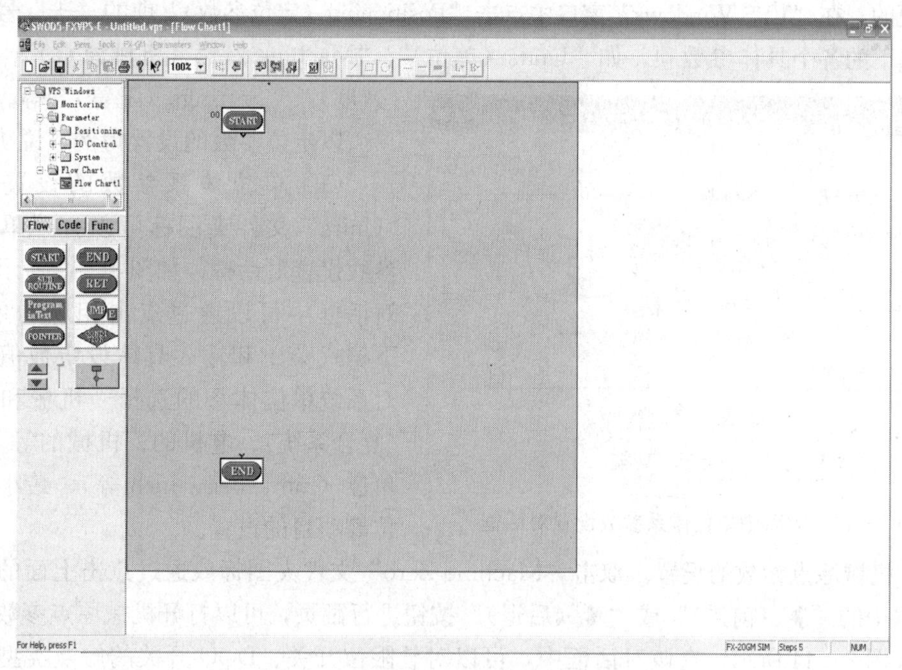

图 3 - 42 FX - VPS 编程软件的主界面

在图 3 - 42 中，最上面一栏为“标题栏”，下面带有“文件”、“编辑”、“视图”文字的一栏为“菜单栏”，带有快捷方式图标的一栏为“工具栏”。在该工具栏中包括“标准工具条”、“FX - GM 工具条”和“绘图工具条”等项目。

在 VPS 编程界面最左侧的窗口为“流程附件工具栏”视图窗口，其上部标有“VPS Windows”的窗口为“工作空间窗口”。该窗口以树状菜单的形式包含了“Monitoring（监视)”、“Parameter（参数)”和“Flow Chart（流程图)”等子菜单，其中的“Parameter（参数)”菜单下又包括“Positioning（定位参数)”、“IO Control（I/O 控制参数)”和“System（系统参数)”等子菜单。通过点击各子菜单下面的“+”号可以进一步选择具体的项目。“附件工具栏”视图窗口的下方为程序（定位程序或子任务）编程符号窗口，该窗口包括“Flow Symbols（流程符号)”、“Code Symbols（代码符号)”和“Function Symbols（功能符号)”等 3 个按钮菜单。点击其中的任一个按钮可以显示该菜单下具体的编程符号，点击选择某个编程符号后可拖放至程序编辑窗口，供编写定位程序或子任务程序时使用。

在 VPS 编程界面的中部窗口为流程图窗口（Flow Chart Window）或监视窗口（Monitoring Window)。在流程图窗口中可以编写定位程序（主任务）或子任务，在监视窗口可以当作人机界面的窗口，它通过图形化的显示方式可以使用户方便地实时监视定位控制模块中各种软元件的状态信息。监视窗口是一个独立的窗口，它并不依赖于流程图窗口。

2. 参数设置

定位模块的参数设置包括定位参数、I/O控制参数和系统参数等，这些参数中重要的参数在前面已经介绍过（见表3-10），利用可视化编程软件VPS进行定位模块内部参数的设置是十分方便的。在“VPS Windows”窗口中点击“Positioning（定位参数）”前的“+”号可以展开显示其下的各个具体参数项，如“Units（单位）”、“Machine Zero（机械原点）”、“Speed（速度）”、“Settings（配置）”等。

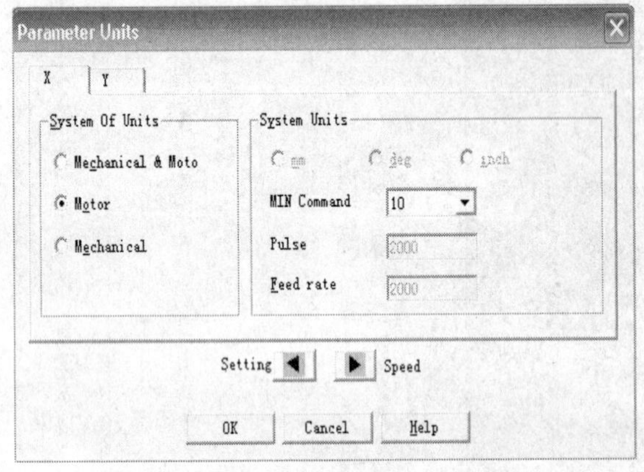

图3-43 VPS中单位体系参数设置对话框

以定位参数的设置为例，说明如下：

（1）单位体系参数的设置。双击“Units”文件夹图标可以打开单位体系参数设置对话框，如图3-43所示。在该对话框中可以通过点击相应的单选框、下拉式菜单和输入具体设定数值，完成对系统单位体系的选择［机械和电机的（复合系统）、电机的、机械的等］、系统单位（mm、deg、inch等）、最小指令单位等项目的设置。

（2）机械原点参数的设置。双击“Machine Zero”文件夹图标或通过点击上面的单位参数对话框中的“▶（前进）”或“◀（后退）”按钮进行翻页，可以打开机械原点参数设置对话框，如图3-44所示。在该对话框中，可以对软限位开关、DOG开关的触点类型（常开触点或是常闭触点），回原点计数方向（增加或减少），回原点速度、爬行速度和零点位置等进行设置。

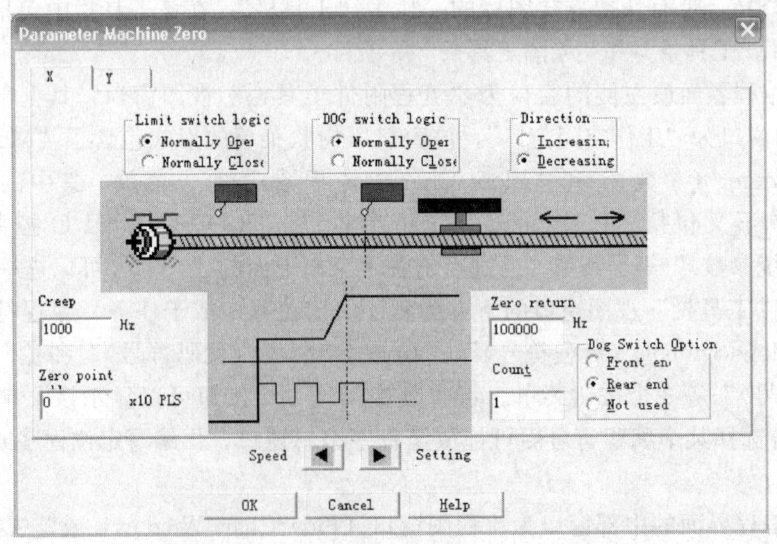

图3-44 VPS中机械原点参数设置对话框

（3）速度参数的设置。类似的，速度参数设置对话框如图3-45所示。

（4）配置参数的设置。配置参数设置对话框如图3-46所示。

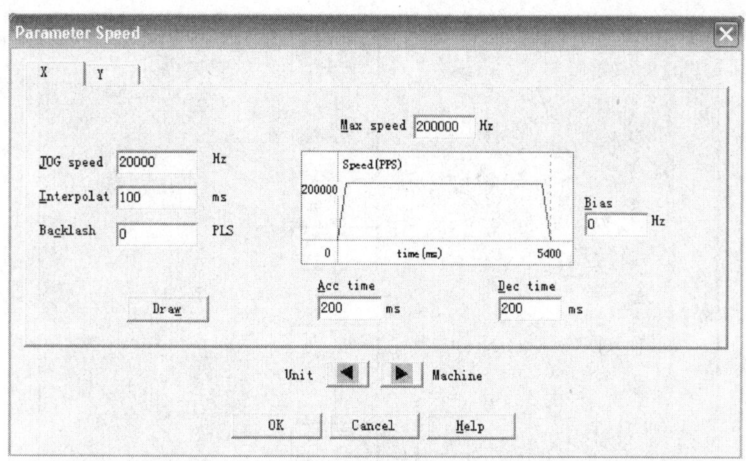

图 3－45　VPS 中速度参数设置对话框

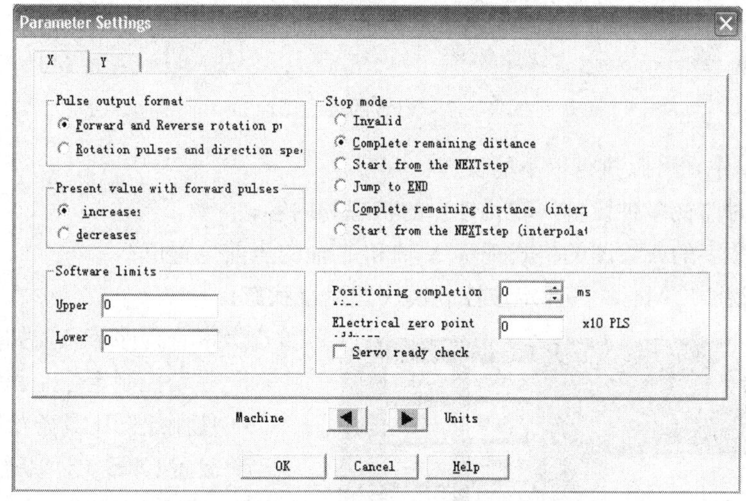

图 3－46　VPS 中配置参数设置对话框

3. 定位程序的编写和监视

(1) 流程图窗口。流程图窗口提供了创建定位程序的平台。流程图窗口由占主要部分的程序编写区域（默认为灰色）、标题栏和开始、结束等流程图符号等组成。在开始和结束符号之间可以加入其他的流程图组件，各组件间通过连线相接就可以创建出用户的定位程序。VPS 中的流程图窗口如图 3－47 所示。

在编写定位程序时，对于指定的 X 轴或 Y 轴，不仅可以使用相对坐标方式（增量方式）或绝对坐标方式编程，而且可以对其数据采用直接或间接的方式加以设定。这样，可以极大地方便用户对定位程序的编写，使整个程序条理清晰、方便明了。同样，定位程序的编写除了可以采用顺序指令外，还可采用子程序调用的方式。

(2) 监视窗口。监视窗口可以像人机界面监控屏幕一样使用，利用该窗口可以监视定位控制模块内部各软元件的状态数据。监视窗口是不依赖于流程图窗口而显示信息的独立窗口。

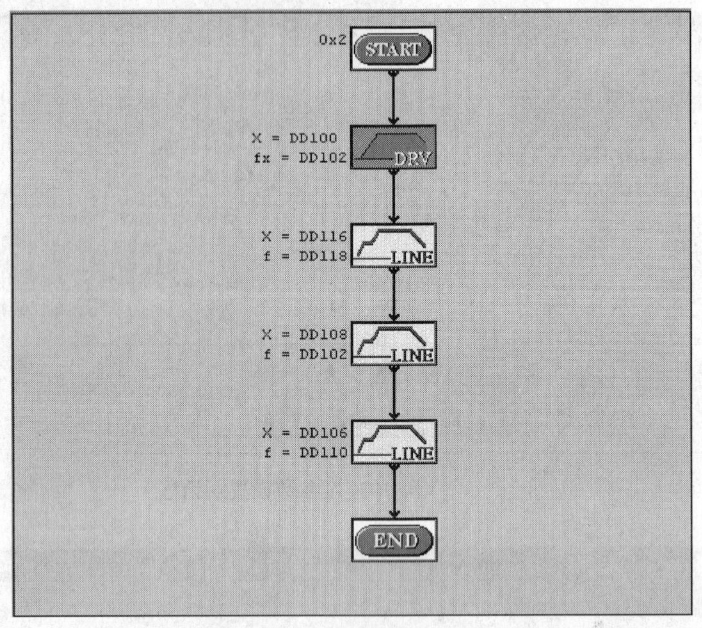

图 3-47　VPS 的流程图窗口

在监视窗口中，可以执行以下的操作：

1）可以同时监视多种设备（软元件）的状态和内容；

2）可以用数字的或绘图的格式观察 X 轴和 Y 轴的当前位置值；

3）可以监视 10GM、20GM 定位控制模块的运行状态；

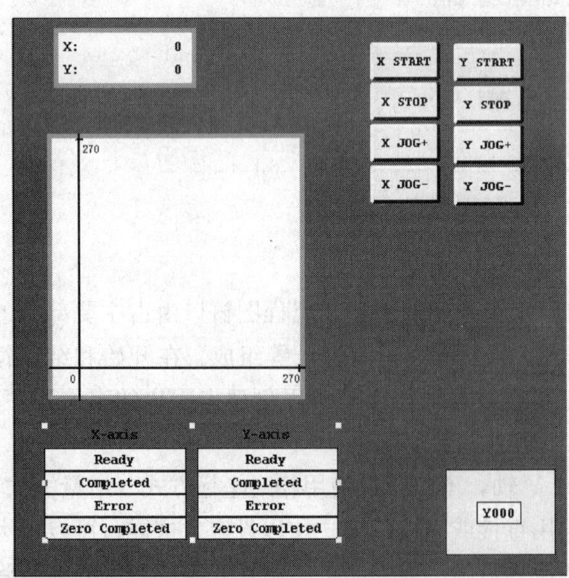

图 3-48　VPS 的监视窗口

4）审查程序信息，如错误代码等；

5）手动控制定位流程程序；

6）使用绘图工具条绘制图形；

7）放置 OLE（对象链接与嵌入）目标到显示屏幕中；

8）打印显示屏幕中的内容。

VPS 中的监视窗口如图 3-48 所示。

(3) 编程模式。编程模式又叫绘图模式（主要以流程图的形式表示）。在此模式下，所有的工具栏和菜单选项都将被激活。当有文件新建或者原有的文件打开时，监视窗口和流程图窗口将在编程模式（缺省模式）下。此时，监视窗口和流程图窗口的标题栏将提示性地显示各自窗口的标题。

1）编程模式下的流程图窗口。在编程模式下，用户可以在流程图窗口中添加、改变参数，移动、连接流程符号图标。窗口中的任一流程符号图标可以通过鼠标指向或点击鼠标左键选中，选中的图标可以移动或删除。双击窗口中的一个流程符号图标可以打开参数设置对

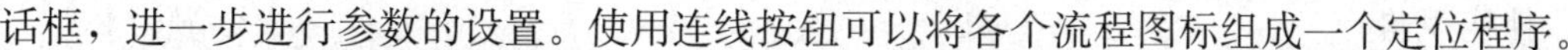

话框，进一步进行参数的设置。使用连线按钮可以将各个流程图标组成一个定位程序。

2）编程模式下的监视窗口。在编程模式下，用户可以在监视窗口中添加、修改、移动、重新定义尺寸及绘图对象。窗口中的任一组件可以通过鼠标指向或点击鼠标左键选中。通过拖动对象上的手柄，可以移动绘图对象或对其大小重新进行定义。但是，在编程模式下在此窗口中双击任一图标不会产生任何反应。

（4）监视模式。监视模式可以监视和测试通过 RS－232 串行接口连接到 PLC 上的，以 10GM、20GM 定位控制模块作为实际监控目标的硬件系统。在 VPS 软件中可以连续地读入监视目标（即定位控制模块中各信号和功能指令）的状态和当前值。

可以通过点击 FX－GM 工具栏中的“监视按钮”，或者点击选择 FX－GM 菜单栏中的“监控”→“开始”菜单项，启动或停止监视模式环境并切换到编程模式环境。

可视化定位控制模块 VPS 编程软件详细的使用操作和编程，读者可自行参阅三菱电机公司有关使用手册和软件手册，这里不再进行详细介绍。

七、凸轮控制模块 FX_{2N}－1RM－E－SET 简介

1．概况

在机械传动控制中经常要对角位置进行检测，在不同的角度位置时发出不同的导通、关断信号。过去采用机械凸轮开关，虽然精度高但易磨损。FX_{2N}－1RM－SET 可编程凸轮开关可用来取代机械凸轮开关，实现高精度的角度位置检测。配套的转角传感器电缆长度最长可达 100m。使用时与其他可编程凸轮开关主体、无刷分解器等一起可进行高精度的动作角度设定和监控，其内部有 EEPROM，无需电池，可储存 8 种不同的程序。FX_{2N}－1RM－SET 可连接在 FX_{2N} 系列 PLC 上（最多可连 3 块），也可以单独使用。在程序中该模块占用 PLC 的 8 个 I/O 点。

凸轮控制模块 FX_{2N}－1RM－E－SET 的外形如图 3－49 所示。

该模块的主要特点如下：

（1）利用可与本模块构成一体的数据设定组件，可以简单地进行动作角度设定及监视显示。

（2）旋转角的检测可达到 415rpm/0.5°或 830rpm/1.0°为单位的高精确度。

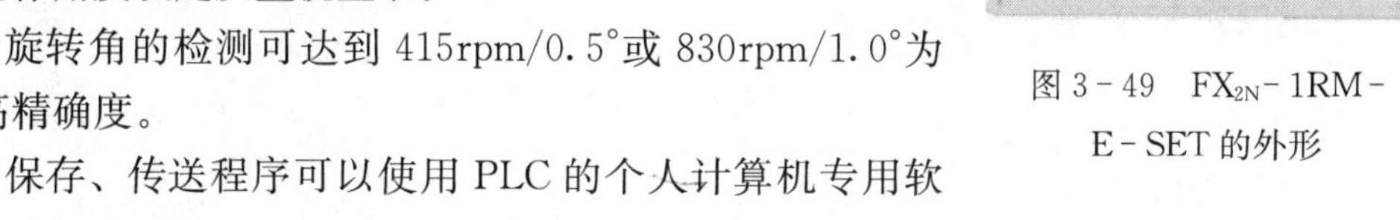

图 3－49 FX_{2N}－1RM－E－SET 的外形

（3）保存、传送程序可以使用 PLC 的个人计算机专用软件以及 FX－20P－E。

（4）通过连接 FX_{0N}、FX_{2N}系列 PLC 晶体管扩展模块，可以得到最多 8 点的 ON/OFF 输出。

可编程凸轮控制器系列产品的组成见表 3－17。

表 3－17 可编程凸轮控制器系列产品的组成

组成	型号	组成	型号
可编程凸轮控制器	FX_{2N}－1RM－SET	型号转角传感电缆	FX_{2N}－RS－5CAB
本体	FX_{2N}－1RM	扩展电缆	FX_{0N}－55EC
旋转角传感器	F2－720－RSV	旋转角传感延长电缆	F2－RS－5CAB

2. 性能规格

FX_{2N}-1RM-E-SET的性能规格见表3-18。

表3-18 FX_{2N}-1RM-E-SET的性能规格

项目	内容
适用	与FX_{2N}系列的PLC总线连接，占用输入/输出点数为8点，可单独使用
程序存储器	内置EEPROM存储器（无需电池）
凸轮输出点数	内部输出48点读出到PLC上，或通过连接晶体管扩展模块，可输出48点
检测器	无刷旋转角传感器（FX-32RM用的FX-720RS）
控制分辨率	1次旋转作720分割或360分割
响应速度	415rpm/0.5°或830rpm/1°
程序库数目	8个（指定PLC）或4个（指定外部输入）
ON/OFF	8次11个凸轮输出
输入	轴输入2点，DC 24V、7mA，响应时间3ms，充电耦合器
设定开关	RUN/PRG转换开关，16键
LED显示	显示POWER、RUN、ERROR等，7段7个，LED 4个

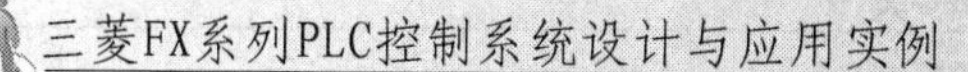

第四章

变频器和伺服放大器基本原理及应用

变频器和伺服放大器（伺服控制器）都是PLC运动控制系统中重要的外围驱动设备，通过变频器可以实现三相交流异步电动机的变频调速，利用伺服放大器控制三相永磁同步电动机等能够实现运动系统的精确定位控制或连续轨迹控制。本章首先介绍变频器的基本原理和应用技术，以三菱的FR-A700系列高性能通用变频器为例，介绍其外部接线、端子功能、参数设定和控制方式等。然后介绍伺服控制系统的基本概念、基本原理，包括伺服控制系统驱动设备的结构、工作原理、特点及应用，伺服控制系统中检测元件的结构、工作原理及使用，典型伺服控制系统的构成原理。最后以三菱MR-J2S-A系列通用交流伺服放大器为例，介绍其外部端子接线及功能、内部重要参数功能含义和设定方法等。

第一节　变频器基本原理和应用技术

一、变频调速原理概述

交流变频器是微型计算机及现代电力电子技术高度发展的产物。微型计算机是变频器的核心，电力电子器件则构成了变频器的主电路。

1. 变频调速原理

我们知道，从发电厂送出的交流电的频率是恒定不变的工频，在我国是50Hz。由电机学和电机拖动基础可知，三相交流异步电动机的同步转速为

$$n_0 = \frac{60 f_1}{p} \tag{4-1}$$

式中　n_0——同步转速，r/min；

f_1——定子的频率，Hz；

p——电动机的极对数。

三相异步电动机的转速为

$$n = \frac{60 f_1 (1-s)}{p} \tag{4-2}$$

式中 n——异步电动机的转速，r/min；

s——异步电动机的转差率；

p——异步电动机的极对数。

由式（4-1）和式（4-2）可知，同步转速 n_0 和异步电动机的转速 n 均与送入异步电动机的定子电源频率 f_1 成正比或接近于正比。也就是说，通过改变频率 f_1 可以方便地改变异步电动机的运行速度，所以采用变频调速的方法对于交流电动机的调速来说是十分合适的。当改变定子电源频率 f_1，使 f_1 在零至工频范围内变化，即可改变电动机的转速。采用变频调速获得的异步电动机的转速调节范围是非常宽的，而且可以实现连续平滑调速（无级调速）。变频器就是通过改变电动机电源频率实现速度调节的，是一种理想的、高效率、高性能的调速装置。

2. 变频器的基本结构

从频率变换的形式来说，变频器分为交—交和交—直—交两种形式。交—交变频器可将工频交流电直接变换成频率、电压均可控制的交流电，称为直接式变频器；而交—直—交变频器则是先把工频交流电通过整流变成直流电，然后再把直流电逆变成为频率、电压均可控制的交流电，又称间接式变频器。目前，市售通用变频器的基本结构多采用交—直—交形式，如图4-1所示。

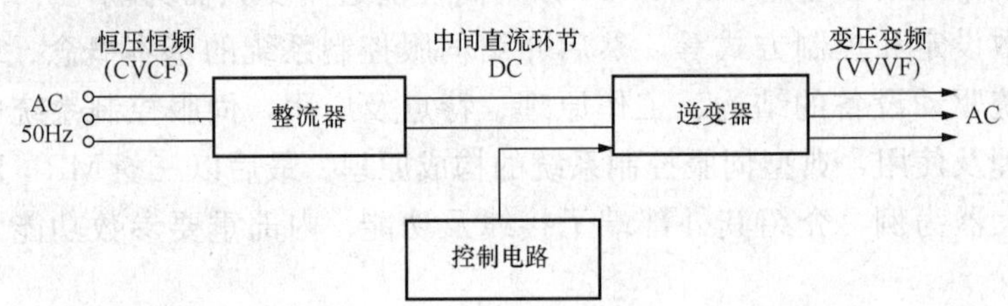

图4-1 变频器基本结构

交—直—交变频器由主回路和控制电路组成，主回路又包括整流器、中间直流环节和逆变器。各部分的功能如下：

(1) 整流器。电网侧的变流器是整流器，它的作用是把三相（也可以是单相）交流整流成为直流。

(2) 中间直流环节（中间直流储能环节）。中间直流环节的作用是对整流电路的输出进行平滑处理，以保证逆变电路及控制电源得到质量较高的直流电源。由于逆变器的负载多为异步电机，属于感性负载。无论是电机处于电动或发电制动状态，其功率因数总不会为1，因此，在直流环节和电机之间总会存在无功功率的交换。这种无功能量要靠中间直流环节的储能元件（电容器或电抗器）来缓冲，所以又常称中间直流环节为中间直流储能环节。根据中间直流环节的储能元件是电容器还是电抗器，交—直—交变频器具体可分为电压源型变频器和电流源型变频器两种。电压源型变频器以大电容作为中间直流环节的储能元件，电动机的电压波形为方波或阶梯波，电流波形接近于正弦波，近似于电压源；电流源型变频器以大电感作为中间直流环节的储能元件，电动机的电流波形为方波或阶梯波，电压波形接近于正弦波，近似于电流源。

电动状态时，能量从交流电源经过整流电路和中间直流储能环节输出到电动机。电动机制动时，电动机的动能转化为电能，电动机工作在发电状态。电动机的能量无法回馈到电网，只能存在中间直流储能环节上，使直流母线上的电压升得很高，即产生所谓的泵升电压现象。解决泵升电压的办法是在中间直流储能环节上增加泄放电路。

(3) 逆变器。负载侧的变流器是逆变器。逆变器的主要作用是在控制电路的控制下将直流平滑输出电路的直流电源转换为频率及电压都可以任意调节的交流电源。逆变电路的输出就是变频器的输出。

(4) 控制电路。变频器的控制电路包括主控制电路、信号检测电路、门极驱动电路、外部接口电路及保护电路等部分，其主要任务是完成对逆变器的开关控制、对整流器的电压控制及各种保护功能。控制电路是变频器的核心部分，其性能的优劣决定了变频器的性能。

一般三相变频器的整流电路由三相全波整流桥组成，直流中间环节的储能元件在整流电路是电压源时是大容量的电解电容，在整流电路是电流源时是大容量的电感。为了电动机制动的需要，中间电路中有时还包括制动电阻及一些辅助电路。逆变电路最常见的结构形式是利用 6 个半导体主开关器件（例如 IGBT）组成的三桥式逆变电路。有规律地控制逆变器中主开关器件的通与断，可将直流电逆变成为三相正弦脉宽调制波（SPWM 波），驱动异步电动机工作。变频器的控制电路主要以微型计算机为核心，高性能的变频器目前已经采用数字信号处理器（DSP）进行全数字控制。变频器具有设定和显示运行参数、信号检测、系统保护、计算与控制、驱动逆变管等功能。电压源型变频器主电路基本结构如图 4-2 所示。

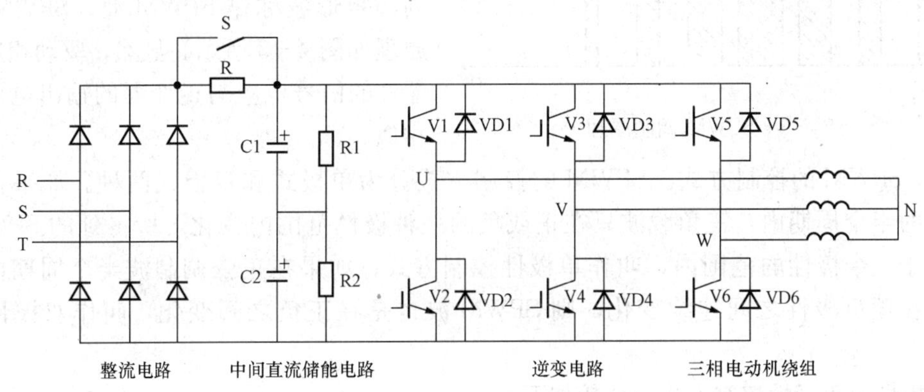

图 4-2　电压源型变频器主电路基本结构

电压源型 SPWM 变频器的优点主要有：

1) 可以实现由逆变器自身同时完成调频和调压的任务，使线路简化，可实现小型化并降低成本。

2) 输出电压的谐波含量可以极大地减少，特别是可以减小和消除某些较低次谐波，减小了电动机的谐波损耗，减轻了转矩脉动。即使在很低的转速下，也可以实现平稳运转。

3) 由于主开关器件的开关频率足够高，可以减小乃至消除电磁噪声，实现静噪。

3. 正弦波脉宽调制（SPWM）技术

中小容量通用变频器基本上都采用自关断器件和 PWM 控制方式。

门极可关断晶闸管（GTO）具有高电压、大电流的特点，但由于其电流增益太低，所需驱动功率大，驱动电路相对复杂，多用于功率较大的场合。商品化的通用变频器绝大多数都以 IGBT 作为主开关器件。目前 IGBT 模块的生产水平达到 1000A、2000V。晶闸管（SCR）由于没有自关断能力，目前仅在特大容量的变频器中尚占有一席之地。

PWM 控制方法是把输出电压分割成多个脉冲，通过合理地控制其中每个脉冲的宽度去控制输出电压的波形、频率及其基波幅值。

（1）正弦波脉宽调制（SPWM）基本原理。SPWM 是以正弦波作为逆变器输出的期望波形，以频率比期望波高得多的等腰三角波作为载波（Carrier wave），并用频率和期望波相同的正弦波作为调制波（Modulation wave）。当调制波与载波相交时，由它们的交点确定逆变器开关器件的通断时刻，从而获得在正弦调制波的半个周期内呈两边窄中间宽的一系列等幅不等宽的矩形波。而每一个矩形波的宽度，与其所对应时刻的正弦波的值是成正比的。按照波形面积相等的原则，每一个矩形波的面积与相应位置的正弦波面积相等，因而这个序列的矩形波与期望的正弦波就是等效的。这种调制方法称作正弦波脉宽调制（Sinusoidal Pulse Width Modulation，简称 SPWM），这种序列的矩形波称作 SPWM 波。SPWM 调制原理如图 4－3 所示。显然，驱动相应开关器件的信号也应与逆变器的输出电压波形相似。

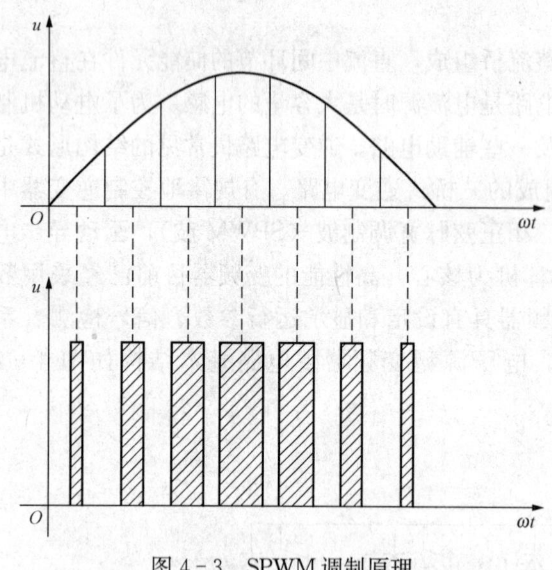

图 4－3　SPWM 调制原理

（2）SPWM 的控制方式。SPWM 的控制方式分为单极式和双极式两种。如果在正弦调制波的半个周期内，三角载波只在正或负的一种极性范围内变化，所得到的 SPWM 波也只处于一个极性的范围内，叫作单极性控制方式；如果在正弦调制波半个周期内，三角载波在正负极性之间连续变化，则 SPWM 波也是在正负之间变化，叫作双极性控制方式。

双极性与单极性控制方式的比较如下：

（1）相同点。调制方法和输出基波电压的大小和频率都是通过改变正弦参考信号的幅值和频率而改变的。

（2）不同点。双极性控制时，三角波信号也是双极性的，逆变器同一桥臂上下两个开关管工作于交替导通的状态；单极式控制时，在每半个正弦波周期内，同一桥臂只有一个开关管在导通或关断。

4. 变频器的控制方式

低压通用变频输出电压为 380～650V，输出功率为 0.75～400kW，工作频率为 0～400Hz，它的主电路一般采用交—直—交电路。变频器的控制方式主要有下述的四种。

（1）$U/f=C$ 控制（C 代表常数，即恒压频比控制），即定子电源电压与定子频率成比例变化控制。由于通用变频器的负载是异步电动机，出于异步电动机磁场恒定的考虑，在变频的同时都要伴随着电压的调节。这种控制方式由于忽略了电动机漏阻抗的作用，在低频段工作特性不理想。因而实际变频器中常采用 $E/f=C$ 控制，E 为气隙磁通在定子每相绕组中感应电动势的有效值，即恒气隙磁通控制。采用恒压频比控制方式的变频器通常称为普通功能变频器。

这种控制方式的特点是控制电路结构简单、成本较低，机械特性硬度也较好，能够满足一般传动的平滑调速要求，已在各个领域得到广泛应用。但是，这种控制方式在低频时，由于输出电压较低，转矩受定子电阻压降的影响比较显著，使输出最大转矩减小。另外，其机械特性终究没有直流电动机硬，动态转矩能力和静态调速性能都还不尽如人意，且系统性能不高、控制曲线会随负载的变化而变化，转矩响应慢；电动机转矩利用率不高，低速时因定子电阻和逆变器死区效应的存在而导致性能下降、稳定性变差等。

(2) 转差频率控制。这是在恒气隙磁通控制基础上增加转差控制的一种控制方式。从电动机转速的角度看，这是一种以电动机的实际运行速度加上该速度下电动机的转差频率确定变频器的输出频率的控制方式。更重要的是，在 $E/f=C$ 的条件下，通过对转差频率的控制，可以实现对电动机转矩的控制。采用转差频率控制的变频器通常属于多功能型变频器。

(3) 矢量控制（VC）方式。矢量控制变频调速的思想是将异步电动机在三相坐标系下的定子电流 I_a、I_b、I_c 通过三相—二相变换，等效成两相静止坐标系下的交流电流 I_α、I_β，再通过按转子磁场定向旋转变换，等效成同步旋转坐标系下的直流电流 I_{m1}、I_{t1}（I_{m1} 相当于直流电动机的励磁电流；I_{t1} 相当于与转矩成正比的电枢电流），然后模仿直流电动机的控制方法，求得直流电动机的控制量，经过相应的坐标反变换，实现对异步电动机的控制。其实质是将交流电动机等效为直流电动机，分别对速度、磁场两个分量进行独立控制。通过控制转子磁链，分解定子电流而获得转矩和磁场两个分量，经坐标变换，实现正交或解耦控制。矢量控制方法的提出具有划时代的意义。然而在实际应用中，由于转子磁链难以准确观测，系统特性受电动机参数的影响较大，且在等效直流电动机控制过程中所用矢量旋转变换较复杂，使得实际的控制效果难以达到理想结果。

(4) 直接转矩控制（DTC）控制。直接转矩控制（DTC）系统结构采用转速磁链双闭环。转速调节器的输出作为电磁转矩的给定信号。设置转矩控制内环，它可以抑制磁链变化对转速子系统的影响，从而使转速和磁链子系统实现近似的解耦。转矩和磁链的控制器是用滞环控制器取代通常的 PI 调节器。

直接转矩控制（DTC）与矢量控制（VC）系统一样，也是分别控制异步电动机的转速和磁链。但在具体控制方法上，DTC 系统与 VC 系统是不同的。不同点主要有三点：①DTC控制转矩和磁链的控制采用双位式砰-砰控制器，并在 PWM 逆变器中直接用这两个控制信号产生电压的 SVPWM 波形，从而避开了将定子电流分解成转矩和磁链分量，省去了旋转变换和电流控制，简化了控制器的结构；②DTC 控制选择定子磁链作为被控量，而不像 VC 系统中那样选择转子磁链，这样一来，计算磁链的模型可以不受转子参数变化的影响，提高了控制系统的鲁棒性，如果从数学模型推导按定子磁链控制的规律，显然要比按转子磁链定向时复杂，但是，由于采用了砰-砰控制，这种复杂性对控制器并没有影响；③由于采用了直接转矩控制，在加、减速或负载变化的动态过程中，可以获得快速的转矩响应，但必须注意限制过大的冲击电流，以免损坏功率开关器件，因此实际的转矩响应的快速性也是有限的。

从总体控制结构上看，直接转矩控制（DTC）系统和矢量控制（VC）系统是一致的，都能获得较高的静、动态性能。

二、三菱 FR－A700 系列变频器使用简介

交流变频调速系统因其性能的日益完善，调速方便简单，现已成为电力拖动自动控制系统的主流。世界范围提倡节能为变频器的应用带来了巨大的契机，三菱变频驱动产品得到了很大的发展。三菱公司的变频器以其性能高、价格合理满足了工业控制各个行业的需要，在国内也得到了广泛的应用。三菱公司变频器主要有 FR－S500 系列、FR－E500 系列和 FR－A700系列等。

(1) FR－S500 系列变频器是三菱电机公司推出的简单易用型变频器，广泛应用于一般调速场合。可以提供 RS－485 串行通信功能，具有较高的性价比。

(2) FR－E500 系列三菱变频器是一款小型高性能通用型变频器，采用磁通矢量控制可以实现 1Hz 运行，150％转矩输出。内置 RS－485 串行通信接口，柔性 PWM 可实现低噪声运行。

(3) FR－A700 系列三菱变频器是三菱电机公司推出的新一代多功能重负载用变频器。具有无传感器矢量控制最高性能，采用了长寿命设计，网络功能更加丰富，支持开放式现场总线 CC－Link 通信（选件）、RS－485 串行通信及各种主要网络（Device－Net，Profibus－DP，LonWorks，EntherNet 和 CAN 等）。

新一代 FR－F700 系列通用型三菱变频器最适合风机、泵类负载使用。继承了 FR－F500 的优良特性，操作简单，并全面提升了各种功能。新开发的节能监视功能让节能效果一目了然，内置噪声滤波器，并带有浪涌电流吸收回路，新增了 RS－485 串行通信端子，增加了支持 MODBUS－RTU（Binary）协议。

下面就以 FR－A700 系列变频器为例，介绍通用变频器的使用操作、参数设置和应用。

1. FR－A700 系列变频器端子接线图及端子功能说明

(1) 端子接线图。FR－A700 系列变频器的端子接线图如图 4－4 所示，图中◎表示主回路的接线端子，○表示控制回路的接线端子。

(2) 主回路端子功能说明。FR－A700 系列变频器主回路端子功能见表 4－1。

(3) 控制回路端子功能说明。FR－A700 系列变频器控制回路端子功能详细说明分别见表 4－2～表 4－4。

2. 变频器的操作面板

(1) 操作面板简介。使用变频器以前，首先要熟悉它的面板显示和键盘操作单元（或称控制单元），并且根据使用现场的要求合理设置参数。FR－A700 系列变频器的操作单元有两种：一种是操作面板（型号 FR－DU07）；另一种是参数单元（FR－PU07）。后者具有数字单元按键，使用更加方便。

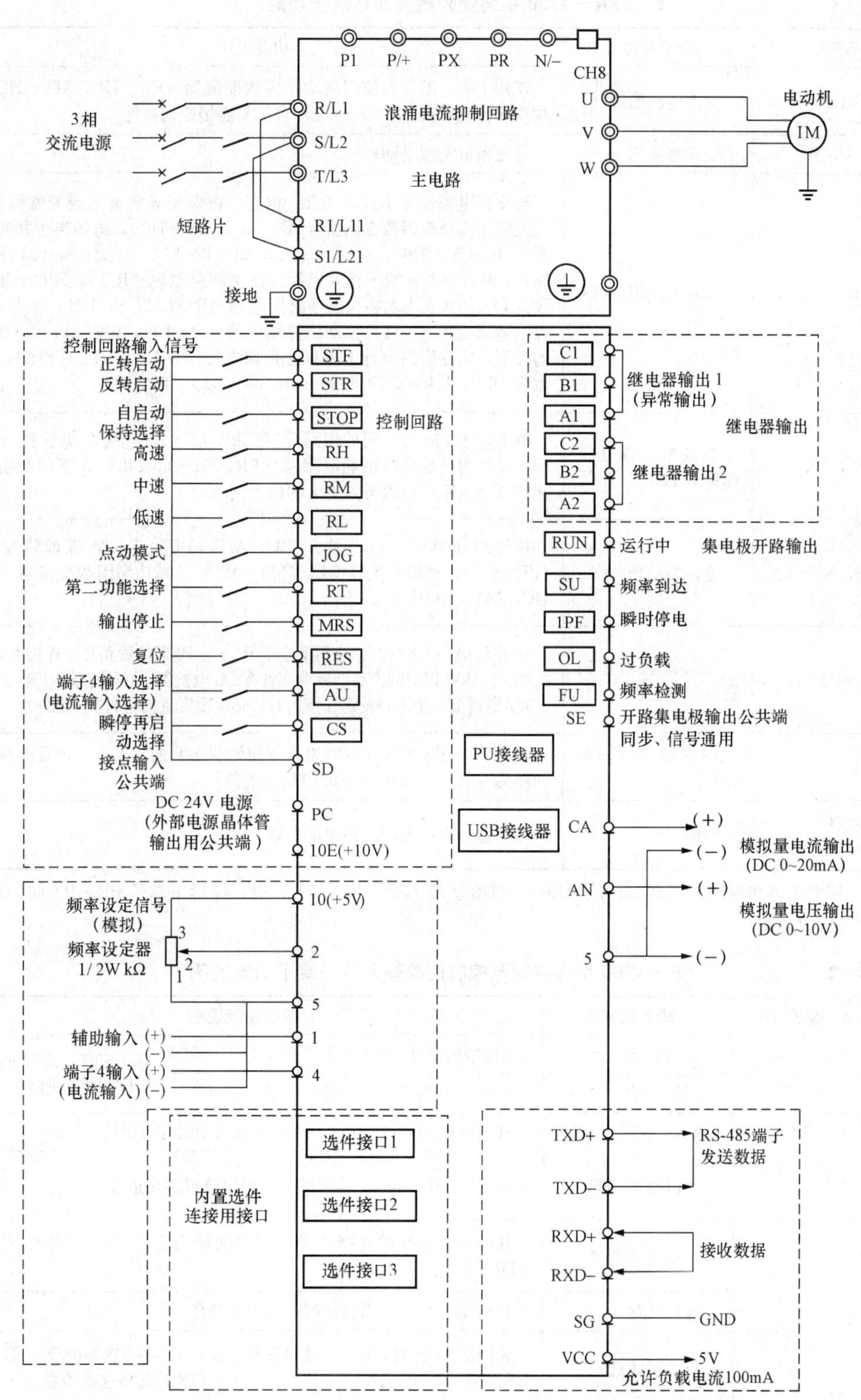

图 4－4　FR－A700 系列变频器端子接线图

表 4-1　　FR-A700 系列变频器主回路端子功能

端子符号	端子名称	功能说明
R/L1，S/L2，T/L3	交流电源输入	连接工频电源。当使用高功率因数变流器（FR-HC，MT-HC）及共直流母线变流器（FR-CV）时不要连接任何器件
U，V，W	变频器输出	接三相鼠笼型电动机
R1/L11，S1/L21	控制回路用电源	与交流电源端子 R/Ll，S/L2 相连。在保持异常显示或异常输出时，以及使用高功率因数变流器（FR-HC，MT-HC），电源再生共通变流器（FR-CV）等时，应拆下端子 R/L1-R1/L11，S/L2-S1/L21 间的短路片，从外部对该端子输入电源。在主回路电源（R/L1，S/L2，T/L3）设为 ON 的状态下勿将控制回路用电源（R1/L11，S1/L21）设为 OFF，可能造成变频器损坏。控制回路用电源（R1/L11，S1/L21）为 OFF 的情况下，应在回路设计上保证主回路电源（R/L1，S/L2，T/L3）同时也为 OFF。15kW 以下 60VA；18.5kW 以上 80VA
P/+，PR	制动电阻器连接（22kW 以下）	拆下端子 PR-PX 间的短路片（75kW 以下），连接在端子 P/+-PR 间连接作为任选件的制动电阻器（FR-ABR）。22kW 以下的产品通过连接制动电阻，可以得到更大的再生制动力
P/+，N/-	连接制动单元	连接制动单元（FR-BU，BU，MT-BU5）、共直流母线变流器（FR-CV）、电源再生转换器（MT-RC）及高功率因数变流器（FR-HC，MT-HC）
P/+，P1	连接改善功率因数直流电抗器	对于 55kW 以下的产品应拆下端子 P/+与 P1 间的短路片，连接上 DC 电抗器。[75kW 以上的产品已标准配备有 DC 电抗器，必须连接。FR-A740-55kW 通过 LD 或 SLD 设定并使用时，必须设置直流电抗器（选件）]
PR，PX	内置制动器回路连接①	端子 PX-PR 间连接有短路片（初始状态）的状态下，内置的制动器回路为有效（7.5kW 以下的产品已配备）
⏚	接地	变频器外壳接地用，必须接大地

① 连接专用外接制动电阻器（FR-ABR），制动单元（FR-BU，BU）时，应拆下端子 PR-PX 间的短路片（7.5kW 以下）。

表 4-2　　FR-A700 系列变频器控制回路输入信号端子功能说明

种类	端子符号	端子名称	端子功能说明	
触点输入	STF	正转启动	STF 信号处于 ON 便正转，处于 OFF 便停止	STF、STR 同时为 ON 时变成停止指令
	STR	反转启动	STR 信号为 ON 为反转，OFF 为停止	
	STOP	启动自保持选择	使 STOP 信号处于 ON，可以选择启动信号自保持	
	RH、RM、RL	多段速度选择	用 RH、RM 和 RL 信号的组合可以选择多段速度	
	JOG	点动模式选择	JOG 信号 ON 时选择点动运行（初始设定），用启动信号 STF 或 STR 可以点动运行	
		脉冲列输入	JOG 端子也可作为脉冲列输入端子使用	
	RT	第 2 功能选择	RT 信号 ON 时，第 2 功能被选择。设定了（第 2 转矩提升）[第 2V/F（基准频率）] 时也可以用 RT 信号处于 ON 时选择这些功能	
	MRS	输出停止	MRS 信号为 ON（20ms 以上）时，变频器输出停止。用电磁制动停止电动机时用于断开变频器的输出	

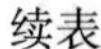

续表

种类	端子符号	端子名称	端子功能说明
触点输入	RES	复位	在保护电路动作时的报警输出复位时使用，使端子 RES 信号处于 ON 在 0.1s 以上，然后断开。产品出厂时，通常设置为复位。根据 Pr.75 的设定，仅在变频器报警发生时可能复位。复位解除后约 1s 恢复
	AU	端子 4 输入选择	只有把 AU 信号置为 ON 时端子 4 才能用（频率设定信号在 DC 4～20mA 之间可以操作）AU 信号置为 ON 时端子 2（电压输入）的功能将无效
		PTC 输入	AU 端子也可以作为 PTC 输入端子使用（电动机的热继电器保护）。用作 PTC 输入端子时要把 AU/PTC 切换开关切换到 PLC 侧
	CS	瞬停再启动选择	CS 信号预先处于 ON，瞬时停电再恢复时变频器便可自动启动。但用这种运行必须设定有关参数，因为出厂设定为不能再启动（应参照参数 Pr.57 再启动自由运行时间）
	SD	公共输入端子（漏型）	触点输入端子（漏型）的公共端子。DC 24V、0.1A 电源（PC 端子）的公共输出端子。与端子 5 及端子 SE 绝缘
	PC	外部晶体管公共端，DC 24V 电源，输入触点输入公共端（型）	漏型时当连接晶体管输出（即电极开路输出），例如可编程序控制器，将晶体管输出用的外部电源公共端接到该端子时，可以防止因漏电引起的误动作，可作为直流 24V、0.1A 的电源使用。当选择源型时，该端子作为触点输入端子的公共端
频率设定	10E	频率设定用电源	按出厂状态连接频率设定电位器时，与端子 10 连接。当连接到端子 10E 时，应改变端子 2 的输入规格（应参照参数 Pr.73 模式输入选择）
	10		
	2	频率设定（电压）	输入 DC 0～5V（或者 0～10V，4～20mA）时，最大输出频率 5V（10V，20mA），输出输入成正比。输入 DC 0～5V（初始设定）和 DC 0～10V，4～20mA 的切换在电压/电流输入切换开关设为 OFF（初始设定为 OFF）时通过 Pr.73 进行。当电压/电流输入切换开关设为 ON 时，电流输入固定不变（Pr.73 必须设定电流输入）。端子功能的切换通过 Pr.858 进行设定
	4	频率设定（电流）	输入 DC 4～20mA（或者 0～5V，0～10V），当 20 mA 为最大输出频率，输出频率与输入成正比。只有 AU 信号置为 ON 时此输入信号才会有效（输入端子 2 的输入将无效）。4～20mA（出厂值），DC 0～5V，DC 0～10V 的输入切换在电压/电流输入切换开关设为 OFF（初始设定为 ON）时通过 Pr.267 进行。当电压/电流输入切换开关设为 ON 时，电流输入固定不变（Pr.267 必须设定电流输入）。端子功能的切换通过 Pr.858 进行设定
	1	辅助频率设定	输入 DC 0～±5V 或 DC 0～±10V 时，端子 2 或 4 的频率设定信号与这个信号相加，用参数单元 Pr.73 进行输入 0～±5V DC 和 0～±10V DC（初始设定）的切换。端子功能的切换通过 Pr.868 进行设定
	5	频率设定公共端	频率设定信号（端子 2、1 或 4）和模拟输出端子 CA、AM 的公共端子，不要接大地

表 4-3　　FR-A700 系列变频器控制回路输出信号端子功能说明

<table>
<tr><th>种类</th><th>端子符号</th><th>端子名称</th><th colspan="2">端子功能说明</th></tr>
<tr><td rowspan="2">触点</td><td>A1，B1，C1</td><td>继电器输出 1（异常输出）</td><td colspan="2">指示变频器因保护功能动作时输出停止的 1 转换触点。故障时：B-C 间不导通（A-C 间导通），正常时：B-C 间导通（A-C 间不导通）</td></tr>
<tr><td>A2，B2，C2</td><td>继电器输出 2</td><td colspan="2">1 个继电器输出（常开/常闭）</td></tr>
<tr><td rowspan="6">集电极开路</td><td>RUN</td><td>变频器正在运行</td><td colspan="2">变频器输出频率为启动频率（初始值 0.5Hz）以上时为低电平，正在停止或正在直流制动时为高电平①</td></tr>
<tr><td>SU</td><td>频率到达</td><td>输出频率达到设定频率的±10%（初始值）时为低电平，正在加/减速或停止时为高电平①</td><td rowspan="4">报警代码 4 位输出</td></tr>
<tr><td>QL</td><td>过负载报警</td><td>当失速保护功能动作时为低电平，失速保护解除时为高电平①</td></tr>
<tr><td>IPF</td><td>瞬时停电</td><td>瞬时停电，电压不足保护动作时为低电平①</td></tr>
<tr><td>FU</td><td>频率检测</td><td>输出频率为任意设定的检测频率以上时为低电平，未达到时为高电平①</td></tr>
<tr><td>SE</td><td>集电极开路输出公共端</td><td colspan="2">端子 RUN、SU、QL、IPF、FU 的公共端子</td></tr>
<tr><td>脉冲</td><td>CA</td><td>模拟电流输出</td><td rowspan="2">可以从输出频率等多种监视项目中选一种作为输出②</td><td rowspan="2">输出项目：输出频率（初始值设定）</td></tr>
<tr><td>模拟</td><td>AM</td><td>模拟电压输出</td></tr>
</table>

① 低电平表示集电极开路输出用的晶体管处于 ON（导通状态），高电平为 OFF（不导通状态）。

② 变频器复位时没有输出。将电压/电流输入切换开关置于 OFF，并将 Pr. 73，Pr. 267 选择为电流输入，电源 OFF 时，输入电阻为 10kΩ±1kΩ。

表 4-4　　FR-A700 系列变频器控制回路通信信号端子功能说明

<table>
<tr><th>种类</th><th colspan="2">端子符号</th><th>端子名称</th><th>端子功能说明</th></tr>
<tr><td rowspan="6">RS-485</td><td colspan="2">—</td><td>PU 接口</td><td>通过 PU 接口，进行 RS-485 通信（仅 1 对 1 连接）。遵守标准：EIA-485（RS-485）。通信方式：多站点通信。通信速率：4800～38 400bit/s。最长距离：500m</td></tr>
<tr><td rowspan="5">RS-485 端子</td><td>TXD+</td><td rowspan="2">变频器传输端子</td><td rowspan="5">通过 RS-485 端子，进行 RS-485 通信。遵守标准：EIA-485（RS-485）。通信方式：多站点通信。通信速率：300～38 400bit/s。最长距离：500m</td></tr>
<tr><td>TXD−</td></tr>
<tr><td>RXD+</td><td rowspan="2">变频器接收端子</td></tr>
<tr><td>RXD−</td></tr>
<tr><td>SG</td><td>接地</td></tr>
<tr><td>USB</td><td colspan="2">—</td><td>USB 连接器</td><td>与个人电脑通过 USB 连接后，可以实现 FR-Configrator 的操作。接口：支持 USB1.1。传输速度：12Mbit/s。连接器：USB B 连接器（B 插口）</td></tr>
</table>

FR-A700 系列变频器的操作面板 FR-DU07 如图 4-5 所示，图中上半部为面板显示区，下半部为各种功能按键。

变频器操作面板各按键的功能见表 4-5，显示区各运行指示灯的含义见表 4-6。

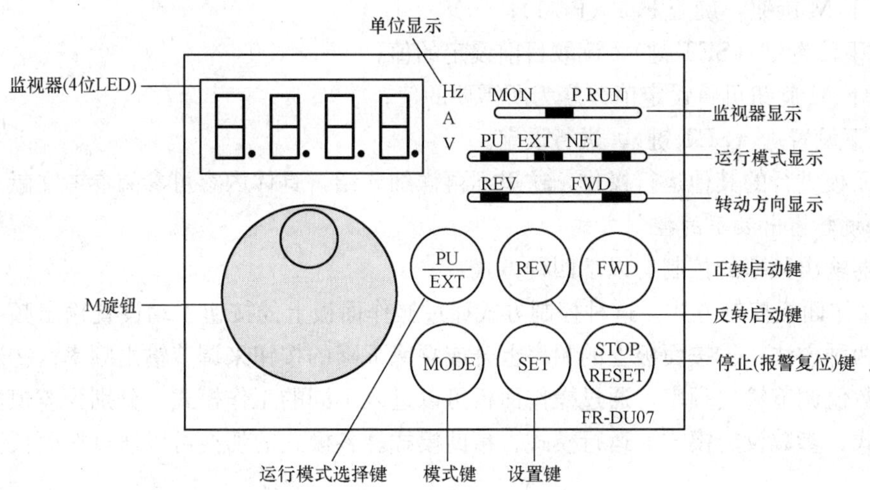

图 4-5　FR-A700 系列变频器操作面板 FR-DU07

表 4-5　FR-DU07 按键功能说明

按　键	功　能　说　明
模式键	模式切换。切换各个设定模式
设置键	如果在运行中按下，监视器将循环显示运行频率-输出电流-输出电压
运行模式选择键	PU 运行与外部运行模式间的切换。PU：PU 运行模式；EXT：外部运行模式
M 旋钮	设置频率，改变参数的设定值
正转启动键	用于给出正转启动指令
反转启动键	用于给出反转启动指令
停止键	停止运行，也可以复位报警

表 4-6　FR-DU07 运行指示灯状态说明

运行指示灯	功　能　说　明
单位显示	Hz：显示频率时亮；A：显示电流时亮；V：显示电压时亮
运行模式显示	PU：PU 运行模式时灯亮；EXT：外部运行模式时灯亮；NET：网络运行模式时灯亮
转动方向显示	FWD：正转时灯亮；REV：反转时灯亮；灯亮：正在正转或反转；闪烁：有正转或反转指令，但无频率指令的情况
监视器显示	监视器模式时灯亮

按键中最重要的是模式键（MODE 键），它可以改变显示模式（状态）。模式有监视器/频率设定、参数设置和报警历史三种。连续按下模式键将循环显示以上的三种模式。在每种模式下，各键具有不同的功能。具体情况限于篇幅不再详述。

（2）面板的参数设定。参数改变示例，如改变 Pr. 1 上限频率。具体操作步骤如下：

1）接通电源，画面变为显示监视器；

2）按下运行模式选择键（PU/EXT 键）切换到 PU 运行模式；

3）按下模式键（MODE 键），切换到参数设置模式；

4）按下M旋钮，旋至P.1（Pr.1）；

5）按下设置键（SET键），读取目前设定的值；

6）按下M旋钮可将设定值改变为所需要的值；

7）按下设置键（SET键），进行设定。

通过面板进行的其他运行操作，这里不再详细介绍，具体内容可参阅参考文献。

3. 变频器输出频率的控制方式

变频器输出频率的控制有以下四种方式：

（1）操作面板控制方式。这种控制方式通过操作面板上的按钮手动设置输出频率。具体操作又有两种方法：①按面板上的频率上升或频率下降的按钮来调节输出频率；②通过直接设定频率数值调节输出频率。通过操作面板可以进入不同的工作模式，分别为监视模式、频率设定模式、参数设定模式、运行模式、帮助模式。各模式的切换可以通过按面板上的模式键来实现。

（2）外输入端子数字量频率选择操作方式。变频器常设有多段频率选择功能，各段频率值通过功能码设定，频率段的选择通过外部端子进行。变频器通常在控制端子中设置一些控制端，这些端子的接通组合可以通过外部设备如PLC控制来实现。

（3）外输入端子模拟量频率选择操作方式。为了方便与输出量为模拟电流或电压的调节器、控制器的连接，变频器还设有模拟量输入/输出端。当接在这些端口上的电流或电压量在一定范围内平滑变化时，变频器的输出频率也在一定范围内平滑变化。

（4）数字通信操作方式。为了方便与网络接口连接，变频器一般都设有网络接口，并可以通过通信方式接收频率控制指令。不少变频器厂家还为自己的变频器与PLC通信设计了专用的通信协议，如西门子公司的USS协议即是西门子MM400系列变频器的专用通信协议。

4. 变频器重要参数及其功能介绍

变频器参数的数量非常巨大（一般都有上千个），但重要的参数主要包括以下六类：

（1）U/f类型的选择。包括上限频率、基准频率和转矩类型等。最高频率是变频器—电动机系统可以运行的上限频率。由于变频器自身的上限频率可能较高，当电动机允许的上限频率低于变频器的上限频率时，应按电动机及其负载的要求进行设定。基准频率是变频器对电动机进行恒功率控制和恒转矩控制的分界线，应按电动机的额定电压设定。转矩类型指的是负载是恒转矩负载还是变转矩负载。用户根据变频器使用说明书中的U/f类型图和负载的特点，选择其中的一种类型。根据电动机的实际情况和实际要求，来设定上限频率和基准频率，基准频率一般设定为工频50Hz。

（2）调整启动转矩。调整启动转矩是为了改善变频器启动时的低速性能，使电动机输出的转矩能满足生产启动的要求。在异步电动机变频调速系统中，转矩的控制较复杂。在低频段，由于电阻、漏电抗的影响不容忽略，若仍保持U/f为常数，则磁通将减小，进而减小了电动机的输出转矩。为此，在低频段要对电压进行适当补偿以提升转矩。可是，漏阻抗的影响不仅与频率有关，还和电动机电流的大小有关，准确补偿是很困难的。近年来国外开发了一些能自行补偿的变频器，但所需计算量大，硬件、软件都较复杂，因此一般变频器均需由用户进行人工设定补偿。

（3）设定加、减速时间。电动机的加速度取决于加速转矩，而变频器在启、制动过程中的频率变化率则由用户设定。电动机转动惯量、电动机负载变化按预先设定的频率变化率升速或减速时，有可能出现加速转矩不够，从而造成电动机失速，即电动机转速与变频器输出频率不协调，从而造成过电流或过电压。因此，需要根据电动机转动惯量和负载合理设定加、减速时间，使变频器的频率变化率能够与电动机转速变化率相协调。一般按照经验来进行加、减速时间设定。若在启动过程中出现过电流，则可适当延长加速时间；若在制动过程中出现过电流，则适当延长减速时间。另外，加、减速时间不宜设得太长，时间太长将影响生产效率，特别是需频繁启、制动时。

(4) 频率跨跳。U/f 控制的变频器驱动异步电动机时，在某些频率段电动机的电流、转速会发生振荡，严重时系统无法运行，甚至在加速过程中出现过电流保护动作使得电动机不能正常启动，在电动机轻载或转动量较小时更为严重。因此通用变频器均备有频率跨跳功能，用户可以根据系统出现振荡的频率点，在 U/f 曲线上设置跨跳点及跨跳点宽度。当电动机加速时可以自动跳过这些频率段，保证系统正常运行。

(5) 过负载率设置。该设置用于变频器和电动机过负载保护。当变频器的输出电流大于过负载率设置值和电动机额定电流确定的过载设定值时，变频器则以反时限特性进行过负载保护（OL）。过负载保护动作时，变频器停止输出。

(6) 电动机铭牌参数的输入。变频器的参数输入项目中有一些是电动机基本参数的输入，如电动机的功率、额定电压、额定电流、额定转速、极数等。这些参数的输入非常重要，将直接影响变频器中一些保护功能的正常发挥，一定要根据电动机的实际参数正确输入，以确保变频器的正常使用。

变频器可以在初始设定值不作任何改变的状态下实现单纯的可变速运行。一般需要根据负荷或运行规格等设定必要的参数。通过操作面板（FR-DU07）可以进行参数的设定、改变及确认操作。FR-A700 系列变频器部分重要参数的参数号、名称、设定范围、最小设定值和初始值等见表 4-7。

表 4-7　　FR-A700 部分重要参数简表

项目	参数号	名　称	设定范围	最小设定单位	初始值
基本功能	0	转矩提升	0~30%	0.1%	6/4/3/2/1%①
	1	上限频率	0~120Hz	0.01Hz	120/60Hz②
	2	下限频率	0~120Hz	0.01Hz	0Hz
	3	基准频率	0~400Hz	0.01Hz	50Hz
	4	多段速设定（高速）	0~400Hz	0.01Hz	50Hz
	5	多段速设定（中速）	0~400Hz	0.01Hz	30Hz
	6	多段速设定（低速）	0~400Hz	0.01Hz	10Hz
	7	加速时间	0~3600/360s	0.1/0.01s	5/15s
	8	减速时间	0~3600/360s	0.1/0.01s	5/15s
	9	电子过电流保护	0~500/0~3600A②	0.01/0.1A②	额定电流
加减速时间	20	加减速基准频率	1~400Hz	0.01Hz	50Hz
	21	加减速时间单位	0，1	1	0

续表

项目	参数号	名 称	设定范围	最小设定单位	初始值
多段速度及补偿设定	24～27	多段速设定（4～7速）	0～400Hz，9999	0.01Hz	9999
	28	多段速输入补偿选择	0，1	1	0
加减速曲线	29	加减速曲线选择	0～5	1	0
频率跳变	31	频率跳变1A	0～400Hz，9999	0.01Hz	9999
	32	频率跳变1B	0～400Hz，9999	0.01Hz	9999
	33	频率跳变2A	0～400Hz，9999	0.01Hz	9999
	34	频率跳变2B	0～400Hz，9999	0.01Hz	9999
	35	频率跳变3A	0～400Hz，9999	0.01Hz	9999
	36	频率跳变3B	0～400Hz，9999	0.01Hz	9999
报警代码	76	报警代码选择输出	0，1，2	1	0
参数写入	77	参数写入选择	0，1，2	1	0
操作模式	79	操作模式选择	0～7	1	0
电机参数	80	电动机容量	0.4～55kW，9999/0～3600kW，9999②	0.01/0.1kW②	9999
	81	电动机极数	2，4，6，8，10，12，14，16，18，20，112，122，9999	1	9999
	82	电动机励磁电流	0～500A，9999/0～3600kW，9999②	0.01/0.1A②	9999
	83	电动机额定电压	0～1000V	0.1V	200/400V
	84	电动机额定频率	10～120Hz	0.01Hz	50Hz
	85	速度控制增益	0～200%，9999	0.1%	9999
PID运行	127	PID控制自动切换频率	0～400Hz，9999	0.01Hz	9999
	128	PID动作选择	10，11，20，21，50，51，60，61	1	10
	129	PID比例带	0.1%～1000%，9999	0.1%	100%
	130	PID积分时间	0.1～3600s，9999	0.1s	1s
	131	PID上限	0～100%，9999	0.1%	9999
	132	PID下限	0～100%，9999	0.1%	9999
	133	PID动作目标值	0～100%，9999	0.01%	9999
	134	PID微分时间	0.01～1000s，9999	0.01s	9999
第2功能	135	工频电源切换输出端子选择	0，1	1	0
	136	MC切换互锁时间	0～1000s	0.1s	1s
	137	启动等待时间	0～100s	0.1s	0.5s
	138	异常时的工频切换选择	0，1	1	0
	139	变频/工频自动切换选择	0～60Hz，9999	0.01Hz	9999

续表

项目	参数号	名　称	设定范围	最小设定单位	初始值
输入端子功能的分配	178	STF 端子功能选择	0～20，22～28，37，42～44，60，62，64～71，9999	1	60
	179	STR 端子功能选择	0～20，22～28，37，42～44，60，61，64～71，9999	1	61
	180	RL 端子功能选择	0～20，22～28，37，42～44，62，64～71，9999	1	0
	181	RM 端子功能选择		1	1
	182	RH 端子功能选择		1	2
	183	RT 端子功能选择		1	3
	184	AU 端子功能选择	0～20，22～28，37，42～44，62～71，9999	1	4
	185	JOG 端子功能选择	0～20，22～28，37，42～44，62，64～71，9999	1	5
	186	CS 端子功能选择		1	6
	187	MRS 端子功能选择		1	24
	188	STOP 端子功能选择		1	25
	189	RES 端子功能选择		1	62
输出端子功能的分配	190	RUN 端子功能选择	0～8，10～20，25～28，30～36，39，41～47，64，70，84，85，90～99，100～108，110～116，120，125～128，130～136，139，141～147，164，170，184，185，190～199，9999	1	0
	191	SU 端子功能选择		1	1
	192	IPF 端子功能选择		1	2
	193	OL 端子功能选择		1	3
	194	FU 端子功能选择		1	4
	195	ABC1 端子功能选择	0～8，10～20，25～28，30～36，41～47，64，70，84，85，90，91，94～99，100～108，110～116，120，125～128，130～136，139，141～147，164，170，184，185，190，191，194～199，9999	1	99
	196	ABC2 端子功能选择		1	9999
多段速度设定	232～239	多段速度设定（8～15 速）	0～400Hz，9999	0.01Hz	9999
RS－485 通信	331	RS－485 通信站号	0～31（0～247）	1	0
	332	RS－485 通信速率	3，6，12，24，48，96，192，384	1	96
	333	RS－485 通信停止位长	0，1，10，11	1	1
	334	RS－485 通信奇偶校验选择	0，1，2	1	2
	335	RS－485 通信再试次数	0～10，9999	1	1
	336	RS－485 通信校验时间间隔	0～999.8s，9999	0.1s	0s
	337	RS－485 通信等待时间设定	0～150ms，9999	1	9999

续表

项目	参数号	名　称	设定范围	最小设定单位	初始值
通信	549	协议选择	0，1	1	0
	550	网络模式操作权选择	0，1，9999	1	9999
	551	PU 模式操作权选择	1，2，3	1	2

① 随容量不同设定值各不相同（0.4、0.75/1.5～3.7、5.5、7.5/11～55/75kW 以上）。

② 随容量不同设定值各不相同（55kW 以下/75kW 以上）。

5. 变频器的控制模式

FR－A700 系列变频器可以选择 U/f 控制（初始设定）、先进矢量控制、实时无传感器控制、矢量控制等控制模式。

(1) U/f 控制。指当频率（f）可变时，控制频率与电压（U）的比率保持恒定。

(2) 先进磁通矢量控制。指进行频率和电压的补偿，通过对变频器的输出电流实施矢量演算，分解为励磁电流和转矩电流，以便流过与负荷转矩相匹配的电流。

(3) 实时无传感器矢量控制。通过推断电动机速度，实现具备高精度电流控制功能的速度控制和转矩控制。有必要实施高精度、高响应的控制时可以选择实时无传感器矢量控制，并实施离线自动调谐及在线自动调谐。

该控制适用场合包括：①负荷的变动较剧烈但希望将速度的变动控制在最小范围；②需要低速转矩时；③为防止转矩过大导致机械破损（转矩限制）时；④欲实施转矩控制时。

(4) 矢量控制。安装 FR－A7AP，并与带有 PLG 的电动机配合可实现真正意义上的矢量控制，可进行高响应、高精度的速度控制（零速控制、伺服锁定）、扭矩控制、位置控制。

矢量控制相对于 U/f 控制等其他控制方法，控制性能更加优越，可达到与直流电动机相同的控制性能。

矢量控制适用场合包括：①负荷的变动较剧烈但希望将速度变动控制在最小范围；②需要低速转矩时；③为防止转矩过大导致机械损伤（转矩限制）时；④欲实施转矩控制和位置控制时；⑤在电动机轴停止的状态下，对产生转矩的伺服锁定转矩进行控制时。

第二节　伺服放大器基本原理和应用技术

一、伺服控制系统概述

伺服位置控制系统最初应用于船舶驾驶和火炮控制，后来逐渐推广到很多领域，如天线位置控制、制导及导航、数控机床和机器人等。最常见的伺服位置控制系统就是伺服系统(Servo-mechanism)。广义的伺服系统是指精确地跟随或复现某个过程的反馈控制系统，又称为随动系统。在很多情况下，伺服控制系统这个术语一般只狭义地应用于利用反馈和误差修正信号对位置及其派生参数（如速度和加速度）进行控制的场合，其作用是使输出控制的机械位移准确地实现输入的位移指令，达到位置的精确控制和轨迹的准确跟踪。

（一）国内外伺服控制技术发展概况

近年来国内外发展了多种伺服控制技术。由于高速切削、超精密加工、网络制造等先进技术的发展，具有网络接口的全数字交流伺服驱动系统、直线伺服系统及高速电主轴等成为机床行业的关注热点，并将成为伺服驱动系统的发展方向。在交流伺服系统中，电动机的类型主要有永磁同步交流伺服电动机（PMSM）和感应异步交流伺服电动机（IM），其中，永磁同步电动机具备十分优良的低速性能，可以实现弱磁高速控制，调速范围宽广，动态特性和效率都很高，已经成为伺服系统的主流之选。而感应异步交流伺服电动机虽然结构坚固、制造简单、价格低廉，但是在特性上和效率上与前者存在差距，只在大功率场合得到重视。

整个交流伺服系统的性能指标可以从调速范围、定位精度、稳速精度、动态响应和运行稳定性等方面来衡量。低档的伺服系统调速范围在 1∶1000 以上，一般的在 1∶5000～1∶10 000，高性能的可以达到 1∶10 000 以上。定位精度一般都要达到±1 个脉冲，稳速精度尤其是在低速下的稳速精度比，例如给定 1r/min 时一般的系统在±0.1r/min 以内，高性能的系统可以达到±0.01r/min 以内。动态响应方面，通常衡量的指标是系统最高响应频率，即给定最高频率的正弦速度指令，系统输出速度波形的相位滞后不超过 90°或者幅值不小于 50%。日本三菱伺服电动机 MR－J3 系列的响应频率高达 900Hz，国内主流产品的频率可达 200～500Hz。在运行稳定性方面，主要是指系统在电压波动、负载波动、电动机参数变化、上位控制器输出特性变化、电磁干扰以及其他特殊运行条件下，系统维持稳定运行并保证一定的性能指标的能力。这方面我国产品包括部分台湾产品和世界先进水平相比差距仍较大。

在控制策略上，基于电机稳态数学模型的电压频率控制方法和开环磁通轨迹控制方法都难以达到良好的伺服特性，目前普遍应用的是基于永磁电动机动态解耦数学模型的矢量控制方法，这是现代伺服系统的核心控制方法。虽然人们为了进一步提高系统控制特性和稳定性，提出了反馈线性化控制、滑模变结构控制、自适应控制等理论，还有不依赖数学模型的模糊控制和神经网络控制方法，但是大多是在矢量控制的基础上才能附加应用这些控制方法。此外，高性能伺服控制必须依赖高精度的转子位置反馈，人们一直希望取消这个环节，现已研制发展了无位置传感器技术。至今，在商品化的产品中，采用无位置传感器技术只能达到大约 1∶100 的调速比，它可以用在一些低档的、对位置和速度精度要求不高的伺服控制场合中，如单纯追求快速启动、停止和制动的缝纫机伺服控制系统，因此这项技术的高性能化目前还有很长的路要走。

1. 高精高速伺服系统特点

（1）高速光纤通信网络连接。如今三菱、FANUC（法那科）等数控厂家的高档数控系统（高速高精、双系统）装置单元中 CNC 的单元、高速 PLC、数字交流伺服单元等部件都采用高速光纤通信网络连接，而数字交流伺服单元控制部件要求在功能上支持光纤伺服通信驱动连接进行传送高速数字信号，使用最尖端的硬件技术大幅度地提高了 CNC 和伺服控制器的性能。

（2）完全纳米指令控制器。三菱 FANUC 等数控厂家的高档数控系统率先采用纳米控制，以纳米级为单位进行的精密计算和最先进的伺服技术，可实现高速高精加工，完全纳米控制可以降低加/减速度波动，改善加工纹路。

（3）高速高分辨率编码器。三菱、FANUC 等数控厂家的高档数控系统伺服单元支持的检测器有高速串行 PLG、200～16 000k PLS/r 的检测器、高精度 C 轴检测器。

（4）高速伺服处理能力。如三菱的伺服采用世界最快电流回路即高增益控制 II、SSS

控制。

(5) 高速高精度加工。三菱、FANUC等数控厂家的高档数控系统在高速高精加工方面采用最前沿的综合控制技术，实现完全纳米控制。

控制策略主要有以下四种方法：

1) 采用放大器高速处理过程中创建平滑前馈指令、精细纳米指令、内置抑制机械振动的共振滤波器等技术，可以使前馈控制达到100%，实现切削与指令的完全跟随。

2) 使用精密机械模式预测及控制机械端的补偿。

3) 电动机高速运动时，对于由丝杠弹力系数产生的变化进行补偿，对于大惯性系数渐增大情况时的Lost Motion补偿，以及补偿由于位置变动产生的动摩擦变化。

4) 伺服轴因采用高速的光纤通信伺服网络连接，其在伺服网络上可直接检测并补偿主轴跟随延迟，实现同期误差最小化。

2. 国际伺服控制技术发展现状和发展趋势

全数字化是伺服控制技术发展的必然趋势。全数字化包括：①伺服驱动内部控制的数字化；②伺服驱动到数控系统接口的数字化；③测量单元数字化。伺服驱动单元内部位置、转速、电流三环的全数字化及网络控制连接接口、编码器到伺服驱动的数字化连接接口，成为全数字化的重要标志。全数字交流伺服技术的飞速发展，也使得用伺服驱动器可以根据负载状况，如惯量、间隙、摩擦力等自动调整控制器参数。采用串行总线传输技术实现CNC对伺服驱动单元的高速、高精控制。采用现场总线的数字化控制接口，是伺服驱动装置实现高速、高精控制的必要条件。近年来国外公司纷纷推出各自的数字接口协议和标准，如日本FANUC公司推出的串行伺服总线FSSB、日本三菱推出的CC-Link总线、德国西门子公司推出的Profibus-DP总线、德国REXROTH（力士乐）推出的SERCOS总线等。

更加关注伺服的动态特性，高分辨率编码器成为减少伺服驱动系统转矩脉动的技术手段。德国HEIDENHAIN（海德汉）公司对不同分辨率的编码器对转矩脉动的影响进行了研究，并通过提高编码器分辨率，大大减少了伺服驱动的转矩脉动。德国HEIDENHAIN公司将各种类型的编码器，如绝对式、增量式和正余弦编码器的细分功能，都统一到EnDae2.2编码器连接协议中。细分过程在编码器内部完成，通过数字接口和伺服驱动连接起来。

采用高速微处理器和高速数字信号处理算法进一步提高伺服驱动性能。采用新型高速微处理器，特别是DSP（数字信号处理器）控制器，使运算速度呈几何级数上升，从而实现伺服驱动内部三环的高速实时控制，达到高响应、高性能和高可靠性控制的伺服控制要求。利用DSP控制器的高速处理能力，完成速度前馈、加速度前馈控制，并实现低通滤波、凹陷滤波等高速数字滤波算法。

高精度、高动态响应、高刚性、高过载能力、高可靠性、高电磁兼容性、高电网适应能力、高性价比成为现代伺服驱动装置的评价指标。日本FANUC公司推出了HRV4伺服控制控制技术，其特点为：①在任何时刻均采用纳米层次的位置指令，使用16 000k PLS/r的高分辨率的脉冲编码器，完成了精密级加工精度（1～1.5μm）向超精密加工（0.01μm）精度转换，实现了纳米精度的伺服控制；②HRV4超高速伺服控制处理器所控制的电动机转速可达到60 000r/min；③HRV4控制算法可使伺服电动机的最大控制电流减少50%，并减

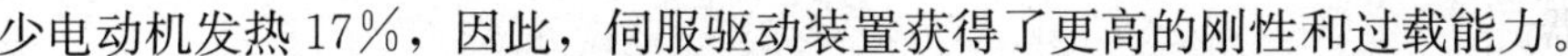

少电动机发热17%，因此，伺服驱动装置获得了更高的刚性和过载能力。

电子电力技术的发展，使得伺服系统功率主电路元件的开关频率提高到15～20kHz以上。大功率IGBT（绝缘栅型双极性晶体管）和IPM（智能控制功率模块）等先进器件的采用，大大减少了伺服驱动器输出回路的功耗，提高了系统的响应速度和平稳性，降低了运行噪声。这些不仅为交流伺服全数字化、高速度、高精度奠定了基础，还使得交流伺服系统趋于小型化。

3. 国内伺服控制技术发展和现状

近年来在国家不断组织科技攻关的同时，一些民营高科技公司也为发展我国伺服控制技术注入了新鲜的活力，已有华中数控公司、广州数控设备有限公司等一批企业开发研制并批量生产出了永磁同步电动机伺服驱动系统，为我国经济性数控机床的快速发展奠定了坚实基础。

我国目前生产的永磁同步电动机伺服驱动系统，进给伺服功率范围达到了20W～7.5kW，主轴伺服功率范围达到了3.5～22kW，在性能和质量方面有了很大提高。驱动器的硬件普遍采用专用DSP、大规模FPGA（现场可编程逻辑阵列）和IPM。具有完备的短路、过电流、过电压、欠电压、泵升、过热等多种故障的软、硬件保护功能，并且操作简单、可靠性高、体积小、易于安装。

为适应我国目前的电网质量，部分产品的电压适用范围达到了±20%，超出了国家标准要求的产品电压范围为－15%～＋10%规定。我国伺服驱动系统的产品性能、产品可靠性方面与国外产品还存在着一定差距。特别是在全数字化的高性能伺服驱动技术方面，与国外名牌企业仍存在较大的差距，已成为制约我国发展中高档数控系统产业的“瓶颈”问题。主要体现在，伺服驱动系统基本不具备高速数字化网络接口，伺服驱动装置上大量采用的脉冲式控制接口受脉冲频率的限制，无法满足高速、高精控制的要求。

综合上面的介绍，目前国产伺服驱动系统与国外相比差距仍然较大，尤其在高速、高刚度、大功率电主轴及驱动装置、大扭矩力矩电动机及驱动装置、大推力直线电动机及驱动装置等方面。

当今数控机床突出高速、高精、高动态、高刚性的特点，对位置系统的要求包括定位速度和轮廓切削进给速度、定位精度和轮廓切削精度、精加工的表面粗糙度和在外界干扰下的稳定性等。这些要求的满足主要取决于伺服系统的静态、动态特性。伺服产品未来将向着采用更高精度的编码器（可达百万脉冲每转级），更高采样精度和数据位数、速度更快的DSP，无齿槽效应的高性能旋转电动机、直线电动机，以及应用自适应、人工智能等各种现代控制策略的方向发展。

（二）伺服控制系统的结构、分类和常用控制方式

1. 伺服控制系统的结构

位置控制系统的结构和组成与其他形式的反馈控制系统没有原则上的区别。一个典型的位置控制系统，主要由以下五部分组成：

(1) 位置检测元件。其将位置量参数转换为电信号，可由仪表转换为数据指示，形成反馈通道给控制器提供决策的依据。位置检测器可采用光电编码器、旋转编码器和感应同步器等构成。

(2) 位置调节器。可以根据位置偏差信号实现位置的精确控制。

(3) 速度控制器。

(4) 伺服放大器。可以实现输出给定位置信号的功率和幅值的放大。

(5) 执行机构。如使用永磁式同步交流伺服电动机或直流伺服电动机等作为带动负载的执行机构。

从位置控制系统的组成可以看出，位置控制系统是一种与调速控制系统有着紧密联系但又明显不同的系统。首先，它们都是反馈控制系统，通过对系统的输出量和给定量进行比较组成闭环控制，两者的控制原理是相同的。但是，对于调速系统来说，人们希望有足够的调速范围、稳速精度和快且平稳的启动、制动性能。调速系统的主要控制目标是使转速尽量不受负载变化、电源电压波动及环境温度等干扰因素的影响。而对于位置控制系统，一般是以足够的位置控制精度、轨迹跟踪精度和足够快的跟踪速度和位置保持能力（伺服刚度）来作为它的主要控制目标。伺服系统运行时要求能以一定的精度随时跟踪指令的变化，因此系统运行中伺服电动机的运行速度是不断变化的，也就是位置控制系统对跟随性能的要求要比普通的速度控制系统高而且严格得多。

另外，我们知道，直流调速系统一般是双闭环结构。而一般情况下交流伺服控制系统则包括三个闭环，也就是包含三个闭环负反馈组成的 PID 调节器。

第一个环即最里面的环是电流环。这个环路完全在伺服驱动器内部进行，通过霍尔装置检测驱动器和电动机的各相输出电流负反馈给电流的设定，进行 PID 调节，从而达到输出电流尽量接近等于设定电流。电流环就是控制电动机转矩的，所以在转矩模式下驱动器的运算最小，动态响应最快。

第二个环是速度环。通过检测的电动机编码器的信号来进行负反馈 PID 调节，它的环内 PID 输出直接由电流环给定，所以速度环控制时既包含速度环又包含电流环。换句话说，任何模式都必须使用电流环，电流环是伺服控制系统的基础，在速度和位置控制的同时实际也在进行电流（转矩）的控制，以达到对速度和位置的相应控制。

第三个环即最外面的环是位置环。这个闭环可以在驱动器和电动机编码器间构建，也可以在外部控制器和电动机编码器或最终驱动的负载间构建，要视实际情况而定。由于位置环的输出就是速度环的给定，因此在位置控制模式下系统进行了所有三个环的运算。此时的系统运算量最大，动态响应速度也最慢。

2. 伺服控制系统的分类

随着科学技术的发展，组成伺服控制系统的新型元件不断出现，伺服系统的类型也日益增多。按照不同的方法分类，可以有不同类型的位置控制系统。常用的分类方法有以下两种：

(1) 按伺服控制系统中位置环的特点分类，可分为半闭环和全闭环伺服控制系统两种。

1) 半闭环位伺服控制系统的构成如图 4-6 所示。

2) 全闭环伺服控制系统的构成如图 4-7 所示。

(2) 按伺服控制系统信号特点分类，可分为模拟式、半数字式和全数字式三种。

1) 模拟式位置控制系统。系统中各种参量都是连续变化的模拟量，其位置检测器可采用电位器、自整角机、旋转变压器等。此种控制系统一般是在调速系统的基础上增加一个位置环组成。利用靠模作为位置指令的仿形车床就是一个模拟式位置控制系统的应用例子。

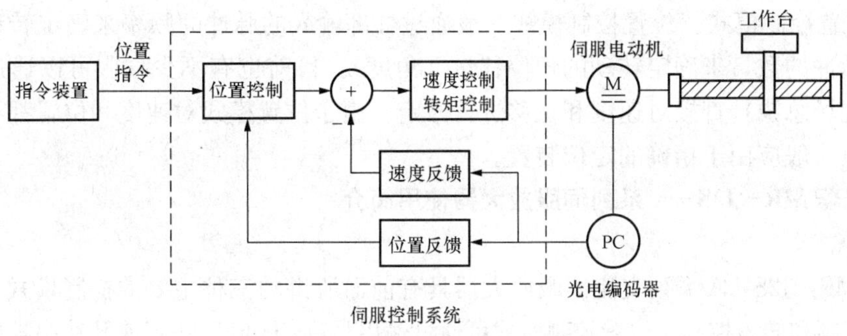

图 4-6　半闭环伺服控制系统构成

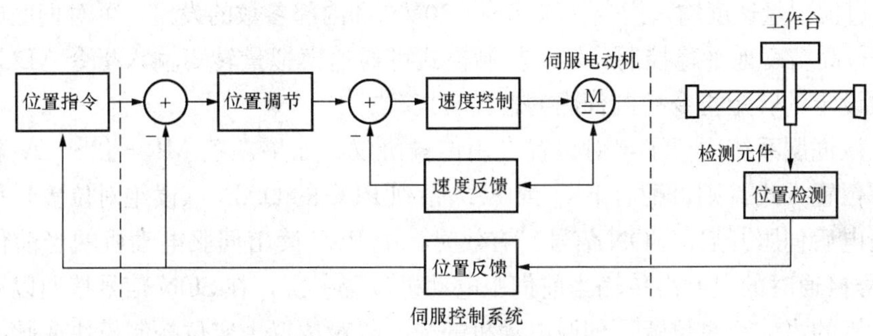

图 4-7　全闭环伺服控制系统构成

2）半数字式位置控制系统。半数字式位置控制系统也称为软件位置伺服系统，是指系统除了电流环仍保留模拟结构外，位置、速度控制均由微处理器通过控制软件实现。

3）全数字式位置控制系统。位置环、速度环和电流环都是数字式的，系统所有的控制调节全部由软件完成，最后直接输出逻辑电平型的脉宽调制控制信号驱动功率放大器对伺服电动机进行电压控制，完成位置控制任务。

3. 伺服放大器的控制模式

一般来讲，伺服放大器有三种控制模式，即速度控制模式、转矩控制模式和位置控制模式。

（1）转矩控制模式。转矩控制模式是通过外部模拟量的输入或直接的地址赋值来设定电动机轴对外输出转矩的大小。具体表现为：如 10V 对应 5N·m 的话，则外部模拟量设定为 5V 时电动机轴输出转矩为 2.5N·m；且电动机轴负载转矩低于 2.5N·m 时电动机正转，外部负载转矩等于 2.5N·m 时电动机不转，负载转矩大于 2.5N·m 时则电动机反转（通常在有重力负载情况下产生）。可以通过即时地改变模拟量的给定来改变给定的力矩大小，也可通过通信方式改变对应地址的数值来实现。转矩控制主要应用于对材质的受力有严格要求的缠绕卷取和放卷的系统（张力控制系统）中。例如用于绕线装置或拉光纤设备，转矩的给定要根据缠绕的半径变化随时改变，以确保材质的受力不会随缠绕半径的变化而改变。

（2）速度控制模式。通过模拟量的输入或脉冲的频率都可以进行转动速度的控制，在有上位控制装置的外环 PID 控制时，速度模式也可以进行定位，但必须把电动机的位置信号或直接负载的位置信号反馈给上位控制装置以进行调节运算。位置模式也支持直接负载外环检测位置信号，此时的电动机轴端的编码器只检测电动机转速，位置信号就由直接的最终负载端的检测装置来提供。这种模式可以减少中间传动过程中的误差，增加整个系统的定位精度。

(3) 位置控制模式。位置控制模式一般通过外部输入的脉冲的频率来确定转动速度的快慢，通过脉冲的数量来确定转动的角位移量（角度）。目前也有不少伺服可以通过数字通信方式（如现场总线）直接对速度和位移进行给定。由于位置模式对速度和位置都有很严格的控制，所以一般应用于精确的定位装置。

二、三菱 MR－J2S－A 系列伺服放大器使用简介

1. 概况

三菱 MR－J2S－A 系列交流伺服放大器具有前面所讲的三种主要的控制模式，即位置控制、速度控制和转矩控制。位置控制模式可通过输出最高 500kHz 的高速脉冲串控制电动机速度，方向由伺服放大器的 CN1A 插脚 PP 和 NP 控制，其中 PP 为正方向，NP 为反方向；速度控制模式通过模拟量速度输入指令（DC 0～±10V）和内部参数的设定，可对伺服电动机的速度和方向进行高精度地平稳控制；转矩控制模式可通过模拟量转矩输入指令（DC 0～±8V）或内部参数设定的转矩指令控制伺服的输出转矩。

同时，该伺服系统内置了绝对位置专用传输协议。如果三菱 MR－J2S－A 系列的伺服系统工作在位置方式，则可配合 FX_{1N}或 FX_{2N}系列 PLC 的 DABS（读绝对位置）指令，在伺服驱动器通电后伺服开启（SON 信号）有效时，由 PLC 读出伺服电动机的当前位置。但仅在 SON 信号接通时的上升沿传输当前伺服电动机位置一次，在 SON 信号接通以后将不再传输伺服电动机的当前绝对位置。伺服电动机的当前绝对位置由定位控制模块或脉冲发生单元发出的脉冲数来确定。

MR－J2S－40A 型伺服放大器的功能特点如下：

(1) 高分辨率编码器。采用分辨率为 131 072 PLS/r 的高性能编码器。

(2) 绝对位置系统。只要进行一次原点设置，便可在以后电源接通时不经原点复位也可以工作。

(3) 增益切换功能。可在伺服电动机运行和停止时采用不同的增益，也可通过外部端子在运行中切换增益。

(4) 自适应振动抑制控制。自适应振动抑制控制是指伺服放大器检测出机械的共振点后，自动设置滤波特性以抑制机械系统的振动。

(5) 低通滤波器。可抑制在伺服放大器响应速度过高时可能产生的机械共振。

(6) 机械分析器功能。使用装有伺服设置软件的个人计算机时，可对机械系统的共振频率和特性进行分析。

(7) 机械模拟器。根据机械分析器的测定结果，可在个人计算机上模拟机械的运行。

(8) 增益搜寻功能。通过个人计算机可以自动改变增益，在短时间内找出无超调的增益值。

(9) 振动抑制控制。在伺服电动机时，抑制＋/－脉冲信号所导致的振动。

(10) 电子齿轮。可将输入脉冲减小或放大 0.02～500 倍。

(11) 自动调整。即使加在伺服电动机轴上的负载有变化，也能将伺服放大器的增益调至最优。它比 MR－J2－A 系列伺服放大器的自动调整具有更好的性能。

(12) 位置斜坡功能。可实现平稳地加速，以响应脉冲串输入信号。

(13) 指令脉冲选择。可选择 4 种脉冲串输入类型。

(14) 输入信号选择。可将正向启动、反向启动、伺服开启等输入功能定义到任何针脚。

(15) 转矩限制。限制伺服电动机的输出转矩。

(16) 状态显示。可将伺服放大器的状态显示在 5 位 7 段数码管上。

2. 外部端子接线及其功能

(1) 端子接线。三菱 MR－J2S－A 系列交流伺服放大器出厂时默认的外部端子接线如图 4－8

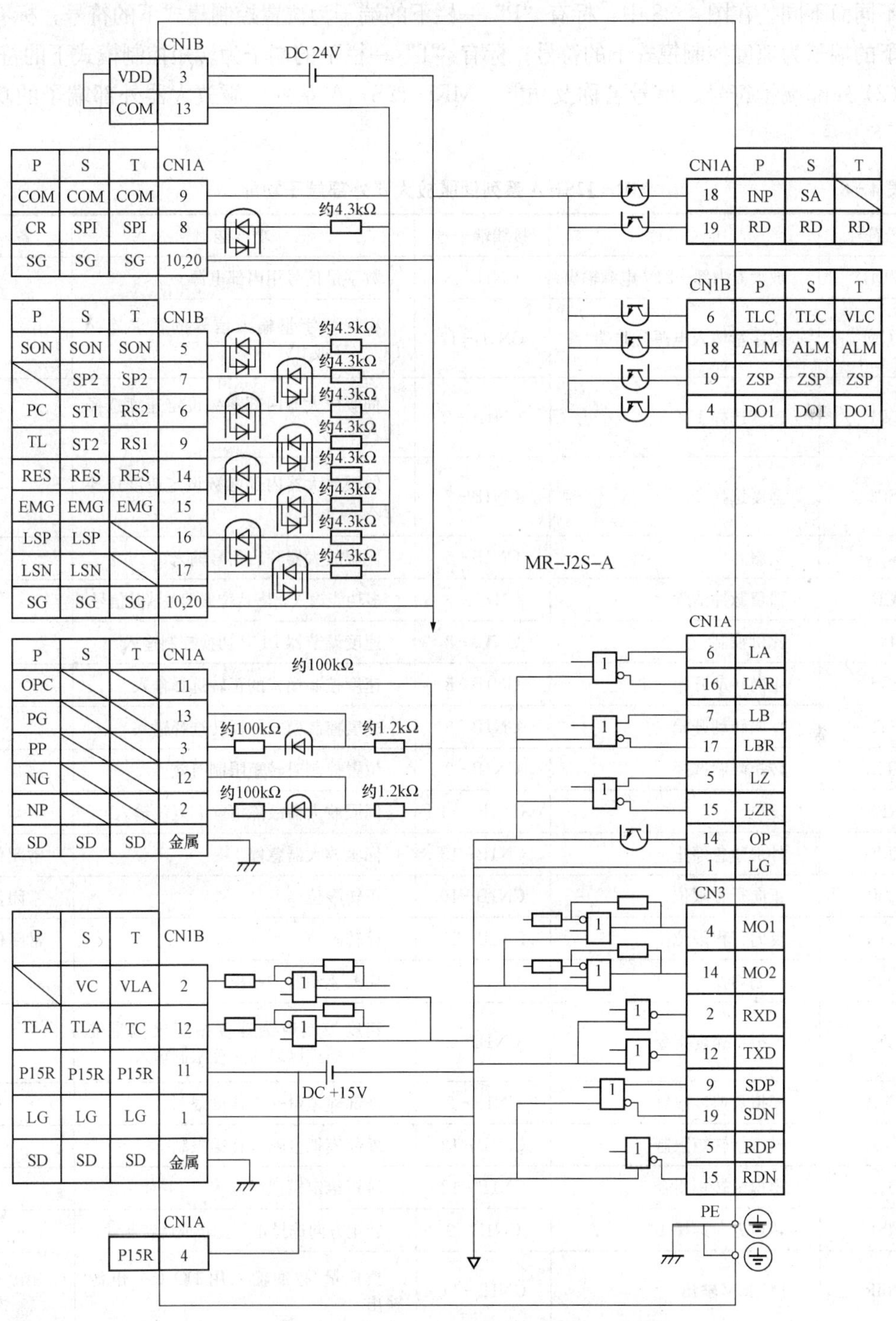

图 4－8　MR－J2S－A 系列交流伺服放大器外部端子接线

所示。因为MR-J2S-A系列交流伺服放大器有位置控制、速度控制、转矩控制三种控制模式，所以要使其工作在某种具体的控制模式下时需要对它的外部端子接线加以调整改动。三种控制模式的具体接线图读者可参见三菱伺服放大器的使用手册。

MR-J2S-A系列伺服放大器端子功能及符号随其内部参数No.0（控制模式选择）设定值的不同而不同。在图4-8中：标有“P”一栏下的端子为位置控制模式下的符号；标有“S”一栏下的端子为速度控制模式下的符号；标有“T”一栏下的端子为转矩控制模式下的符号。

（2）外部端子符号、信号名称及功能。MR-J2S-A系列伺服放大器外部端子的功能见表4-8。

表4-8　MR-J2S-A系列伺服放大器外部端子功能

端子符号	信号名称	接线端子号	功能	备注
VDD	放大器内部+24V电源输出	CN1B-3	数字量信号用内部电源	
COM	数字量输入电源公共端	CN1B-13	根据数字量输入信号的要求连接DC 24V或0V	
SP1	速度选择1	CN1A-8	伺服放大器内部参数设定速度选择输入1	
SP2	速度选择2	CN1B-7	伺服放大器内部参数设定速度选择输入2	
SON	伺服开启	CN1B-5	伺服放大器开启信号输入	
CR	滞留脉冲清除	CN1A-8	多功能输入，默认位置偏差清除信号	
PC	比例控制	CN1B-8	速度调节器PI/P切换控制输入	
ST1	正向转动开始	CN1B-8	速度控制模式的正转选择输入	
ST2	反向转动开始	CN1B-9	速度控制模式的反转选择输入	
TL	转矩限制选择	CN1B-9	位置控制时转矩限制有效	
RES	复位	CN1B-14	伺服放大器故障清除和复位输入	
EMG	外部紧急停止	CN1B-15	伺服放大器急停	常闭信号
LSP	正向行程限位	CN1B-16	正转限位	常闭信号
LSN	反向行程限位	CN1B-17	反转限位	常闭信号
LOP	控制切换	CN1B-7	切换驱动器控制模式	
VC	模拟量速度指令	CN1B-2	速度控制时为速度给定模拟量输入；转矩控制时为速度限制输入	
VLA	模拟量速度限制	CN1B-2	外部模拟量输入速度限制	
TLA	模拟量转矩限制	CN1B-12	外部模拟量输入转矩限制	
TC	模拟量转矩指令	CN1B-12	转矩给定模拟量输入	
RS1	转矩方向选择1	CN1B-9	转矩方向选择正（正转或反转制动）	
P15R	DC 15V输出	CN1B-11	模拟量/脉冲输入用DC 15V电源输出	

续表

端子符号	信号名称	接线端子号	功　能	备　注
LG	模拟量输入 0V	CN1B-1	速度给定模拟量输入 0V 连接端	
SG	数字量输出公共端	CN1B-10，20	数字量输出信号公共端	
RS2	转矩方向选择 2	CN1B-8	转矩方向选择负（反转或正转制动）	
PP	位置给定脉冲输入	CN1A-3	位置给定脉冲输入脉冲串	DC 5～24V
NP	位置给定脉冲输入	CN1A-2	位置给定脉冲输入方向	
PG	位置给定脉冲输入	CN1A-13	位置给定脉冲输入脉冲串	DC 0V
NG	位置给定脉冲输入	CN1A-12	位置给定脉冲输入方向	DC 0V
TLC	转矩限制中	CN1B-6	多功能输出，默认为转矩限制中信号	
VLC	速度限制中	CN1B-6	多功能输出，默认为速度限制中信号	
RD	伺服准备完毕	CN1A-19	伺服放大器准备好输出	
ZSP	零速	CN1B-19	多功能输出，默认转速为零信号	
INP	伺服定位完毕	CN1A-18	多功能输出，默认为定位完成信号	
SA	速度到达	CN1A-18	多功能输出，默认为速度到达信号	
ALM	故障报警	CN1B-18	故障报警输出信号	
OP	编码器 Z 相脉冲位置反馈	CN1A-14	位置反馈集电极开路零脉冲输出 PC	集电极开路
MBR	电磁制动器联锁	—	—	
LZ	编码器 Z 相脉冲	CN1A-5	编码器 Z 相脉冲	差动输出
LZR	编码器 Z 相脉冲	CN1A-15	伺服放大器位置反馈零脉冲输出 PC	
LA	编码器 A 相脉冲	CN1A-6	编码器 A 相脉冲	差动输出
LAR	编码器 A 相脉冲反馈	CN1A-16	伺服放大器 A 相位置反馈输出 PA	
LB	编码器 B 相脉冲	CN1A-7	编码器 B 相脉冲	差动输出
LBR	编码器 B 相脉冲反馈	CN1A-17	伺服放大器 B 相位置反馈输出 PB	
OPC	集电极开路输入	CN1A-11	位置脉冲为集电极开路输入时的电源	
LG	编码器 0V	CN1B-1	编码器 0V	
SD	屏蔽接线端子	—	屏蔽接地端子	
MO1	模拟量输出 1	CN3-4	模拟量输出通道 1	
MO2	模拟量输出 2	CN3-14	模拟量输出通道 2	
RXD	RS-232 数据接收	CN3-2	RS-232 数据接收端	串行通信
TXD	RS-232 数据发送	CN3-12	RS-232 数据发送端	串行通信
SDP	RS-422 数据发送	CN3-9	RS-422 数据发送端正极	串行通信
SDN	RS-422 数据发送	CN3-19	RS-422 数据发送端负极	串行通信
RDP	RS-422 数据接收	CN3-5	RS-422 数据接收端正极	串行通信
RDN	RS-422 数据接收	CN3-15	RS-422 数据接收端负极	串行通信

3. 内部参数

根据参数的安全系数和使用的频度，MR-J2-Super 伺服放大器的参数分为基本参数，扩展参数 1（No. 20～No. 49）和扩展参数 2（No. 50～84）。在伺服放大器出厂状态下，用户可以修改其基本参数，但不能修改扩展参数。如果必须进行增益调整等细微调整时，可修改参数 No. 19，以便能操作扩展参数。应注意的是，在设定参数 No. 19 以后，需将伺服放大器的电源断开，再重新接通电源，这样设定参数才会生效。

对参数 No. 19 的设定值进行设置可以读写操作不同范围的参数，见表 4-9。在表中带有“√”标记的项目表示可读或可写的参数，带有“—”标记的项目表示不可读或不可写的参数。

表 4-9　　**参数 No. 19 设定值确定的可读写参数范围**

No. 19 的设定值	可进行的操作	基本参数（No. 0～No. 19）	扩展参数 1（No. 20～No. 49）	扩展参数 2（No. 50～No. 84）
0000（初始值）	可读	√	—	—
	可写	√	—	—
000A	可读	仅参数 No. 19	—	—
	可写	仅参数 No. 19	—	—
000B	可读	√	√	—
	可写	√	—	—
000C	可读	√	√	—
	可写	√	√	—
000E	可读	√	√	√
	可写	√	√	√
100B	可读	√	—	—
	可写	仅参数 No. 19	—	—
100C	可读	√	√	—
	可写	仅参数 No. 19	—	—
100E	可读	√	√	√
	可写	仅参数 No. 19	—	—

（1）基本参数。三菱 MR-J2S-A 系列交流伺服放大器内部基本参数见表 4-10。表中“控制模式”一列：P 代表位置控制模式；S 代表速度控制模式；T 代表转矩控制模式。

表 4-10　　**MR-J2S-A 系列交流伺服放大器的基本参数简表**

参数号	符号	名称及功能	控制模式	初始值	单位
No. 0	*STY	控制模式选择，再生制动选件选择	P S T	0000	—
No. 1	*OP1	功能选择 1	P S T	0002	—
No. 2	AUT	自动调整	P S	0105	—
No. 3	CMX	电子齿轮（指令脉冲倍率分子）	P	1	—
No. 4	CDV	电子齿轮（指令脉冲倍率分母）	P	1	—
No. 5	INP	定位范围	P	100	脉冲

续表

参数号	符号	名称及功能	控制模式	初始值	单位
No. 6	PG1	位置环增益 1	P	35	rad/s
No. 7	PST	位置指令加、减速时间常数（位置斜坡功能）	P	3	ms
No. 8	SC1	内部速度指令 1	S	100	r/min
		内部速度限制 1	T	100	r/min
No. 9	SC2	内部速度指令 2	S	500	r/min
		内部速度限制 2	T	500	r/min
No. 10	SC3	内部速度指令 3	S	1000	r/min
		内部速度限制 3	T	1000	r/min
No. 11	STA	加速时间常数	S T	0	ms
No. 12	STB	减速时间常数	S T	0	ms
No. 13	STC	S形加、减速时间常数	S T	0	ms
No. 14	TQC	转矩指令时间常数	T	0	ms
No. 15	* SNO	站号设定	P S T	0	—
No. 16	* BPS	通信速率选择，报警记录清除	P S T	0000	—
No. 17	MOD	模拟量输出选择	P S T	0100	—
No. 18	* DMD	状态显示选择	P S T	0000	—
No. 19	* BLK	参数范围选择	P S T	0000	—

注意，表 4-10 中参数符号前带有“*”标记的参数，在参数设定后需将伺服放大器的电源断开然后重新接通电源，这样设定新数值的参数才会生效。在单位一列中带有“—”标记的表示无相应的单位。

(2) 扩展参数 1。三菱 MR-J2S-A 系列交流伺服放大器内部扩展参数 1 简表见表 4-11。

表 4-11　　MR-J2S-A 系列交流伺服放大器的扩展参数 1 简表

参数号	符号	名称及功能	控制模式	初始值	单位
No. 20	* OP2	功能选择 2	P S T	0000	—
No. 21	* OP3	功能选择 3（指令脉冲选择）	P	0000	—
No. 22	* OP4	功能选择 4	P S T	0000	—
No. 23	FFC	前馈增益	P	0	%
No. 24	ZSP	零速	P	50	r/min
No. 25	VCM	模拟量速度指令最大速度	S	0 *	r/min
		模拟量速度限制最大速度	T	0 *	r/min
No. 26	TLC	模拟量转矩指令最大输出	T	100	%
No. 27	* ENR	编码器输出脉冲	P S T	4000	脉冲
No. 28	TL1	内部转矩限制 1	P S T	100	%
No. 29	VCO	模拟量速度指令偏置	S	* *	mV
		模拟量速度限制偏置	T	* *	mV

续表

参数号	符号	名称及功能	控制模式	初始值	单位
No. 30	TLO	模拟量转矩指令偏置	T	0	mV
		模拟量转矩限制偏置	S	0	mV
No. 31	MO1	模拟量输出通道 1 偏置	P S T	0	mV
No. 32	MO2	模拟量输出通道 2 偏置	P S T	0	mV
No. 33	MBR	电磁制动器程序输出	P S T	100	ms
No. 34	GD2	负载和伺服电动机转动惯量比	P S	70	0.1 倍
No. 35	PG2	位置环增益 2	P	35	rad/s
No. 36	VG1	速度环增益 1	P S	177	rad/s
No. 37	VG2	速度环增益 2	P S	817	rad/s
No. 38	VIC	速度积分补偿	P S	48	ms
No. 39	VDC	速度微分补偿	P S	980	—
No. 40	—	备用	—	0	—
No. 41	* DIA	输入信号自动开启选择	P S T	0000	—
No. 42	* DI1	输入信号选择 1	P S T	0003	—
No. 43	* DI2	输入信号选择 2	P S T	0111	—
No. 44	* DI3	输入信号选择 3	P S T	0222	—
No. 45	* DI4	输入信号选择 4	P S T	0665	—
No. 46	* DI5	输入信号选择 5	P S T	0770	—
No. 47	* DI6	输入信号选择 6	P S T	0883	—
No. 48	* DI7	输入信号选择 7	P S T	0994	—
No. 49	* DO1	输出信号选择 1	P S T	0000	—

* 设定值为“0”对应于伺服电动机的额定速度。

** 伺服放大器的型号不同时，其初始值也不同。

(3) 扩展参数 2。三菱 MR-J2S-A 系列交流伺服放大器内部扩展参数 2 简表见表 4-12。

表 4-12　　MR-J2S-A 系列交流伺服放大器的扩展参数 2 简表

参数号	符号	名称及功能	控制模式	初始值	单位
No. 50	—	备用	—	0000	—
No. 51	* OP6	功能选择 6	P S T	0000	—
No. 52	—	备用	—	0000	—
No. 53	* OP8	功能选择 8	P S T	0000	—
No. 54	* OP9	功能选择 9	P S T	0000	r/min
No. 55	* OPA	功能选择 A	P	0000	r/min
No. 56	SIC	串行通信超时选择	P S T	0	s
No. 57	—	备用	—	10	—

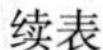

续表

参数号	符号	名称及功能	控制模式	初始值	单位
No. 58	NH1	机械共振抑制滤波 1	P S T	0000	—
No. 59	NH2	机械共振抑制滤波 2	P S T	0000	—
No. 60	LPF	低通滤波器，自适应共振抑制控制	P S T	0000	—
No. 61	GD2B	负载和伺服电动机转动惯量比 2	P S	70	0.1 倍
No. 62	PG2B	位置环增益 2 改变比率	P	100	%
No. 63	VG2B	速度环增益 2 改变比率	P S	100	%
No. 64	VICB	速度积分补偿 2 改变比率	P S	100	%
No. 65	* CDP	增益切换选择	P S	0000	—
No. 66	CDS	增益切换阈值	P S	10	*
No. 67	CDT	增益切换时间常数	P S	1	ms
No. 68	—	备用	—	0	—
No. 69	CMX2	指令脉冲倍率分子 2	P	1	—
No. 70	CMX3	指令脉冲倍率分子 3	P	1	—
No. 71	CMX4	指令脉冲倍率分子 4	P	1	—
No. 72	SC4	内部速度指令 4	S	200	r/min
		内部速度限制 4	T		
No. 73	SC5	内部速度指令 5	S	300	r/min
		内部速度限制 5	T		
No. 74	SC6	内部速度指令 6	S	500	r/min
		内部速度限制 6	T		
No. 75	SC7	内部速度指令 7	S	800	r/min
		内部速度限制 7	T		
No. 76	TL2	内部转矩限制 2	P S T	100	%
No. 77	—	备用	—	100	—
No. 78	—		—	1000	—
No. 79	—		—	10	—
No. 80	—		—	10	—
No. 81	—		—	100	—
No. 82	—		—	100	—
No. 83	—		—	100	—
No. 84	—		—	0	—

* 由参数 No. 65 的设定值决定。

4. 部分重要参数说明

下面对三菱 MR-J2S-A 系列交流伺服放大器内部部分重要参数进行较详细的解释说明。

(1) 基本参数说明。

1) 参数 No.0（符号 STY，初始值为 0000）。用于选择伺服放大器的控制模式，或用来选择再生制动选件，其内容一般要根据需要的控制模式进行修改。该参数各位设定数值及其含义如图 4-9 所示。

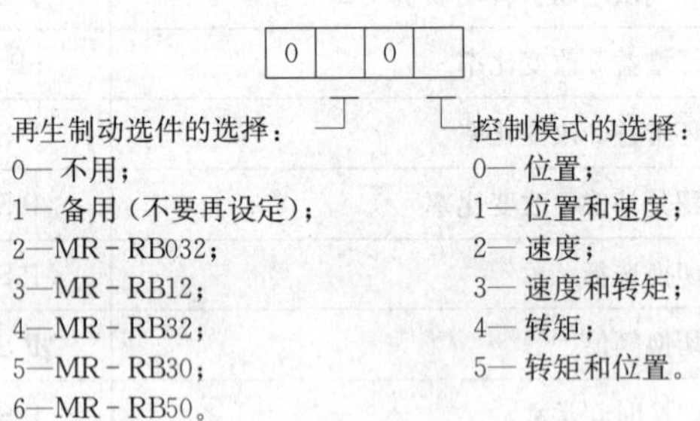

图 4-9 MR-J2S-A 系列伺服放大器参数 No.0 参数设定值及其含义功能

应该注意，如果该参数设定错误，可能导致再生制动选件的损坏。另外，如果选择与伺服电动机不匹配的再生制动选件，将会发生“参数异常”报警（报警号 AL.37）。

2) 参数 No.1（符号 OP1，初始值为 0002）。用于选择输入信号滤波器、CN1B-19 引脚的功能和选择绝对位置系统。该参数各位设定数值及其含义如图 4-10 所示。

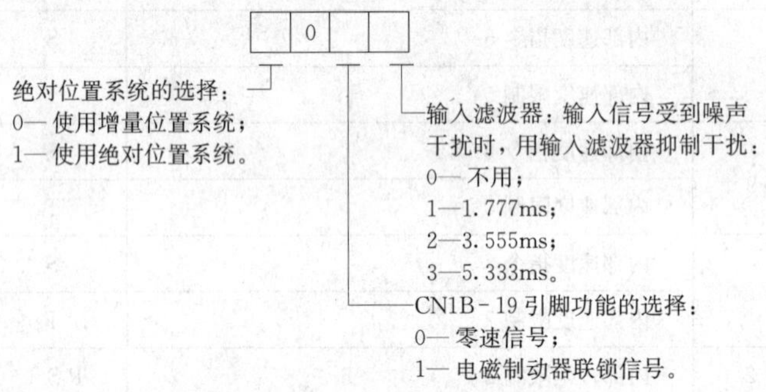

图 4-10 MR-J2S-A 系列伺服放大器参数 No.1 参数设定值及其含义功能

3) 参数 No.2（符号 AUT，初始值为 0105）。可以实现自动调整，用于设定自动调整的响应速度。该参数各位设定数值及其含义如图 4-11 所示。

在进行自动调整响应速度设定时，如果发生机械振荡或齿轮噪声过大，应将设定值减小。但是，如果为了提高系统性能，像缩短定位调整时间等场合，应当将设定值增大。

4) 参数 No.3 和参数 No.4。参数 No.3（符号 CMX，初始值为 1）和参数 No.4（符号 CDV，初始值为 1）是有关电子齿轮比的两个参数，它们分别为电子齿轮分子（指令脉冲倍率分子）和电子齿轮分母（指令脉冲倍率分母）。电子齿轮比可以通过参数 No.3 和 No.4 设定数值的比进行设置。参数 CMX、CDV 是伺服放大器工作在位置模式下参数进行设定时两个非常重要的参数。

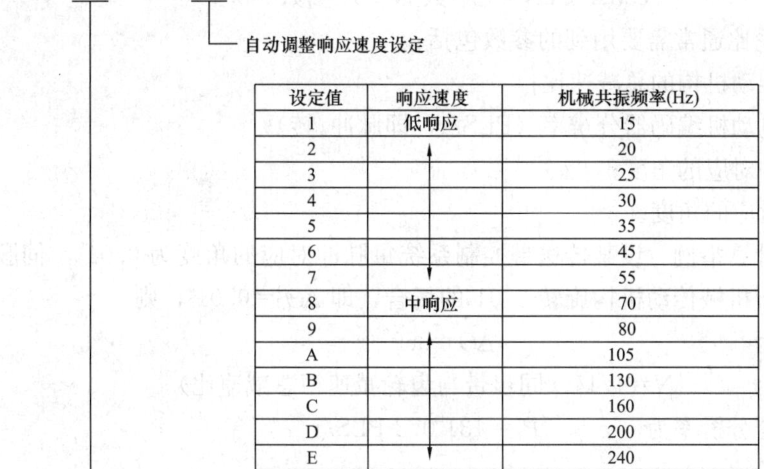

设定值	响应速度	机械共振频率(Hz)
1	低响应	15
2		20
3		25
4		30
5		35
6		45
7		55
8	中响应	70
9		80
A		105
B		130
C		160
D		200
E		240
F	高响应	300

自动调整选择

设定值	响应速度	调整内容
0	插补模式	固定位置环增益(参数No.6)
1	自动调整模式1	通常的自动调整模式
2	自动调整模式2	在参数No.34中设定固定的转动惯量比。响应速度可以手动调整
3	手动模式1	用简易的手动模式进行调整
4	手动模式2	用手动模式调整全部的增益

图 4－11　MR－J2S－A 系列伺服放大器参数 No. 2 参数设定值及其含义功能

为了更方便准确地控制伺服电动机的运行，必须进行电子齿轮比的计算。电子齿轮的作用是，伺服放大器对输入的指令脉冲串（指令脉冲串可以来自于 1PG、10GM/20GM 或晶体管输出型的 PLC）可以乘上任意的倍率使电动机能够正常地运转。因为来自于编码器的反馈脉冲的频率一般远远高于指令输入脉冲的频率，所以电子齿轮具有使输入指令脉冲串频率加快（倍频）的功能。

伺服放大器内部电子齿轮原理如图 4－12 所示。

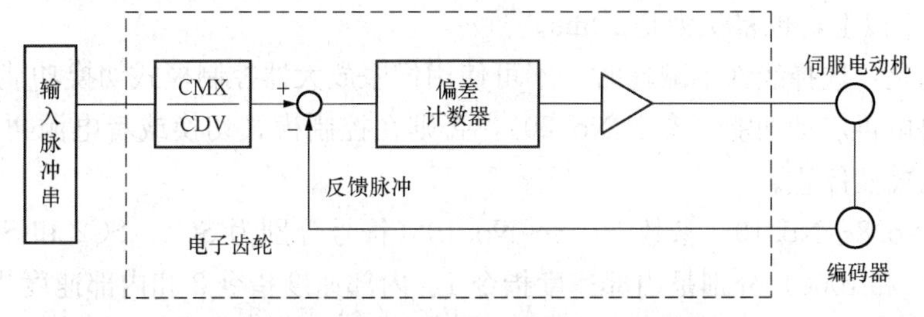

图 4－12　伺服放大器内部电子齿轮原理图

电子齿轮的设定范围为 0.02<CMX/CDV<500。如果设定值在这个范围外，可能导致加/减速时发出噪声，也可能不按照设定的速度和加减速时间常数使伺服电动机运行。

电子齿轮比设定错误可能导致运行错误，必须在伺服放大器停止输出的状态下进行设定。

电子齿轮比的计算方法如下：

$$CMX/CDV = 参数\ No.3/参数\ No.4$$

计算电子齿轮比通常需要用到的参数包括：

N——机械传动机构的总减速比；

P_t——伺服电动机编码器分辨率（PLS/r，即脉冲/转）；

$\Delta\Theta^{\circ}$——每脉冲对应的角度；

$\Delta\Theta$——每转对应的角度。

电子齿轮比计算举例。设某传送带控制系统每脉冲对应的角度为 0.01°，伺服放大器发出 1 个脉冲相当于机械传动机构旋转 0.01°的场合，即 $\Delta\Theta^{\circ}=0.01^{\circ}$，则

每转对应的角度为 $\Delta\Theta=360^{\circ}/r$

总减速比为 $N=1/14$（同步带与齿轮减速箱总减速比）

伺服电动机编码器分辨率为 $P_t=131\ 072$ PLS/r

可以得到电子齿轮比为

$$\begin{aligned}CMX/CDV &= \Delta\Theta^{\circ}\cdot P_t/(N\cdot\Delta\Theta) = 0.01\times 131\ 072/(1/14\times 360)\\ &= 65\ 536/1286 \approx 21\ 845/429\end{aligned}$$

所以，CMX=21 845，CDV=429，CMX/CDV=21 845/429≈51，此传送带控制系统的电子齿轮放大倍数为 51。

5）参数 No.5（符号 INP，初始值为 100，单位为脉冲）。该参数为定位范围，可以设定伺服放大器输出定位完毕（INP）信号的范围。参数 No.5 的作用是当伺服放大器工作在位置控制模式时，当定位距离终点目标还有 100 个脉冲时（假定参数设定值为初始值未变），引脚 CN1A－18（INP）将会有输出信号。

6）参数 No.6（符号 PG1，初始值 35）。它是位置环增益 1 设定参数，用于对位置环增益 1 的增益进行设定。如果参数设定的增益值变大，那么对位置指令的跟踪能力也将增强。在自动调整时，这个参数将被自动地设定为自动调整的结果。

7）参数 No.7（符号 PST，初始值为 3，单位为 ms）。它是位置指令的加、减速时间常数，或称为位置斜坡功能，用于设定位置指令的低通滤波器时间常数。通过参数 No.55，可选择设定起调时间或线性加、减速时间。选择线性加、减速时，设定范围为 0～10ms，如果设定值为 10ms 以上，也将认为是 10ms。

应注意的是：选择线性加减速时，不可使用伺服放大器控制模式切换功能（参数 No.0）和电源瞬时停电再启动功能（参数 No.20），否则在控制模式切换或者电源再启动时会造成伺服电动机的突然停止。

8）参数 No.8～No.10。参数 No.8～No.10（符号分别为 SC1、SC2 和 SC3，初始值分别为 100、500 和 1000）分别是内部速度指令 1、内部速度指令 2 和内部速度指令 3（速度控制模式），可以用于设定内部速度指令 1、内部速度指令 2 和内部速度指令 3 或用于设定内部速度限制 1、内部速度限制 2 和内部速度限制 3。这三个参数在伺服放大器工作在位置模式下不需要修改，而伺服放大器工作在速度或转矩模式下需要对其修改。

伺服放大器外部控制端子中有 SP1 和 SP2（见图 4－8），这两个数字量输入端子可以控制伺服电动机速度。当 SP1、SP2 这两个数字量输入信号为“00”时，伺服电动机的速度由

模拟量输入速度指令（VC）决定；当 SP1、SP2 这两个数字量输入信号为“01”时，伺服电动机的速度由参数 No. 8 的设定值决定；当 SP1、SP2 这两个数字量输入信号为“10”时，伺服电动机的速度由参数 No. 9 的设定值决定；当 SP1、SP2 这两个数字量输入信号为“11”时，伺服电动机的速度就由参数 No. 10 的设定值决定。

9）参数 No. 11 和参数 No. 12。参数 No. 11（符号 STA，初始值为 0，单位为 ms）和参数 No. 12（符号 STB，初始值为 0，单位为 ms）分别是伺服放大器工作在速度或转矩模式下加速时间常数和减速时间常数。加速时间常数用于设定从零加速到额定速度所需的加速时间，而减速时间用于设定使用模拟量输入速度指令或内部速度指令 1～3（参数 No. 8～No. 10 设定）时，从额定速度减速到零所需的减速时间。

10）参数 No. 13（符号 STC，初始值 0，单位为 ms）。它是 S 形加、减速时间常数，可以使伺服电动机平稳启动和停止，用于设定 S 形加、减速时间曲线部分的时间。例如，使用传送带输送一个重心较高的物件，恰当地设定该参数可以使传送带平稳地启动或停止，防止输送的物件向前或向后倾倒。参数 No. 13 实现的 S 形加、减速功能以及与 STA、STB 的关系如图 4－13 所示。

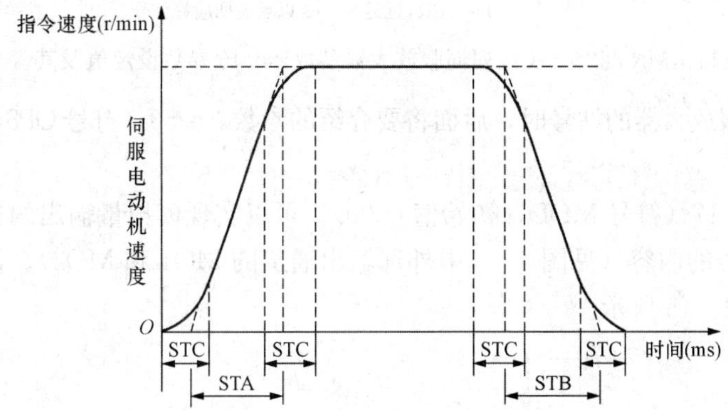

图 4－13　参数 No. 13 实现的 S 形加、减速功能及与 STA、STB 的关系

应注意的是：如果把 STA（加速时间常数）或 STB（减速时间常数）设定得较大，则在设定 S 形加、减速时间常数时，曲线部分的时间将会发生误差。

实际曲线部分的时间上限值为：减速时 2 000 000/STB，加速时 2 000 000/STA，可用这两个值来进行限制。

例如，STA＝20 000，STB＝5000，STC＝200，实际的曲线部分的时间将是：

加速时为 100ms（2 000 000/20 000＝100ms＜200ms，因此将被限制在 100ms）；

减速时为 200ms（2 000 000/5000＝400ms＞200ms，因此将被限制在 200ms）。

11）参数 No. 14（符号 TQC，初始值 0，单位为 ms）。它是转矩控制模式下转矩指令时间常数，用于设定转矩指令的低通滤波器时间常数。

12）参数 No. 15（符号 SNO，初始值 0，范围为 0--31）。该参数用于指定伺服放大器串行通信时的站号，可以实现多台伺服放大器与上位计算机的串行通信（RS－422 或 RS－232）。

应注意的是：每台伺服放大器应设定一个唯一的站号，如果多个伺服放大器设定为同一个站号，通信将不能正常进行。

13）参数 No. 16（符号 BPS，初始值 0000）。它是通信速率选择和报警记录的清除，用于选择 RS-422 和 RS-232C 通信的速率和通信格式，并且可以同时清除报警记录。该参数各位设定数值及其含义如图 4-14 所示。

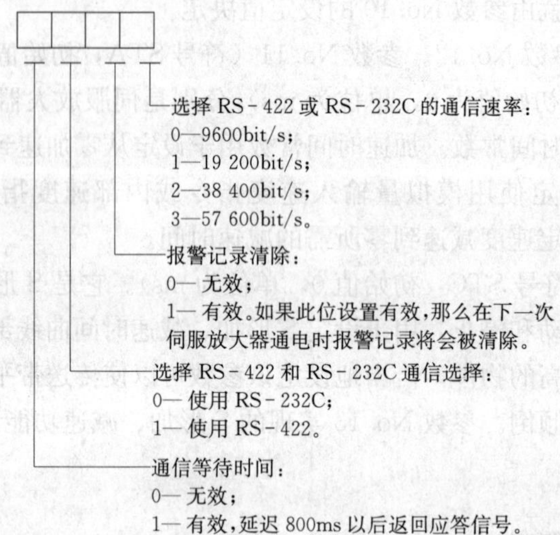

图 4-14　MR-J2S-A 系列伺服放大器参数 No. 16 参数设定值及其含义功能

当不设定伺服放大器的站号时，后面将要介绍的参数 No. 53（符号 OP8，属于扩展参数 2）应设置为无站号。

14）参数 No. 17（符号 MOD，初始值 0000）。可以实现模拟量输出的选择，用于选择模拟量输出通道信号的内容（见图 4-8 中外部输出通道的 MO1 和 MO2）。该参数各位设定数值及其含义如图 4-15 所示。

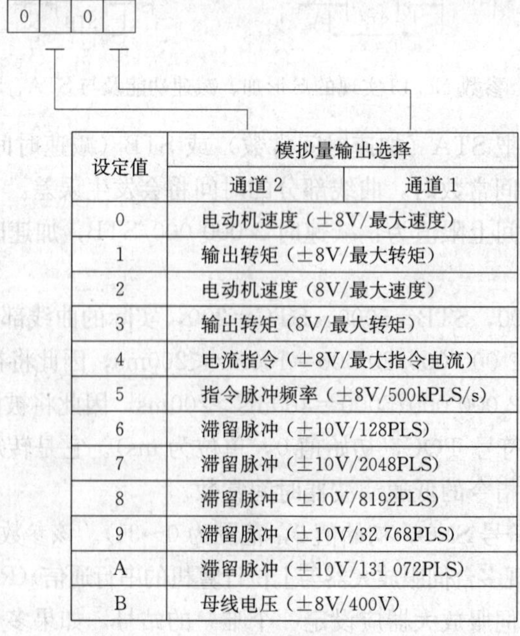

设定值	模拟量输出选择	
	通道 2	通道 1
0	电动机速度（±8V/最大速度）	
1	输出转矩（±8V/最大转矩）	
2	电动机速度（8V/最大速度）	
3	输出转矩（8V/最大转矩）	
4	电流指令（±8V/最大指令电流）	
5	指令脉冲频率（±8V/500kPLS/s）	
6	滞留脉冲（±10V/128PLS）	
7	滞留脉冲（±10V/2048PLS）	
8	滞留脉冲（±10V/8192PLS）	
9	滞留脉冲（±10V/32 768PLS）	
A	滞留脉冲（±10V/131 072PLS）	
B	母线电压（±8V/400V）	

图 4-15　MR-J2S-A 系列伺服放大器参数 No. 17 参数设定值及其含义功能

15）参数 No. 18（符号 DMD，初始值 0000）。它是状态显示选择，用于选择电源接通时状态显示的内容。该参数最高两位固定为 0，最低两位设定为不同的数值时，分别可以用于选择电源接通时状态显示的内容和各控制模式下电源接通后的状态显示。

16）参数 No. 19（符号 BLK，初始值 0000）。它是参数范围选择参数，用于选择所有参数的可读范围和可写的范围，决定了用户可以进行访问的参数的权限。该参数具体设定数值内容参见表 4－9。

（2）扩展参数 1 说明。在扩展参数 1 中，大部分参数可保持 MR－J2S－A 系列伺服放大器出厂时的初始值不变，需要改动的参数较少。一般情况下参数 No. 21、参数 No. 22 和参数 No. 41 等根据实际情况的需要可以进行修改。应注意，参数 No. 40 为保留参数，不能修改。

1）参数 No. 20（符号 OP2，初始值 0000）。该参数是功能选择 2，用于选择电源瞬时停电再启动、速度控制模式下停止时是否伺服锁定或用于轻微振动抑制控制。

2）参数 No. 21（符号 OP3，初始值 0000）。该参数是功能选择 3，用于选择脉冲串输入信号的输入波形。该参数各位设定数值及其含义如图 4－16 所示。

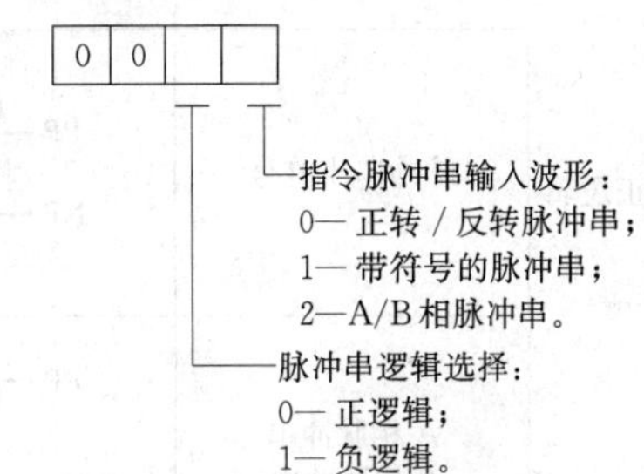

图 4－16　MR－J2S－A 系列伺服放大器参数 No. 21 参数设定值及其含义

伺服放大器工作在位置模式下时，一般需要对此参数进行设定，以确定相应的脉冲串输入波形的形式。上位机（晶体管输出型的 PLC 或 1PG 或 10GM/20GM）发出什么样的脉冲串形式，伺服放大器 MR－J2S－A 内部参数 No. 21 就要根据输入脉冲串的形式进行相应的设定。

编码器的脉冲串有三种输入形式可选，并且可以选择正逻辑、负逻辑。正逻辑代表上升沿或高电平有效；“负逻辑”代表下降沿或低电平有效。指令脉冲串的形式可用参数 No. 21 加以设定。

参数 No. 21 设定值确定的脉冲串输入形式见表 4－13。表中的脉冲串的上升沿箭头（↑）和下降沿箭头（↓）代表脉冲串输入的时间点。使用 A/B 相脉冲串时，将乘以 4 倍作为输入。

在表 4－13 中，参数 No. 21 设定值确定的脉冲串输入形式举例如下：

表 4－13　　参数 No. 21 设定值确定的脉冲串输入形式

脉冲串形式		正转指令	反转指令	参数 No. 21（指令脉冲串）
负逻辑	正转脉冲串 反转脉冲串	PP NP		0010
负逻辑	脉冲串＋符号	PP NP　L	H	0011

续表

脉冲串形式		正转指令	反转指令	参数 No. 21（指令脉冲串）
负逻辑	A相脉冲串 B相脉冲串	PP NP		0012
正逻辑	正转脉冲串 反转脉冲串	PP NP		0000
	脉冲串＋符号	PP NP H	L	0001
	A相脉冲串 B相脉冲串	PP NP		0002

如果参数 No. 21 设定值为“0010”，代表脉冲串逻辑选择为“负逻辑”，指令脉冲串输入波形为“正转/反转脉冲串”。当需要伺服电动机正转时，从 PP 端输入的是正转脉冲串，NP 端输入为高电平，而负逻辑高电平的“1”代表无效、封锁或禁止；当需要伺服电动机反转时，从 NP 端输入的是反转脉冲串，此时 PP 端输入为高电平，为无效、封锁状态。

如果参数 No. 21 设定值为“0011”，代表脉冲串逻辑选择为“负逻辑”，指令脉冲串输入波形为“带符号的脉冲串”。无论正转还是反转，指令脉冲串都由 PP 端输入，此时伺服电动机正转或反转的方向（符号）由 NP 端决定。因为是负逻辑，所以，正转时由 NP 端输入的是低电平（0），而反转时由 NP 端输入的是高电平（1）。

如果参数 No. 21 设定值为“0012”，代表脉冲串逻辑选择为“负逻辑”，指令脉冲串输入波形为“A/B 相脉冲串”形式。由 PP 端和 NP 端分别输入两路正交的 A 相和 B 相信号（差动脉冲输入）。因为是负逻辑，正转时 PP 端输入方波脉冲信号领先于 NP 端方波脉冲信号（看方波脉冲的下降沿），而反转时 NP 端输入方波脉冲信号领先于 PP 端方波脉冲信号。

上面这三个举例是负逻辑的情形，正逻辑的情形读者可以参照上面的解释自己加以分析。

通常情况下，如果上位机脉冲源选择 PLC 输出，那么参数 No. 21 一般需要修改为“0001”或“0011”。

3）参数 No. 22（符号 OP4，初始值 0000）。该参数是功能选择 4，用于选择 LSP（正向限位保护）与 LSN（反向限位保护）信号为 OFF 时的伺服电动机的停止方式和 VC/VLA 输入电压的采样周期。该参数各位设定数值及其含义如图 4－17 所示。

4）参数 No. 41（符号 DIA，初始值 0000）。它是输入信号自动置 1 选择，用于设定 SON、LSP、LSN 等信号的自动置 1 方式（是通过外部数字量输入信号使它们置 1 还是通过内部信号使它们自动置 1）。该参数各位设定数值及其含义如图 4－18 所示。

0		0	

VC、VLA 电压采样周期。
此位用于设定模拟量速度指令（VC）和模拟量速度限制（VLA）输入电压的采样周期。设定值为 0 时，速度实时地跟随电压的变化。设定值增大时，速度对输入电压的跟随性减低。

设定值	采样周期（ms）
0	0
1	0.444
2	0.888
3	1.777
4	3.555

LSP、LSN 有效时的停止方法。
0— 立即停止；
1— 缓慢停止。

图 4-17　MR-J2S-A 系列伺服放大器参数 No.22 参数设定值及其含义

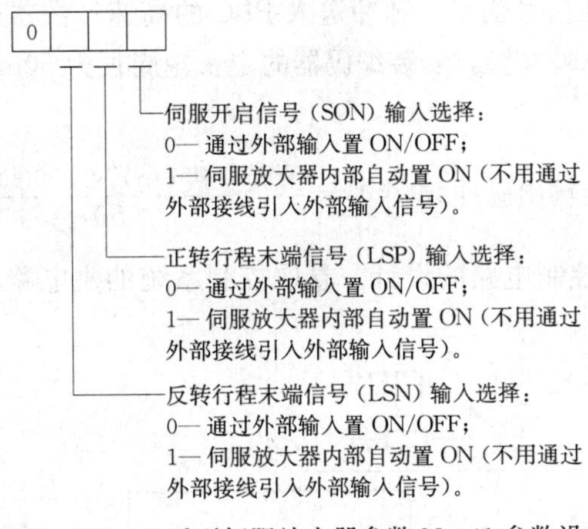

图 4-18　MR-J2S-A 系列伺服放大器参数 No.41 参数设定值及其含义

(3) 扩展参数 2 说明。在扩展参数 2 中，绝大部分参数可保持 MR-J2S-A 系列伺服放大器出厂时的初始值不变，根据实际控制要求需要改动的参数很少，这里不再进行详细介绍。

5. 应用实例

(1) 塑料薄膜卷取控制系统。塑料薄膜经塑料挤出机挤出成型、冷却收缩等工序后，在最后工序需要使用工字轮进行卷绕收取。塑料薄膜卷取系统组成示意图如图 4-19 所示。

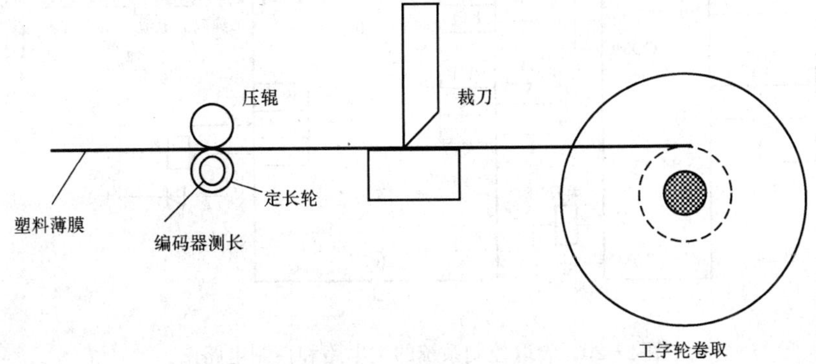

图 4-19　塑料薄膜卷取系统组成示意图

1）控制要求。为了防止塑料薄膜在卷取过程中撕裂，应实现恒张力的卷取控制，使整个收卷过程尽量平稳。选择传感器进行卷取长度的测量，当薄膜卷取到预先的设定长度100m时，卷取电动机可自动停车，使工字轮停止旋转，然后裁刀落下进行裁切。中途暂时停车后，再次按下启动按钮，薄膜应在前面卷取的长度基础上继续进行卷取。如果是紧急情况下停车，前面卷取的薄膜长度视为无效，再次按下启动按钮将进行新的一卷薄膜的定长卷取。

2）设计分析。主要设计思路如下：该系统为一卷取控制系统，选用伺服电动机作为卷取电动机。要求收卷过程中薄膜受到的张力不变，也就是开始时工字轮卷取的薄膜卷半径小，伺服电动机的转速快。当工字轮卷取的薄膜卷半径变大时，伺服电动机的转速应该变慢。因此，在使用PLC（FX_{1N}系列或FX_{2N}系列PLC）驱动伺服放大器（MR－J2S－A系列伺服放大器）的控制方案时，伺服放大器应该工作在转矩工作模式下。

由于需要测量塑料薄膜的长度，与定长轮同轴加装了一个编码器。编码器将定长轮转轴的旋转圈数转换成高速脉冲信号输出，脉冲送入PLC的高速计数器进行计数。假定编码器的分辨率是1000PLS/r（脉冲/转），安装编码器的定长轮周长为50mm，那么薄膜长度与编码器输出脉冲的关系式为

$$\text{脉冲编码器输出脉冲数(个)} = \frac{\text{薄膜长度(m)} \times 1000 \times 1000}{50} \tag{4-3}$$

3）控制系统主电路和控制电路的设计。卷取控制系统的主电路和控制电路如图4－20所示。

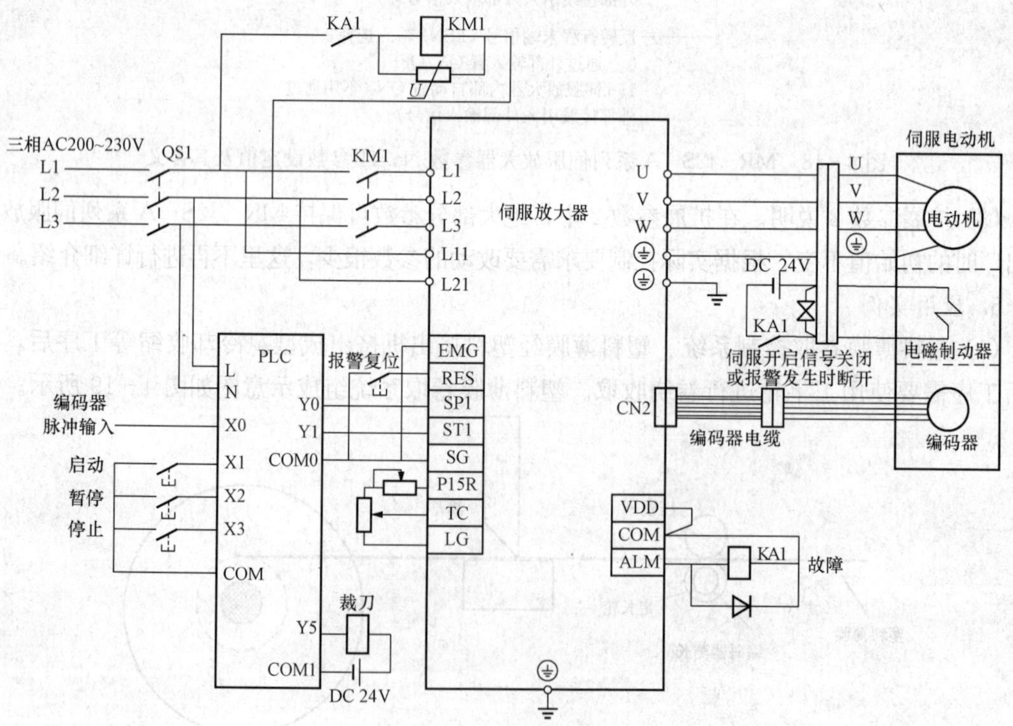

图4－20　卷取控制系统的主电路和控制电路图

图 4-20 所示电路的送电过程如下：合上线路总开关 QS1 后，PLC 电源和伺服放大器控制电源先通电。如果伺服放大器处于正常工作状态，则其数字量输出端 ALM 输出 1 信号，继电器 KA1 的线圈通电。在交流接触器 KM1 线圈前面的 KA1 触点接通，KM1 线圈通电后其三对常开主触点会接通，可将三相交流电源引入伺服放大器的主电路中。当伺服放大器发生故障时，数字量输出端 ALM 将输出 0 信号，继电器 KA1 的线圈断电，KA1 的常开触点断开使交流接触器 KM1 的线圈断电，KM1 的三对常开主触点断开，将会断开伺服放大器的主电源。应注意的是，在设计主电路和控制电路时，必须先给伺服放大器的控制电源送电，然后再给其主电源送电，或者对伺服放大器的控制电源和其主电源同时送电，决不能给伺服放大器的主电源先送电而给其控制电源后送电。

控制电源接通后，当伺服放大器处于正常工作状态时，因数字量输出端 ALM 输出“1”信号，继电器 KA1 的线圈通电，它的常开触点接通使电磁制动器通电，伺服电动机转子处于放松状态；当伺服放大器处于故障报警状态时，数字量输出端 ALM 将输出“0”信号，继电器 KA1 的线圈断电，其常开触点断开使电磁制动器断电，将会使伺服电动机转子抱死锁定。

PLC 的输入点占用了 X0、X1、X2 和 X3 四点。其中，X0 为高速计数器输入端，可引入与定长轮同轴安装的编码器输出的高速脉冲信号；X1、X2 和 X3 分别是启动、暂停和停止按钮。当按下启动按钮 X1 时，PLC 控制伺服放大器驱动卷取伺服电动机旋转进行收卷；当按下停止按钮 X3 时，伺服电动机停转，高速计数器将被复位，其当前值清零，当再次按下启动按钮 X1 时，卷取电动机将从零开始按照预先设定的长度开始收卷薄膜；当按下暂停按钮 X2 时，卷取伺服电动机停转，高速计数器不被复位，其当前值不会清零，当再次按下启动按钮时，卷取电动机将在停转前已经计量的长度的基础上继续卷绕完剩余长度的薄膜。

经过分析，已经得出伺服放大器工作方式为转矩控制模式，伺服电动机为单向旋转。在图 4-20 中：PLC 的输出点 Y0 接伺服放大器的数字量输入端 SP1（速度选择 1），这样可以控制伺服电动机的转速；PLC 的输出点 Y1 接伺服放大器的数字量输入端 ST1（正向旋转开始），以便控制伺服电动机的转向：因为伺服电动机是单向旋转，所以数字量输入端 ST2（反向旋转开始）不用接线。伺服放大器的 RES 输入端子为复位信号，在图 4-20 中接了一个手动常开按钮。当伺服放大器发生故障报警时，可通过按压此手动按钮对伺服放大器进行故障复位操作，解除故障报警。

伺服放大器的模拟量输入端子接了一组电位器。下面电位器的抽头接伺服放大器的模拟量输入端 TC（模拟量转矩指令），可以进行伺服电动机输出转矩的调节。收卷不同类型的薄膜要求其张力不同时，可通过调节电位器指定不同的电动机输出转矩。

PLC 的输出点 Y5 连接裁刀控制电磁阀（或中间继电器），当 Y5 输出高电平时裁刀电磁阀通电，裁刀落下；当 Y5 输出低电平时裁刀电磁阀断电，裁刀收起。

4）伺服放大器内部参数设置。在该卷取控制系统中，伺服放大器工作在转矩控制模式下，需要对其内部相关参数进行修改。此卷取控制系统伺服放大器内部相关重要参数设置见表 4-14。

表 4-14　卷取控制系统伺服放大器参数设置

参数	符号及名称	出厂值	设定值	说明
No. 0	STY，控制模式选择	0000	0004	设置为转矩控制模式
No. 2	AUT，自动调整	0105	0105	保持出厂值，伺服启动自动调整功能
No. 8	SC1，内部速度指令 1	100	1000	设为 1000r/min，即伺服电动机最高速度为 1000r/min（视具体情况进行设定），伺服电动机速度是随负载变化而变化
No. 11	STA，加速时间常数	0	500	500ms
No. 12	STB，减速时间常数	0	500	500ms
No. 20	OP2，功能选择 2	0000	0010	停止时伺服锁定，停电时不能自动重新启动
No. 41	DIA，用于设定 SON、LSP、LSN 等信号是否内部自动置 ON	0000	0001	SON 信号内部置 ON，LSP、LSN 信号外部置 ON（转矩控制模式，LSP、LSN 信号外部可以不接线）

5) PLC 控制程序设计。卷取控制系统的 PLC 程序如图 4-21 所示。程序运行过程说明如下：

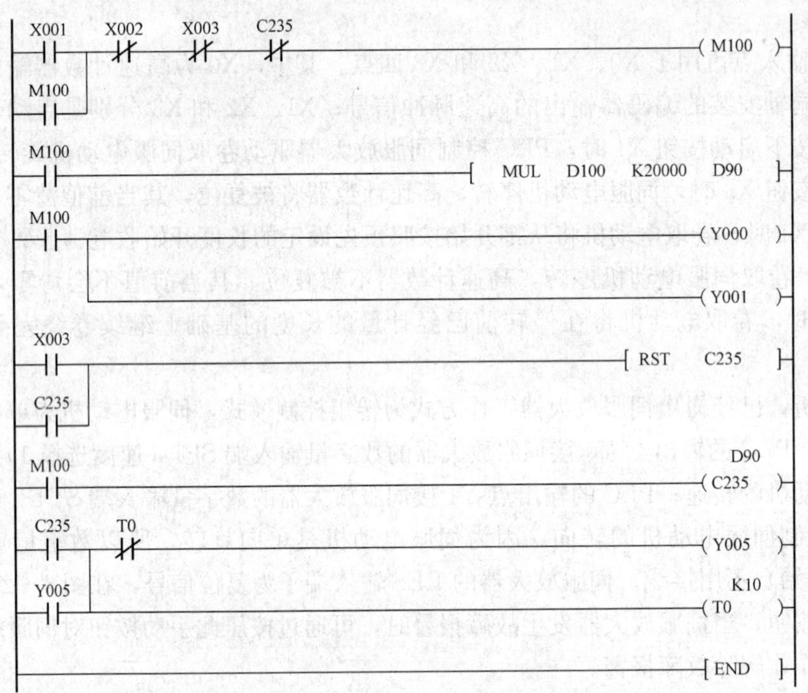

图 4-21　卷取控制系统 PLC 程序

当系统通电后处于正常工作状态时，按下启动按钮 X1，梯形图中辅助继电器 M100 的线圈通电并自保，其所有的常开触点将接通（M100 可视为运行标志位）。第二个梯级中 M100 的常开触点接通后将进行乘法运算。数据寄存器 D100 中存储着需要裁断薄膜的预定长度值（单位为 m），按式（4-3）分子分母约分后即是常数 20 000，D100 乘以此常数后再传送到数据寄存器 D90 中。这里通过间接设定法将 D90 作为高速计数器 C235 的设定值。同时，梯形图第三个梯级中 M100 的常开触点接通后，会使输出继电器 Y0 和 Y1 的线圈通电，

PLC 输出高电平就会进入伺服放大器的数字量输入端 SP1 和 ST1，以启动伺服电动机单向旋转。另外，随着 M100 最下面的常开触点的接通，将启动高速计数器，对输入端子 X0 进入的编码器脉冲信号进行计数。当 C235 的计数当前值等于设定值时，说明收卷薄膜长度达到预先设定长度，C235 的常开触点接通使 Y5 线圈通电并自保（裁刀落下），同时定时器 T0 线圈也将通电开始定时，定时时间为设定的裁刀动作时间，达到定时设定值 1s 后，T0 常闭触点断开将 Y5 线圈断电（裁刀收起），它也会将 T0 线圈断电使其复位。而 C235 的常闭触点将会断开 M100 的线圈，Y0 和 Y1 线圈将随之断电，使伺服电动机停转，且与 X3 并联的 C235 的常开触点会使自身复位，以便进行下一卷薄膜卷取的定长。

当系统运行过程中出现紧急情况时，按下停止按钮 X3，它的常闭触点断开，使 M100 的线圈断电，Y0 和 Y1 线圈断电，伺服电动机将停转，同时 X3 常开触点接通将使高速计数器 C235 复位，其当前值清零，前面收卷的薄膜计长将会无效。这样，前面收卷的薄膜认为是作废的，当去掉作废的薄膜，重新按下启动按钮 X1 后，将进行新一卷薄膜的卷取。

当需要暂时停止卷取工作时，会按下暂停按钮 X2，此时 M100 的线圈也将断电，Y0 和 Y1 线圈断电，伺服电动机停转，薄膜停止前进。此时高速计数器 C235 不被复位，其计数当前值将保持不变。前面计量的薄膜长度将认为是有效的，重新按下启动按钮 X1 后将在原先长度计量的基础上继续进行卷取。

在调试运行时，如果伺服电动机运转方向与薄膜要求的运行方向相反，可以修改伺服放大器的接线，将 PLC 的输出端 Y1 连接到伺服放大器的开关量输入端 ST2 即可。

（2）工作台定位控制系统。

1）控制要求。某机床工作台以 PLC 作为上位机，通过伺服放大器驱动伺服电动机运转。具体控制要求如下：

已知工作台丝杠的螺距为 5mm。工作台的移动距离可以通过外部数字开关设定，设定的单位是 mm。位置设定后，工作台可以在这个范围内左、右移动循环运行。按下停止按钮，工作台马上停止运动；按下回原点按钮，工作台可以自动回到原点位置；可以通过手动的左移或右移按钮控制工作台的快速移动，但是不能超出系统的左、右极限位置。

该工作台组成示意图如图 4-22 所示。

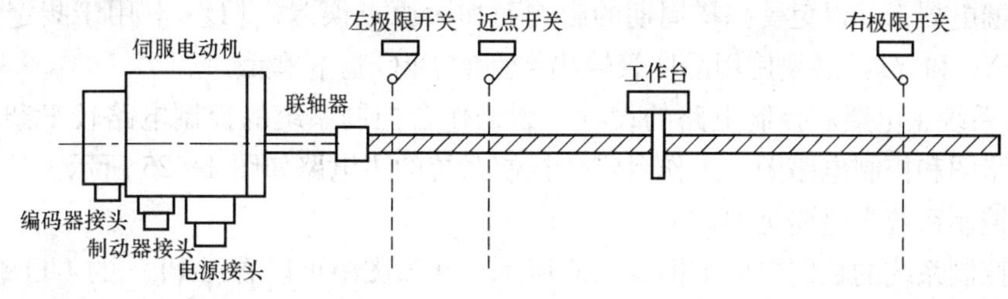

图 4-22　工作台组成示意图

2）设计分析。因为工作台系统在自动工作方式时，工作台移动的距离是由外部设定的，所以伺服放大器必须采用位置控制模式；而工作台系统在手动工作方式时，要求能够通过按压手动按钮快速地左移、右移，因此在手动方式时伺服放大器可以采用速度控制模式。

综合上述分析，伺服放大器最后可以设置成“位置/速度控制模式”，使伺服放大器在系统自动方式时运行于位置控制模式，在手动方式时运行于速度控制模式。

因为工作台系统要求可以自动地回原点，所以可以选用三菱 FX_{1N} 系列（或 FX_{1S} 系列）晶体管输出型的 PLC 作为上位机。应注意 FX_{2N} 系列的 PLC 是没有回原点功能指令的。工作台回原点过程原理示意图如图 4-23 所示。

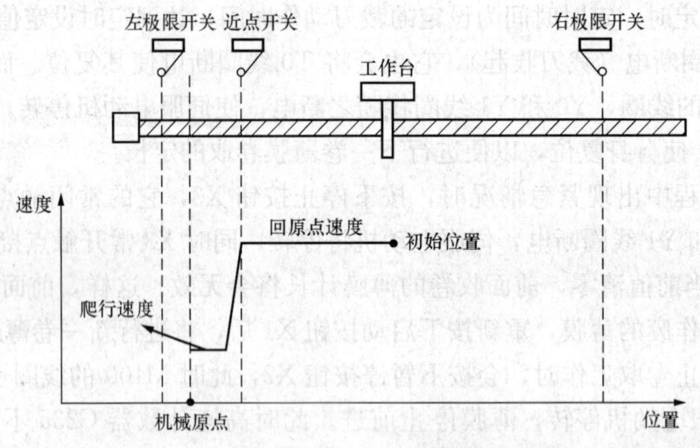

图 4-23 工作台回原点过程原理示意图

当按下回原点操作按钮时，工作台快速地左移，当撞压下回原点近点开关（DOG）后，由回原点高速降为爬行速度，开始搜索系统的原点位置。当伺服放大器接收到编码器 Z 相脉冲（零点脉冲）时，工作台停止，则停止位置就是系统的机械原点位置。

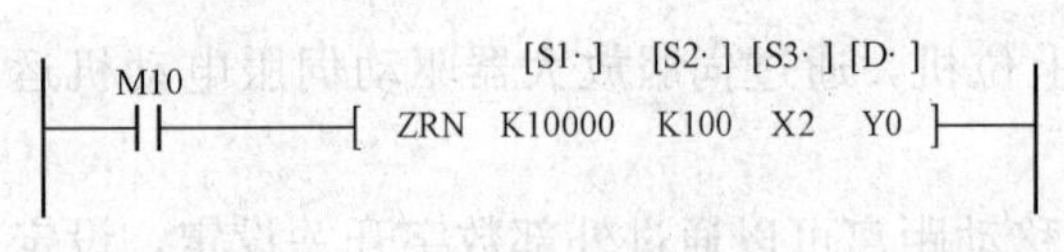

图 4-24 回原点指令 ZRN 的使用示例

使用 FX_{1N} 系列 PLC 的回原点指令（ZRN）可以实现上面的回原点控制过程。在第三章第一节“PLC 基本单元的运动控制功能和应用指令”部分已有介绍。回原点指令 ZRN 的使用示例如图 4-24 所示。

在图 4-24 中：[S1·] 用于指定回原点的速度，16 位指令时为 10～32 767Hz，32 位指令时为 10～100kHz；[S2·] 用于指定爬行速度，它是近点开关（DOG，原点接近信号）变为 ON 后的低速，10～32 767Hz；[S3·] 用于指定原点近点开关信号（常开触点），最好使用输入继电器 X，以免受扫描周期的影响而加大原点误差；[D·] 用于指定脉冲输出点，仅限于 Y0 和 Y1，必须使用晶体管输出类型的 PLC 基本单元。

3）控制系统主电路和控制电路的设计。因工作台控制系统的控制电路较复杂，下面分别给出主电路图和控制电路图。工作台定位控制系统的主电路如图 4-25 所示。该主电路与前面的卷取控制系统主电路类似。

工作台控制系统的控制电路如图 4-26 所示，在该图中可以看出 PLC 的 I/O 地址分配。其中，输入端子 X0～X6 分别接回原点近点开关、回原点启动、手动/自动切换、停止、手动右移和手动左移等开关量输入信号，输入端子 X0～X13 和 X14～X17 接了一个两位数码开关，可以用于工作台定位位置的设定；输出端子 Y0 输出的脉冲串送入伺服放大器 PP 输入端，使之在“位置控制模式/速度控制模式”选择位置控制模式时具有定位控制功能，端子 Y1 空出没有使用，输出端子 Y2～Y6 分别接伺服放大器的清零信号、方向信号、速度模式右行、速度模式左行、速度模式快速和控制模式选择等端子。

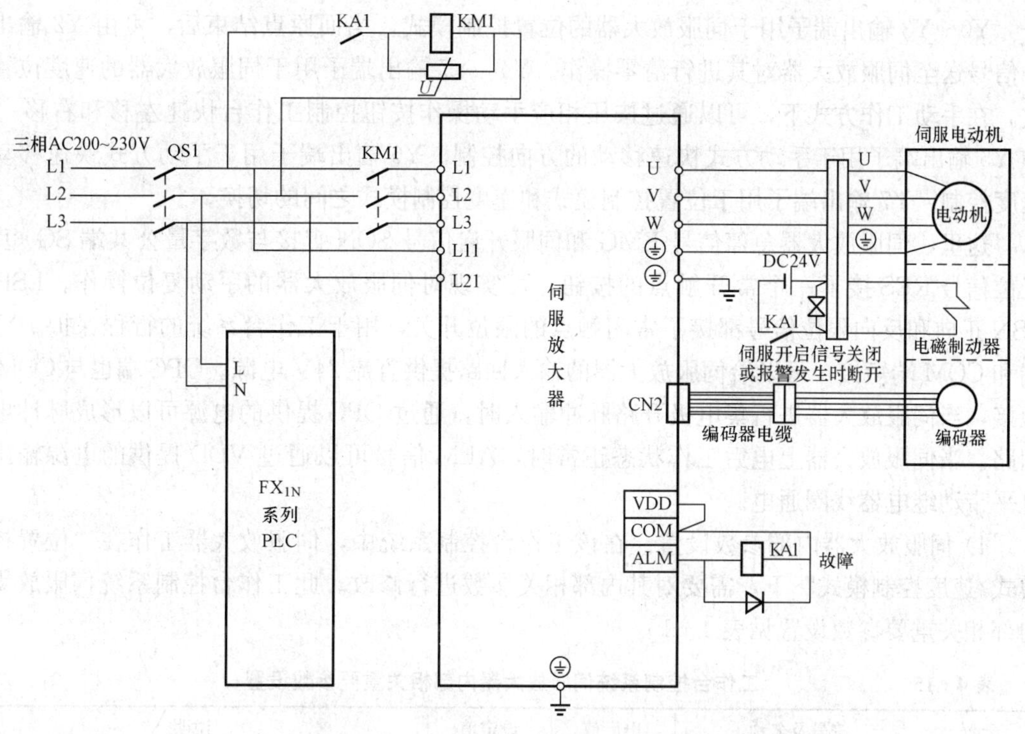

图 4－25　工作台定位控制系统主电路图

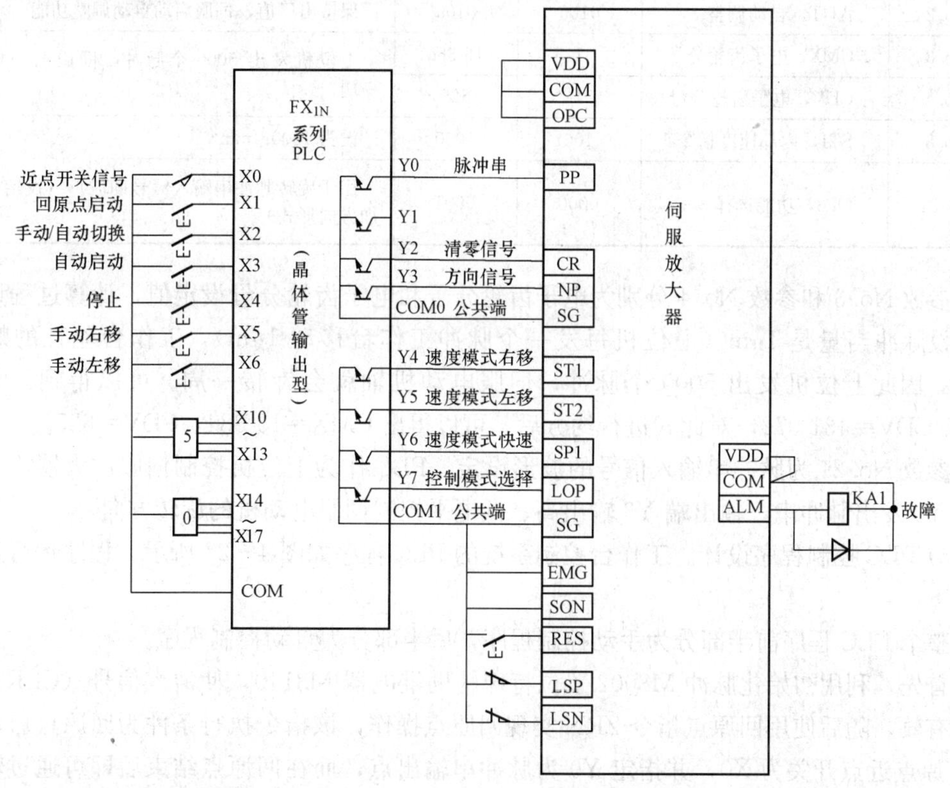

图 4－26　工作台系统控制电路图

Y0～Y3 输出端子用于伺服放大器的位置控制模式。当回原点结束后，可由 Y2 输出一个信号送至伺服放大器对其进行清零操作。Y4～Y7 输出端子用于伺服放大器的速度位置模式。在手动工作方式下，可以通过按压相应手动操作按钮控制工作台快速左移和右移。Y4 和 Y5 输出端子用于手动方式快速移动的方向控制。Y6 输出端子用于手动方式快速移动的速度控制。Y7 输出端子用于位置控制模式和速度控制模式之间的切换。

这里，伺服放大器急停信号 EMG 和伺服开启信号 SON 直接与数字量公共端 SG 短接。复位信号 RES 接了一个常开触点的按钮，可实现对伺服放大器的手动复位操作。LSP 和 LSN 正向和反向限位信号都接了常闭触点的限位开关，用于工作台系统的行程保护。VDD 端和 COM 端短接，可以给伺服放大器的输入回路提供直流 24V 电源。OPC 端也与 COM 端短接，当伺服放大器进行集电极开路脉冲输入时，通过 OPC 提供的电源可以形成脉冲电流回路。当伺服放大器上电后工作状态正常时，ALM 信号可以通过 VDD 提供的电源输出高电平带动继电器线圈通电。

4）伺服放大器内部参数设置。在该工作台控制系统中，伺服放大器工作在“位置控制模式/速度控制模式”下，需要对其内部相关参数进行修改。此工作台控制系统伺服放大器内部相关重要参数设置见表 4－15。

表 4－15　工作台控制系统伺服放大器内部相关重要参数设置

参数	符号及名称	出厂值	设定值	说明
No. 0	STY，控制模式选择	0000	0001	设置为位置控制和速度控制模式
No. 2	AUT，自动调整	0105	0105	保持出厂值，伺服启动自动调整功能
No. 3	CMX，电子齿轮分子	1	16 384	上位机发出 5000 个脉冲，伺服电动机旋转一周
No. 4	CDV，电子齿轮分母	1	625	
No. 8	SC1，内部速度指令 1	100	1000	设为 1000r/min
No. 21	OP3，功能选择 3	0000	0001	用于旋转脉冲串输入信号的波形（设定为脉冲加方向形式）

参数 No. 3 和参数 No. 4 分别为电子齿轮分子和电子齿轮分母设定值，计算过程说明如下：设脉冲当量是 1μm（上位机每发一个脉冲工作台移动 1μm），工作台丝杠的螺距是 5mm，因此上位机发出 5000 个脉冲，伺服电动机轴就会旋转一周。可以得到：5000×CMX/CDV＝131 072，对此式进行约分后，可以得出 CMX＝16 384，CDV＝625。

参数 No. 21 为脉冲串输入信号的波形设定，PLC 作为上位机控制伺服放大器，由其输出端 Y0 发出脉冲串，输出端 Y3 输出高、低电平控制伺服电动机的旋转方向。

5）PLC 控制程序设计。工作台控制系统的 PLC 程序如图 4－27 所示。程序运行过程说明如下：

整个 PLC 程序前半部分为手动控制程序，后半部分为自动控制程序。

首先，利用初始化脉冲 M8002 置位特殊辅助继电器 M8140，使清零信号（CLR）输出功能有效。随后使用回原点指令 ZRN 实现回原点操作，该指令执行条件为回原点启动按钮 X1，原点近点开关为 X0，并指定 Y0 为脉冲串输出点，而在回原点结束后即可通过输出点 Y2 输出一个清零信号（若指定 Y1 为脉冲串输出点，则通过 Y3 输出清零信号）；输入 X2

```
                                        * <回原点完毕由 Y2 输出清零信号          >
    M8002
0 ──┤├──────────────────────────────────────[SET       M8140        ]

                                        * <回原点                                >
    X001
3 ──┤├────────────────────[ZRN    K20000    K200    X000    Y000     ]
   回原点
    启动

    X002
13──┤├──┬───────────────────────────────────────────(Y007          )
  手动/自动│                                          控制模式
        │                                            选择
        └───────────────────────────────────────────(Y006          )
                                                    快移速度

    X002    X005
16──┤├──────┤├──────────────────────────────────────(Y005          )
  手动/自动 手动左移                                   左移

    X002    X006
19──┤├──────┤├──────────────────────────────────────(Y004          )
  手动/自动 手动右移                                   右移

                                        * <数字拨码开关移动距离输入              >
    M8000
22──┤├──┬───────────────────────────[BIN     K2X010     D100         ]
   运行常 │
    ON  │                           * <Y0 输出脉冲计算                       >
        └───────────────────────[MUL     D100     K1000     D110    ]

    X002
35──┤├──┬───────────────────────────[ZRST    S0     S23               ]
  手动/自动│
    X004 │
  ──┤├───┘
   停止
```

图 4-27　工作台控制系统 PLC 程序（一）

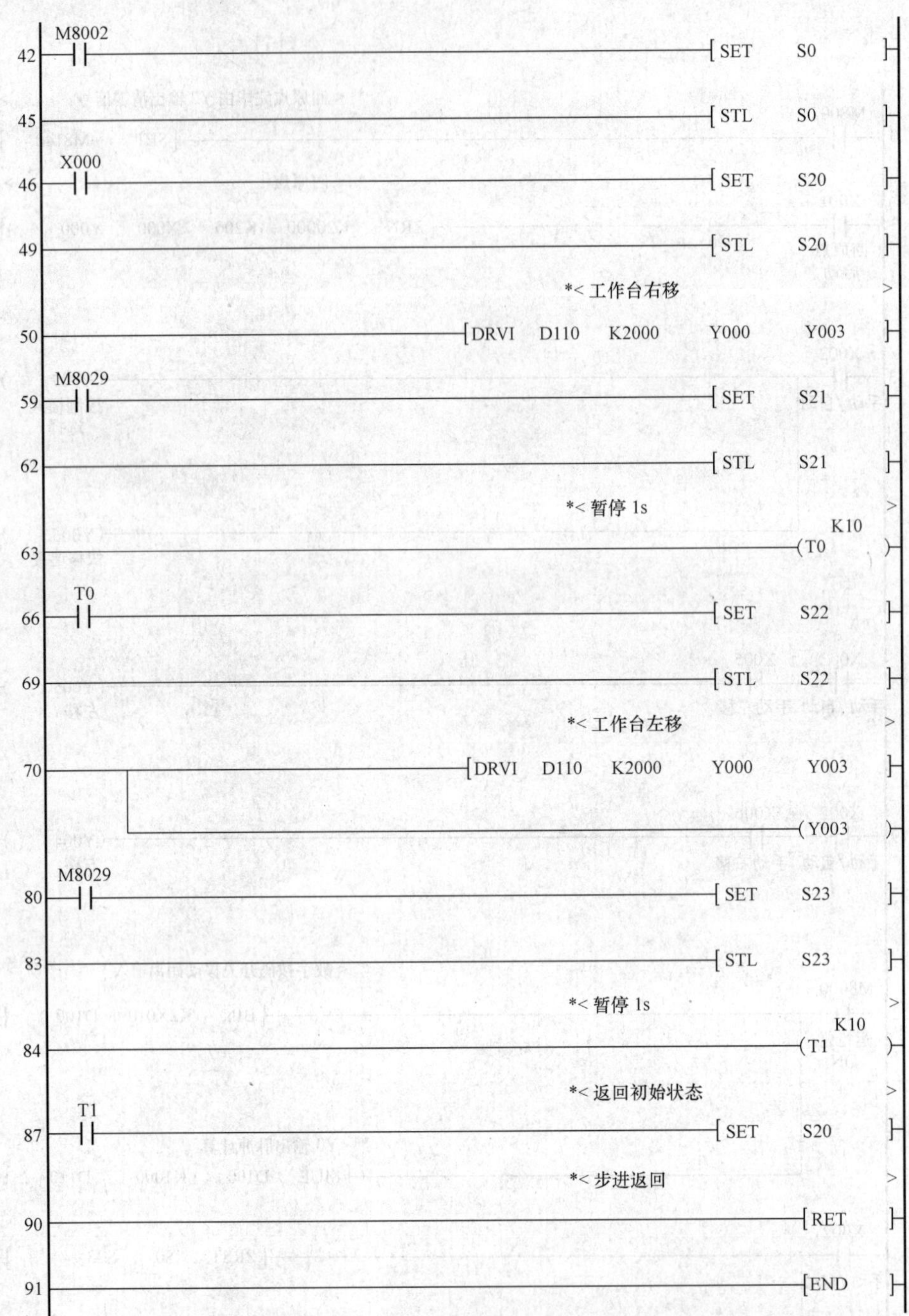

图 4-27 工作台控制系统 PLC 程序（二）

驱动输出点 Y7（与伺服放大器的 LOP 输入端连接）用于控制模式的切换，X2 断开驱动 Y7 输出低电平时为位置控制模式（自动控制方式），X2 接通驱动 Y7 输出高电平时为速度控制模式，另外它并行驱动了 Y6 以决定手动时的快移速度（SP1）；选择手动控制方式使 X2 接通后，通过按压相应的手动右移/手动左移按钮 X5/X6 可以驱动 Y5 或 Y4 为 ON，可实现工作台的右移和左移（设右移对应 SP1 正转信号，左移对应 SP2 反转信号）。

上述部分程序为手动程序，而后面的程序即为自动程序。先使用 BIN 指令将连接于输入点 X10～X17 的数字拨码开关输入的 BCD 码转换二进制数，并存储于数据寄存器 D100 中。若为手动工作方式，X2 会接通，它使状态继电器 S0～S23 成批地复位，将禁止自动程序的运行；因为数字拨码开关输入的位移单位为 mm，所以还要乘以 1000 再转存于 D110 中以作为脉冲输出数（设脉冲当量是 1μm）；在自动程序中，采用步进梯形指令 STL 和步进返回指令 RET 实现工作台自动左移、右移的循环运行。其中，状态继电器 S0 为初始步，状态继电器 S20～S23 分别为工作台右移、暂停、左移和暂停四个工步（状态）。工作台右移或左移到位后，可控制状态转移条件特殊辅助继电器 M8029（指令执行结束标志）输出为 ON，以便从上一个状态转移至下一状态；在自动右移和左移时，主要使用增量驱动指令 DRVI，它的两个源操作数分别指定了输出脉冲的数量（D110）和脉冲的频率（K2000），而两个目标操作数 Y0、Y3 则分别指定了脉冲串的输出点和旋转方向（设 Y3 为 OFF 时为右移，Y3 为 ON 时为左移）。

在系统调试时，如果在手动工作方式按压手动右移、左移按钮时工作台实际运行方向与期望运行方向相反，可将 PLC 的输出点 Y4、Y5 与伺服放大器输入端 ST1、ST2 的接线对调来解决；在自动工作方式时，如果工作台实际运行方向与期望运行方向相反，可在 PLC 自动程序部分对 Y3 的驱动进行修改（改为在右移这一工步时驱动 Y3 为 ON，而在左移这一工步时驱动 Y3 为 OFF）。如果工作台设定的移动距离与实际移动的距离不符，则有可能是伺服放大器内部参数中的电子齿轮比设定值欠妥，可根据实际情况对其再进行修调。

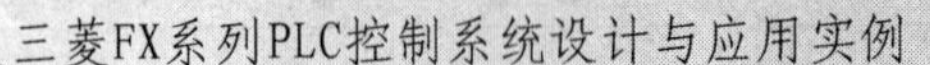

第五章

基于PLC的空压站变频调速控制系统

本章通过一个PLC应用于空气压缩站（简称空压站）电气控制系统的技术改造实例，介绍了基于PLC的空压站变频调速控制系统的硬件设计和软件设计，对PLC与变频器的通信及系统人机界面的设计、开发过程也作了简要的介绍。力求通过这个实例使读者了解由PLC控制变频器实现三相异步电动机无级调速的开发、设计过程。

第一节　控制系统的改造和控制要求

我国许多工业企业均自建了空压站或空气压缩机房（简称空压机房），使用压缩空气作为重要生产动力源。目前越来越多的自动化设备应用于工业控制现场，如工业控制计算机、PLC、触摸屏和变频器等，利用这些设备可以大大提高设备的自动化水平、生产效率和控制精度，实现系统的节能降耗和经济运行。

一、空压站控制系统改造要求

1. 原系统存在的问题

某集团公司动力分厂1号空压站有5台空压机组（2主3备），各个机组采用单机控制方式。在原电气控制系统中，1、2号机组为主工作机组，2台空压机组按一定的周期轮流地工作。3～5号为备用机组，当1号或2号空压机组工作而系统仍然压力不足时，将启动备用机组中的一台乃至三台直到满足供气压力时为止。

改造前存在的主要问题是：

(1) 各工作机组虽然采取星形—三角形降压启动，但启动时的冲击电流仍较大，严重影响电网的稳定运行和空压站周围其他用电设备运行的可靠性、安全性。

(2) 当主空压机组处于工频运行时，空压机运行时噪声大，对周围造成严重的声音环境污染。

(3) 主电机工频启动对设备的冲击大，电动机轴承易磨损，机械设备的维护工作量大。

(4) 主空压机组有时处于轻载或空载运行，浪费电能现象严重，很不经济。

(5) 空压机组控制系统采用半自动或手动操作方式，因此控制系统工作的自动化程度低、安全性差，人员操作麻烦，自动化水平低、生产效率不高。

(6) 控制系统可靠性、安全性差，机组出气压力控制精度低。

(7) 系统的人机界面粗糙、简单，不够友好。

2. 改造要求

实施技术改造后系统应能够实现空压机组的变频节能运行，需要满足的主要工艺要求如下：

(1) 电动机变频运行时应保持供压系统的出口压力稳定，压力波动范围不能超过±0.1MPa。

(2) 控制系统可以选择在变频和工频两种工况下运行。

(3) 系统采用闭环控制，具有模拟量回路的闭环调节功能。

(4) 一台变频器可拖动两台主空压机组，可在手动工作方式下使用按钮进行切换。

(5) 根据空压机组的工况要求，系统应保证拖动的交流异步电动机具有恒转矩运行特性。

(6) 为了防止高次谐波干扰空压机组变频器，变频器的输入端应当具有抑制电磁干扰的有效措施。

(7) 在供压系统用气量较小的情况下，变频器处于低频运行时，应保障电动机绕组温度和电动机的噪声不超过允许的范围。

(8) 考虑到控制系统今后的扩展和升级，变频器的容量和主控制器输入/输出点数应当有适当的裕量，以满足将来工作状况扩展的要求。

根据原电气系统存在的问题并考虑到提出的改造工艺要求，空压机组采用由变频器拖动主空压机组、PLC 作为上位机主控制器、触摸屏作为人机界面的总体改造方案。

二、控制系统的控制要求和原理

1. 系统的主要控制要求

采用 PLC 控制变频器进行空压站技术改造后，系统的主要控制要求如下：

(1) 控制系统有手动和自动两种方式。在自动运行时（手动预先设定变频器控制的机组，1 号或 2 号机组）。根据压力传感器输出的模拟电压或电流信号（0～10V 或 4～20mA）由 PLC 进行 PID 调节运算，控制变频器在 15～50Hz 之间节能地运行。

其中，3～5 号备用机组的控制要求为：当管道压力低于工作压力下限值（预先设定）并且变频器输出频率在上限值（预先设定）时，经过延时（延时时间可设置）由 PLC 控制启动 3、4 号其中一台机组，直至 3～5 号机组全部启动；当管道压力大于工作压力上限值（预先设定），并且变频器输出在下限（可设定），经延时（延时时间可设置）由 PLC 停止 3、4 号其中一台机组。同样上述两条件不变可再停一台，直到停完。

(2) 压力信号取自压力传感器或变送器，系统工作压力上、下限可由 PLC 设定。

(3) 手动工作时只有 3、4、5 号机组的启、停通过手动按钮操作，其他工作情形与自动工作方式时一样。

(4) 变频器在 PID 调节故障时可使用电位器人工进行调速。

(5) 人机界面要求。变频器的运行监视参数可通过 RS-485 串行接口，经 PLC 由触摸屏进行远程显示。机组的启、停延时时间可通过触摸屏修改（20～600s）。

2. 控制系统的控制原理

控制系统的控制原理主要是：由 PLC 基本单元扩展出模拟量输入/输出模块，通过压力传感器实时检测压力值送入模拟量模块进行PLC内部的调节运算，然后由模拟量输出模块输出直流0～10V的电压信号至变频器，变频器的输出频率信号通过模拟量输出端子回送到PLC，构成模拟量闭环控制回路。由压力传感器测量实际压力后与压力设定值进行比较，经PLC内部PID调节运算实时控制变频器的输出频率，从而调节空压机（三相异步电动机）的转速，使供气系统空气压力稳定在设定压力值上。通过变频器PU接口的RS-485串行通信可以读入变频器除频率外的其他主要运行参数，如电流、功率和电压等。

这样由PLC、变频器、三相交流异步电动机、压力传感器（变送器）等组成的压力反馈闭环控制系统，能够自动地调节三相交流异步电动机的转速，使供气系统空气压力稳定在设定范围内，进行恒压控制。

第二节　控制系统的硬件设计

一、控制系统的硬件选型

根据控制要求和控制规模的大小，这里选用三菱公司的FX系列小型PLC作为系统的主控制器，模拟量输入输出模块选用FX_{1N}-485BD，变频器选用三菱的FR-A700系列，触摸屏选用上海步科电气的eView系列MT510，压力传感器则选择TPT503型压力传感器。

1. 系统的主控制器——FX_{1N}-40MR

FX_{1N}系列属于FX系列PLC中普及型的子系列，经过扩展适当的模拟量模块并使用PID指令，完全可以满足对中等规模空压站控制系统闭环模拟量的控制要求。根据系统的控制规模和对I/O点数的要求，系统的控制器选择FX_{1N}-40MR，为继电器输出型，有24点开关量输入，16点开关量输出。

FX_{1N}系列PLC在加装了通信扩展板FX_{1N}-485-BD后，通过网线与变频器的PU接口相连后，可与之进行由PU接口引出的RS-485串行通信，读取变频器的监控参数，如实际频率、电流、功率和电压等。

2. 模拟量输入输出模块——FX_{0N}-3A

FX_{0N}-3A模拟量输入输出混合模块有两个输入通道（0～10V电压或4～20mA电流）和一个输出通道。输入通道接收模拟信号并将模拟信号转换成数字值，输出通道采用数字值并输出成对应比例的模拟信号。输入/输出通道选择的电压或电流形式由用户的接线方式决定。FX_{0N}-3A可以连接到FX_{2N}、FX_{2NC}、FX_{1N}、FX_{0N}等系列的可编程序控制器上。FX_{0N}-3A的最大分辨率为8位。FX_{0N}-3A在PLC扩展母线上占用8个I/O点。这8个I/O点可以分配给输入或输出。所有数据传输和参数设置都是使用PLC中的FROM/TO指令，通过FX_{0N}-3A的软件控制调节。PLC与FX_{0N}-3A之间的通信由光电耦合器进行保护。

FX_{0N}-3A的端子和外部接线如图5-1所示。

3. 变频器——FR-A700

变频器的基本原理和应用技术在第四章中已有介绍，读者可以参见前面的相关内容。根

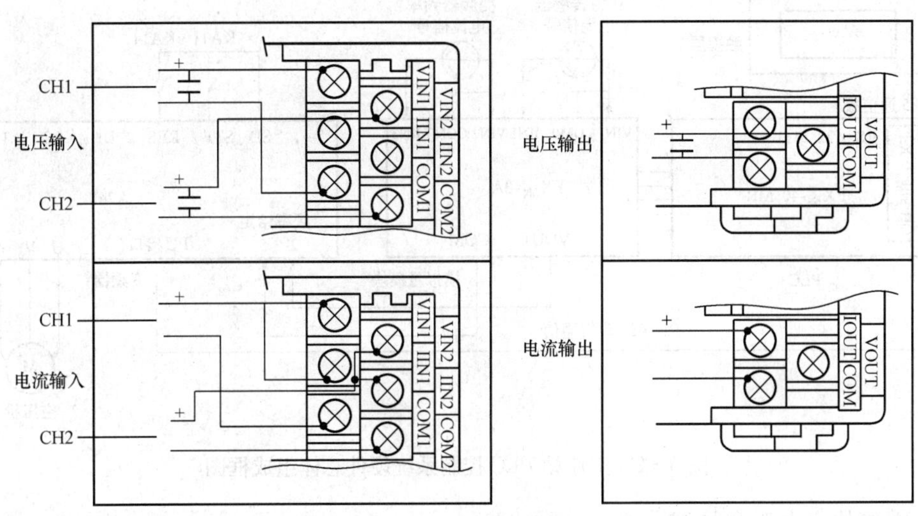

图 5-1 FX_{0N}-3A 的端子和外部接线

据空压站系统的压力负荷，选择的变频器是三菱 FR-A700 系列的 A740，功率为 110kW。

4. 触摸屏——MT510

在本控制系统中，采用 MT510 作为人机交互的界面，它具有界面美观、组态编程灵活、交互功能强等特点，便于与系统其他部分集成。

5. 压力传感器

TPT503 型压力传感器采用全不锈钢封焊结构，具有良好的防潮能力及较好的介质兼容性，可以广泛用于工业设备、水利、化工、医疗、电力、空调、金刚石压机、冶金、车辆制动、楼宇供水等压力测量与控制。TPT503 型压力传感器的主要性能指标如下：

量程　最小测量范围 0～1MPa，最大测置范围 0～450MPa；

综合精度　0.1%FS、0.2%FS、0.5%FS、1.0%FS；

输出形式　4～20mA/0～5V/1～5V/0～10V；

工作温度　−10～80−150℃；

供电电压　9～36V；

长期稳定性　0.1%FS/年；

负载阻抗　电流型最大 800Ω，电压型 50kΩ 以上。

这里选用 TPT503 型压力传感器可以满足恒压供气领域的要求。

二、控制系统的硬件设计

1. 控制系统的硬件总体组成

空压站 PLC 控制系统的硬件总体组成框图如图 5-2 所示。FX_{0N}-3A 模拟量模块的输入通道可读取压力、温度传感器的测量值，其输出通道输出 0～10V 电压信号作为变频器 FR-A740 的频率给定。变频器 FR-A740 的 PU 接口与加装了 FX_{1N}-485BD 通信板的 FX_{1N}系列 PLC 可实现基于 RS-485 总线的串行通信，PLC 便能够读入变频器的电流、功率和电压等运行参数。

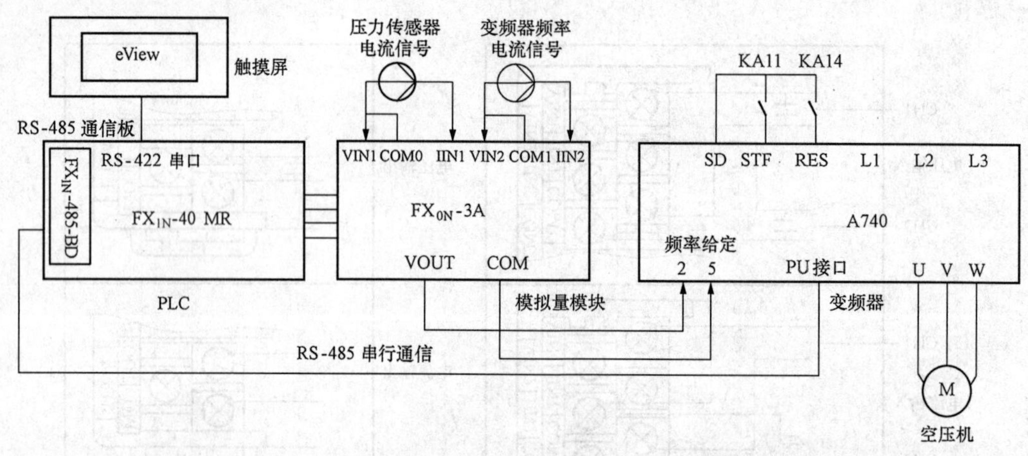

图 5-2　空压站 PLC 控制系统硬件总体组成框图

2. 系统的主电路和控制电路

空压站 PLC 控制系统的硬件设计主要包括主电路和控制电路的设计。

(1) 主电路。空压站 PLC 控制系统的主电路如图 5-3 所示。

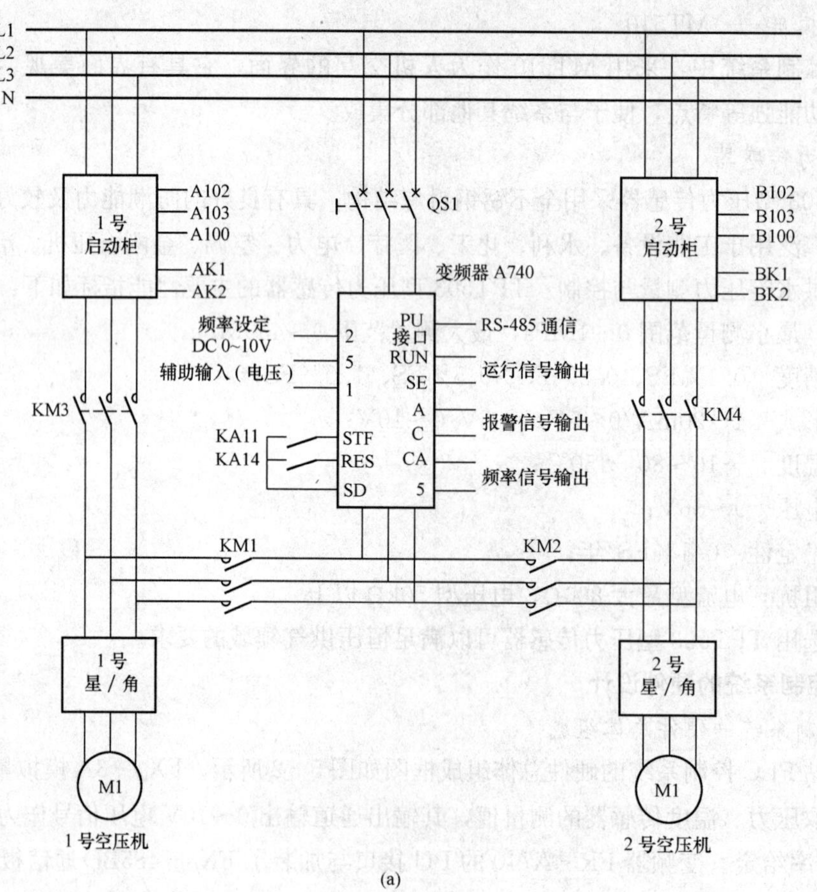

图 5-3　空压站 PLC 控制系统的主电路图（一）

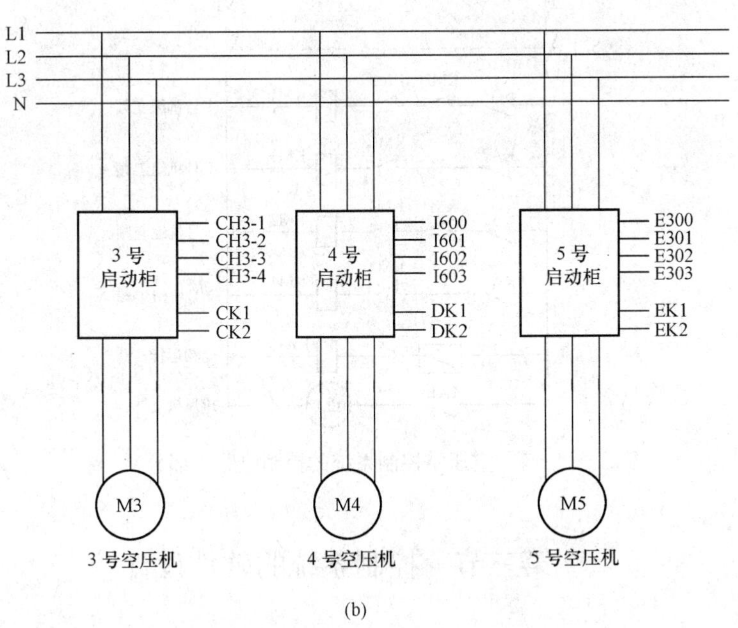

图 5－3 空压站 PLC 控制系统的主电路图（二）

（2）控制电路。空压站控制系统 PLC 外部接线图和控制电路图（部分）分别如图 5－4 和图 5－5 所示。

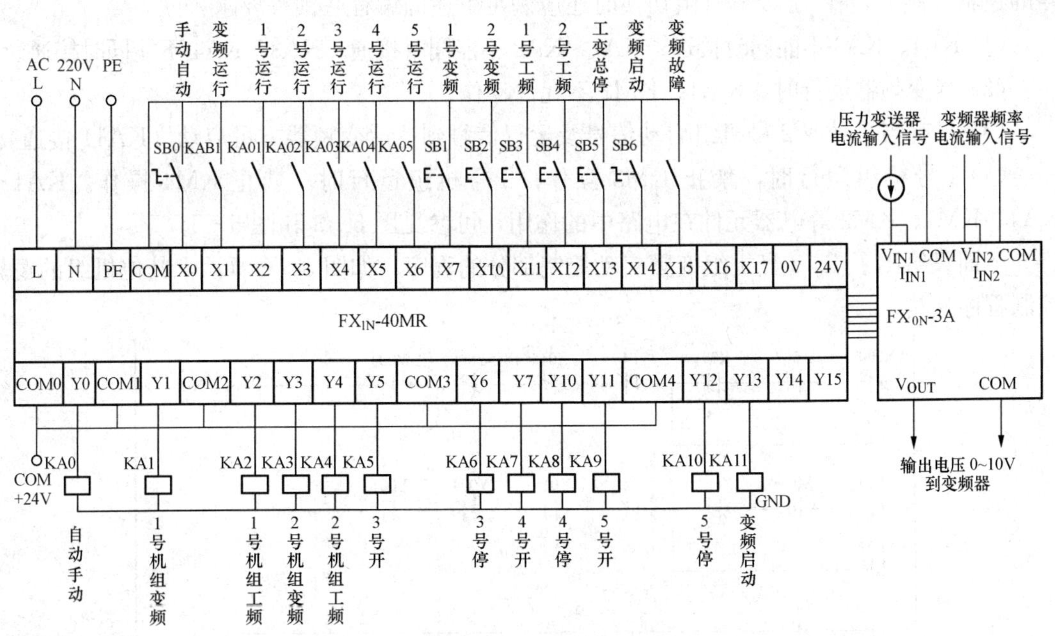

图 5－4 空压站控制系统 PLC 外部接线图

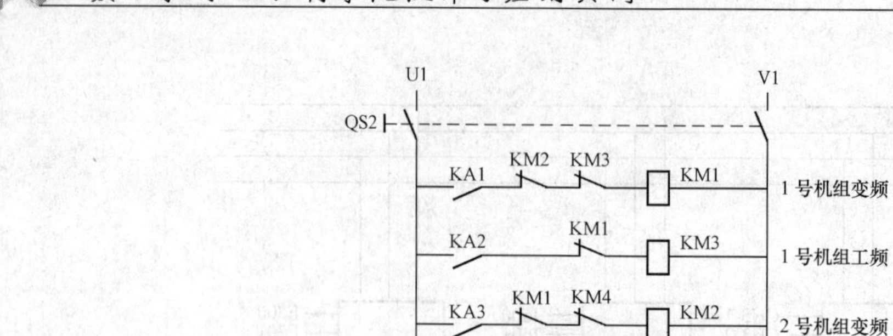

图5-5　空压站控制系统的控制电路（部分）

第三节　控制系统的软件设计

一、PLC的程序设计

控制系统的程序主要包括空压机组逻辑控制程序、模拟量输入输出模块读写、PID调节运算程序和PLC与变频器串行通信程序等。

1. 空压机组逻辑控制程序的设计

在进行控制系统的程序设计时，除了应满足前面“系统的主要控制要求”中各机组启、停的逻辑控制外，在1、2号机组切换时还应满足下述的编程联锁等要求：

(1) KA1、KA3不能同时接通；KA1、KA2不能同时接通；KA3、KA4不能同时接通。

(2) 当变频器运行时，KM1、KM2不允许动作。

(3) 只有当1号或2号机组启动信号及运行信号到达后变频器方可启动（KA11接通）。

(4) 1号机组运行时，禁止KM3操作；2号机组运行时，禁止KM4操作。KA1～KA4、KM1、KM2等电器元件在电路中的作用，可参见图5-3和图5-5。

下面只给出了1、2号机组变频启动控制部分的程序，如图5-6所示，其他机组的逻辑控制程序从略。

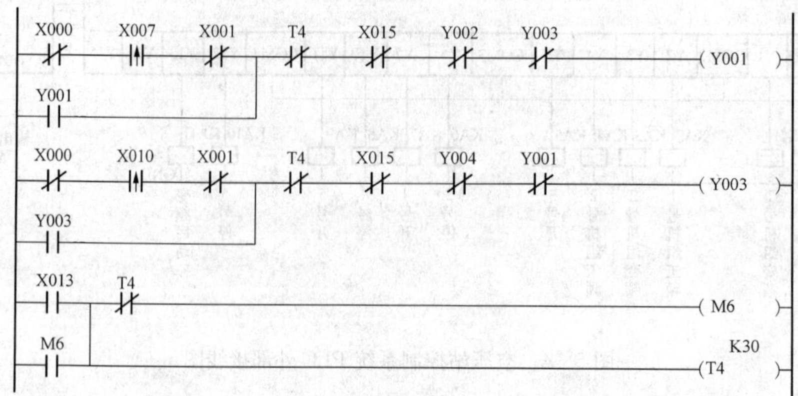

图5-6　1、2号机组变频启动运行控制程序

2. 模拟量输入输出模块读写

PLC基本单元是通过特殊功能模块读、写指令FROM、TO和模拟量输入输出模块FX_{0N}-3A中的缓冲存储器（BFM）交互数据的。FROM、TO指令的使用可参见第四章的介绍。FX_{0N}-3A缓冲存储器的分配见表5-1。

表5-1 **FX_{0N}-3A缓冲存储器的分配**

BFM编号	b15～b8	b7	b6	b5	b4	b3	b2	b1	b0
0	保留	通过BFM＃17的b0选择A/D通道的当前值输入数据（以8位存储）							
16	—	在D/A通道上的当前值输出数据（以8位存储）							
17	—	保留					D/A启动	A/D启动	A/D通道
1～5，18～31	保留								

注 BFM＃17：b0=0选择模拟输入通道1；b0=1选择模拟输入通道2；b1=0→1，启动A/D转换处理；b2=0→1，启动D/A转换处理（这些缓冲存储器元件是在FX_{0N}-3A内部存储/分配的）。

PLC基本单元通过写指令FROM启动模拟量输入输出模块FX_{0N}-3A通道1的A/D转换，读取通道1缓冲存储器BFM＃0的A/D转换值的程序即读取空压站系统压力的梯形图程序，如图5-7所示。

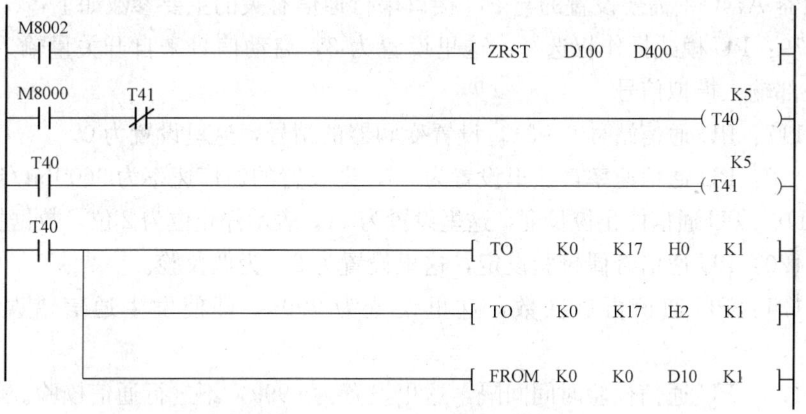

```
M8002
─┤├──────────────────────[ ZRST  D100  D400 ]
M8000     T41                              K5
─┤├──────┤/├─────────────────────────( T40 )
T40                                        K5
─┤├──────────────────────────────────( T41 )
T40
─┤├─┬────────────────────[ TO    K0  K17  H0   K1 ]
    ├────────────────────[ TO    K0  K17  H2   K1 ]
    └────────────────────[ FROM  K0  K0   D10  K1 ]
```

图5-7 读写FX_{0N}-3A输入通道1的BFM梯形图程序

在图5-7中，第一、二行程序表示0号模块（FX_{0N}-3A）选择了模拟输入通道1（BFM＃17的b0=0），并且启动A/D转换处理（BFM＃17的b1=0→1），第三行程序表示FX_{0N}-3A通道1的压力电流信号模拟量经过A/D转换变为数字量后存入到D10中。

通过FX_{0N}-3A模拟量输出通道缓冲存储器设定变频器给定频率的梯形图程序如图5-8所示。

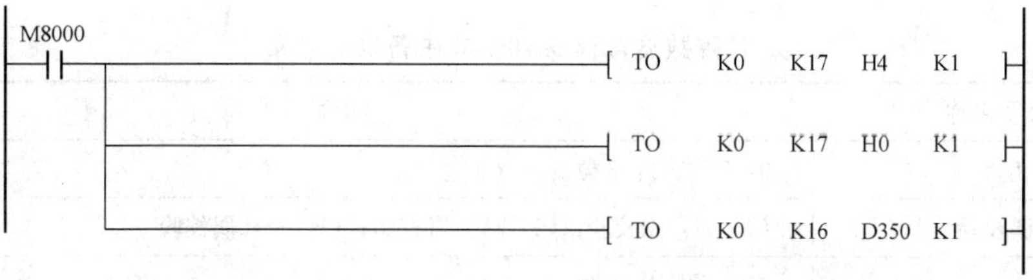

```
M8000
─┤├─┬────────────────────[ TO  K0  K17  H4    K1 ]
    ├────────────────────[ TO  K0  K17  H0    K1 ]
    └────────────────────[ TO  K0  K16  D350  K1 ]
```

图5-8 写FX_{0N}-3A输出通道BFM梯形图程序

在图5-8中，第一、二行表示FX_{0N}-3A模拟量输出通道启动D/A转换处理（BFM#17的b2=0→1），应注意FX_{0N}-3A只有一个输出通道。在FX_{0N}-3A中的BFM#16缓冲存储器中存储了PLC数据寄存器D350中的数字值。第三行表示存储在PLC数据寄存器D350中的数字量，经D/A转换后输出与之成比例的模拟量。在这里PLC中的数字量为0～250，对应的电流输出为4～20mA。

3. PID调节运算程序

经FX_{0N}-3A模块的输入通道经A/D变换后进入PLC的压力变换数字量，经PID指令进行调节运算后再通过FX_{0N}-3A模块的输出通道送入变频器A740的模拟量输入端。有关PID调节运算程序的设计这里不再详述，有兴趣的读者可参阅相关书籍。

4. PLC与变频器串行通信程序的设计

（1）变频器通信参数设置。为了实现PLC与变频器的PU接口的串行通信，PLC需加装扩展通信板FX_{1N}-485-BD。变频器A740的SDA端与PLC的扩展通信板的RDA端相连，变频器的SDB端与PLC通信板的RDB端相连，变频器的RDA与PLC通信板的SDA相连，变频器的RDB端与PLC通信板的SDB端相连，变频器的SG端与PLC扩展通信板的SG相连。

在变频器A740中需要设置的与PU接口串行通信有关的主要参数如下：

1）Pr.79：PU模式操作权选择，这里设置为3，启动信号来自开关量输入端子，运行频率来自外部输入模拟信号。

2）Pr.117：PU通信站号0～31，设置变频器的站号，这里设置为0。

3）Pr.118：PU通信速率，这里设置为96，即设置的通信速率为9600bit/s。

4）Pr.119：PU通信停止位长度，这里设置为11，表示停止位为2位，数据长度为7位。

5）Pr.120：PU通信奇偶校验设定，这里设置为2，为偶校验。

6）Pr.121：PU通信再试次数，这里设置为9999，即使发生通信错误变频器也不停止。

7）Pr.122：PU通信校验时间间隔，这里设置为9999，不进行通信校验。

8）Pr.123：PU通信等待时间，这里设置为9999，用通信数据设定。

9）Pr.124：PU通信有无CR/LF选择，这里设置为0，选择无CR、LF码。

应注意，参数Pr.122需设置为9999，否则当通信结束且通信校验互锁时间到时，变频器将会产生报警并停止。

（2）PLC通信格式的设置。三菱FX系列PLC在进行计算机链接（使用专用协议）和无协议通信（使用RS指令）时，都需要对与串行通信格式相关的特殊数据寄存器D8120进行设置。D8120中各位的含义见表5-2。

表5-2　特殊数据寄存器D8120中各位的含义

位号及名称	功能说明
b0：数据长度	0：7位；1：8位
b2、b1：奇偶校验	（0，0）：无校验；（0，1）：奇校验；（1，1）：偶校验
b3：停止位	0：1位；1：2位

 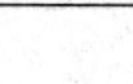

续表

位号及名称	功能说明
b7～b4：通信速率（bit/s）	(0，0，1，1)，300；(0，1，1，1)：4800 (0，1，0，0)：600；(1，0，0，0)：9600 (0，1，0，1)：1200；(1，0，0，1)：19 200 (0，1，1，0)：2400
b8：起始符	0：无；1：有效，默认为 STX（02H）
b9：终止符	0：无；1：有效，默认为 ETX（03H）
b12～b10：控制线（无协议通信）	000：未用控制线，RS-232 接口 001：终端模式，RS-232 接口 010：互连模式，RS-232 接口 011：普通模式 1，RS-232 接口，RS-485（422）接口 101：普通模式 2，RS-232 接口，RS-485 接口（仅对 FX 和 FX2C）

设定通信格式内容包括通信速率（波特率）、数据长度、奇偶校验、停止位长度和协议格式等。在设置了特殊数据寄存器 D8120 的通信格式后，应关掉 PLC 的电源后再使之重新上电。这里 D8120 设置为十六进制数 0C8E（二进制数的 0000 1100 1000 1110，最高位为 b15，最低位为 b0），即采用无协议通信，RS-485 串口，数据长度为 7 位，偶校验，2 位停止位，通信速率为 9600bit/s，无起始符和终止符，不添加和校验码。

PLC 内部有关串行通信格式设定的程序段如下：

```
LD     M8000
OUT    M8161
LD     M8002
MOV    H0C81   D8120
LD     M8000
RS     D130   K8   D140   K25
```

(3) PLC 与变频器串行通信程序的设计。PLC 与变频器串行通信程序的设计需遵循三菱变频器专用通信协议，套用通信协议中的相关格式。这部分具体内容读者可参考三菱变频器的使用手册，这里不再详细介绍。

另外，通信程序中还需要用到串行通信指令 RS、HEX→ASCII 码转换指令 ASCI 等，这些应用指令的使用可查阅三菱 FX 系列编程手册。

二、控制系统人机界面的设计

控制系统的人机界面采用了上海步科电气 eView 系列触摸屏 MT510，它的界面美观、人机对话友善。

1. PLC 和触摸屏硬件连接

为了实现人机界面触摸屏 MT506T 与控制器 PLC FX_{2N}-48MR 的通信，首先需要选择合适的物理层通信介质。触摸屏与 PLC 的通信连接线，可选用三菱 FX 系列 PLC 的 8 针圆形母座插头专用通信电缆。eView 触摸屏与 FX 系列 PLC 通信电缆的连接如图 5-9 所示。这样，就可以建立触摸屏和 PLC 之间通信介质的硬连接了。

2. 触摸屏系统参数的设定

在 eView 触摸屏中有关系统的通信格式设定步骤如下：①打开 eView 触摸屏组态开发

环境EasyBuilder；②点击“编辑”菜单项→“系统参数……”，将弹出“设置系统参数”对话框；③在该对话框中进行有关通信方、通信口类型、通信格式的设定等，如图5-10所示；④点击“确定”按钮，退出触摸屏系统参数的设置。

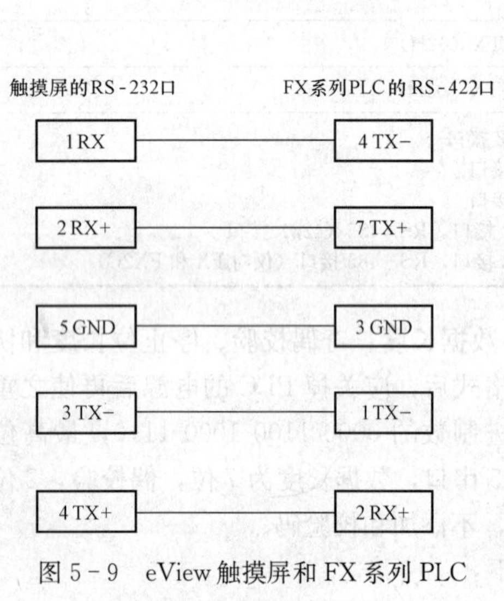

图5-9　eView触摸屏和FX系列PLC的通信电缆连接图

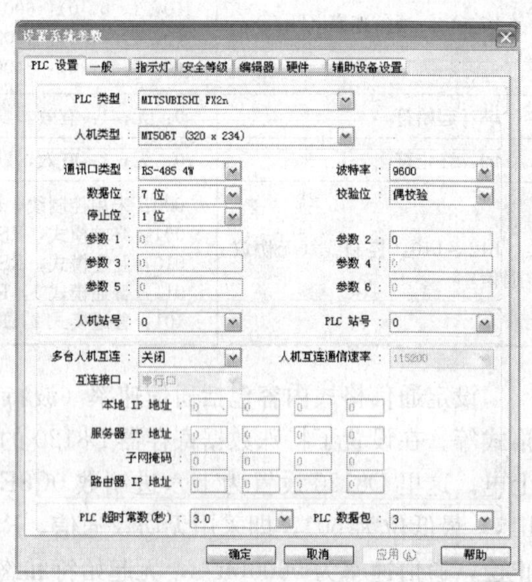

图5-10　触摸屏系统参数的设定

3. 触摸屏的组态设计过程

触摸屏具有操作简单方便、符合人性化等优点。使用触摸屏工具栏图形中的位状态指示等、位状态设定动画、报警栏显示、棒图、趋势图、表针等元件可以制作一个美观、形象的监控系统。使用触摸组态开发过程与使用常用工业组态软件（如MCGS、Kingview等）制作用户画面的过程相似，实现的功能也相近。在触摸屏的画面、脚本程序组态过程中，关键是使触摸屏中的元件与下位机PLC中的相应软元件一一对应，如X、Y、M、D、T和C等。通过触摸屏窗口可以进行配方的编辑、修改和关键工艺参数的设定。触击eView触摸屏可以进行工艺流程、运行状态和报警显示，并且可以形成实时数据曲线和数据报表供显示和打印。有关触摸屏的具体组态过程，限于篇幅这里也不再作详细地介绍。空压机控制系统触摸屏参数显示界面如图5-11所示。

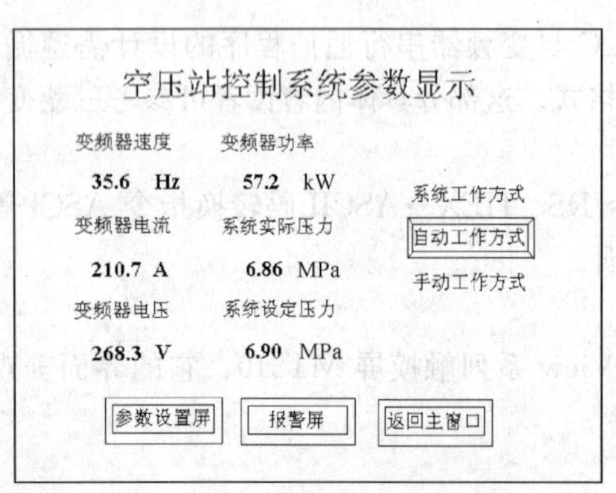

图5-11　空压机控制系统触摸屏参数显示界面

空压机控制系统进行改造后取得了明显的经济效益和社会效益，实际运行效果明显：①大量节约了能源，降低了运行成本，提高了供气压力的控制精度；②空压机组的机械使用寿命明显延长，空压机的噪声问题得到了改善；③整个控制系统运行安全、可靠、稳定，大大提高了控制系统的自动化水平。

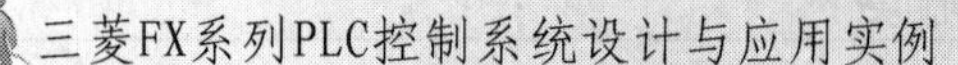

第六章

基于 PLC 的机械手模型控制系统

本章介绍基于 PLC 的机械手模型控制系统的硬件选型和软件设计。通过这个实例，力求使读者了解由晶体管输出型 PLC 输出高频脉冲串，经步进驱动器功率放大后驱动步进电动机以实现简易定位的开发、设计过程。

第一节　机械手模型控制系统概述

机械手一般由控制系统及检测装置、驱动系统、执行机构三大部分组成，智能机械手还具有感觉系统和智能系统。机械手通过模仿人的手部动作，在控制器的指挥控制下按照给定程序、轨迹和要求，实现自动抓取、搬运和操作。特别是在高温、高压、多粉尘、易燃、易爆、放射性等恶劣环境中以及笨重、单调、频繁的操作中，机械手可以代替人去作业，因此，它在许多领域获得了越来越多的应用。

机械手模型有机地融合了 PLC、位置控制、气动技术等为一体的综合性教学实验仪器，是对工业、农业、医疗等领域实用机械手的高度仿真和浓缩。此模型的机械结构采用了滚珠丝杠、滑杠、气缸、气夹等机械部件，电气方面使用了步进电动机驱动器、步进电动机、传感器、开关电源、电磁阀等电子元器件，模型的主控制器则采用了晶体管输出型 PLC。

一、机械手模型动作流程

机械手形式较多，按手臂的坐标形式不同主要有四种基本形式，即直角坐标式、圆柱坐标式、球坐标式和关节式。其中圆柱坐标式机械手又称为回转型机械手，是应用最多的一种形式。它适用于搬运和测量工件，具有直观性好，结构简单，本体占用的空间较小，动作范围较大等优点。圆柱坐标式机械手由 X、Z、Φ 三个运动组成。本章介绍的机械手模型为圆柱坐标式机械手，其实物如图 6－1 所示。

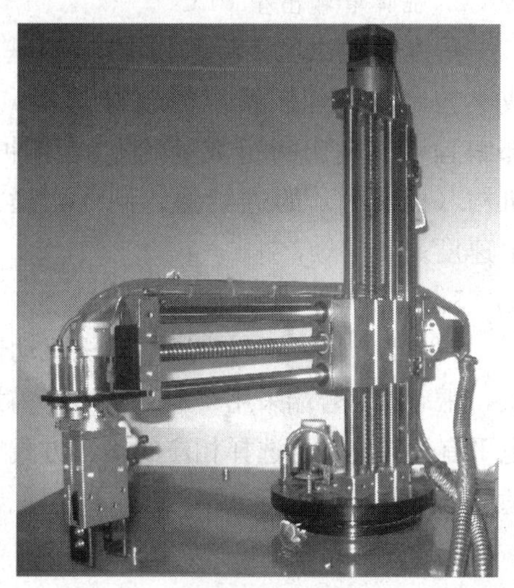

图 6－1　机械手模型实物图

机械手模型开机后整个动作流程由以下步骤组成：①开机复位（横轴、竖轴各自回零点位置）；②横轴前进；③机械手气夹旋转到位；④气夹电磁阀动作，手张开；⑤竖轴下降；⑥电磁阀动作，手夹紧；⑦竖轴上升；⑧横轴后退；⑨底盘旋转到位；⑩横轴前进；⑪机械手气夹旋转；⑫竖轴下降；⑬气夹电磁阀动作，手张开；⑭竖轴上升；⑮回到初始位置。

气夹在电磁阀未通电动作时为夹紧状态，通电后变为张开状态。在上述动作流程步骤中，④～⑤步和⑬～⑮步为气夹电磁阀通电状态。

二、工作原理简介

机械手模型控制系统为一步进伺服控制系统，主要由PLC、步进电动机功率驱动器和步进电动机等组成。

1. 步进伺服系统

运动控制系统中大多采用步进电动机或全数字式交流伺服电动机作为执行电动机。步进伺服系统由步进电动机功率驱动器和步进电动机等组成，步进电动机的类型主要有反应式、励磁式和混合式等。反应式步进电动机的转子上没有绕组，依靠变化的磁阻生成磁阻转矩工作；励磁式步进电动机的转子上有磁极，依靠电磁转矩工作。反应式步进电动机的应用最为广泛，它有两相、三相、多相之分，也有单段、多段之分。两相混合式步进电动机步距角一般为3.6°、1.8°，五相混合式步进电动机步距角一般为0.72°、0.36°。也有一些高性能的步进电动机步距角更小，如四通公司生产的一种用于慢走丝机床的步进电动机，其步距角为0.09°；德国百格拉公司生产的三相混合式步进电动机，其步距角可以通过拨码开关设置为1.8°、0.9°、0.72°、0.36°、0.18°、0.09°、0.072°、0.036°，这样就兼容了两相和五相混合式步进电动机的步距角。

步进电动机的优点比较多，如可以直接实现数字控制、控制性能好、无摩擦、抗干扰能力强、误差不长期积累、具有自锁能力和保持转矩的能力等。在目前国内的定位控制系统中，步进电动机在实现简易定位控制的场合仍有着较为广泛的应用。

2. 晶体管输出型PLC

晶体管输出型FX系列PLC的基本单元能够同时输出两组100kHz脉冲串，是低成本控制步进伺服系统的较好选择。本控制系统中PLC作为控制脉冲源，通过其内部编程可以输出指定数量的方波脉冲信号控制步进电动机的转角，进而控制步进伺服机构（机械手）的进给量。同时，通过编程可以控制步进脉冲频率，即伺服机构的进给速度。

3. PLC和步进驱动器的连接

控制器（PLC）与步进电动机驱动器的连接如图6-2所示。驱动器电源由电源模块提供，驱动器信号端采用+24V供电，需加1.5kΩ限流电阻（见图6-2）。驱动器输入端为低电平有效，应注意选择相应的输出方式（在使用不同的PLC产品配套模型时），或者加入合适的电平转换板进行电平转换。

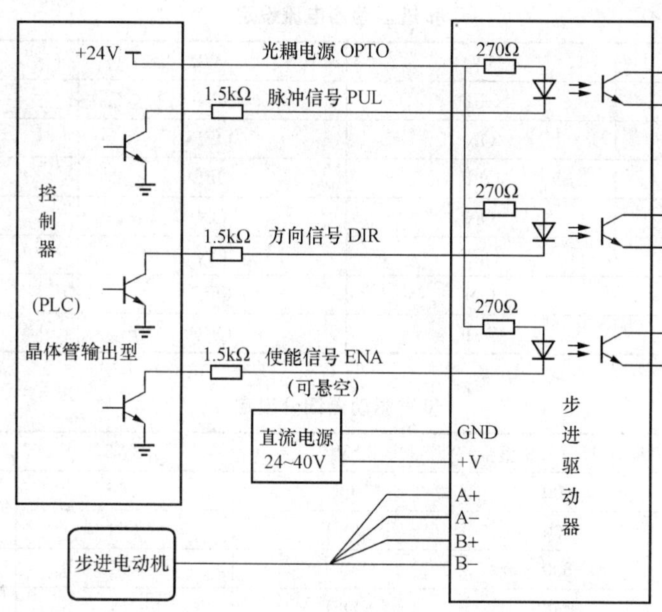

图 6-2　PLC 和步进电动机的连接

第二节　控制系统的硬件选型

一、系统外围器件的选型

机械手模型控制系统的步进驱动器和步进电动机采用了深圳雷赛机电技术开发有限公司生产的相应系列规格的产品。

1. 步进电动机

步进电动机采用二相八拍混合式步进电动机，其绕组采用串联型接法，如图 6-3 所示。

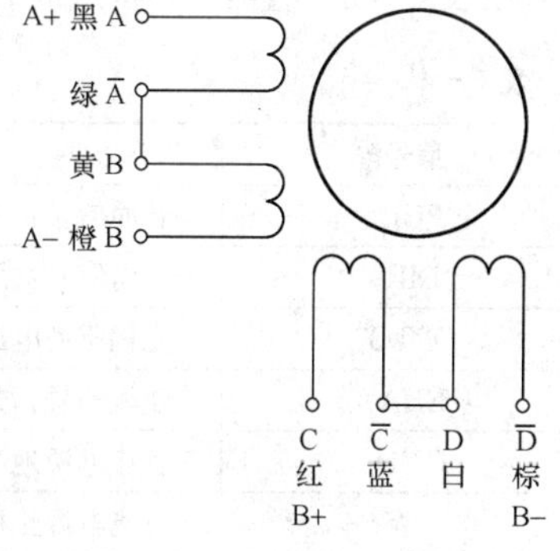

图 6-3　步进电动机绕组串联型接法

2. 步进电动机驱动器

步进电动机驱动器主要由电源输入部分、信号输入部分和输出部分等组成。步进驱动器的电气规格、电流设定、细分设定和信号接线分别见表 6-1～表 6-4。

表 6-1　　步进驱动器电气规格

项目	单位	最小值	典型值	最大值
供电电压	V	18	24	40
均值输出电流	A	0.21	1	1.50
逻辑输入电流	mA	6	15	30
步进脉冲响应频率	kHz	—	—	100
脉冲低电平时间	μs	5	—	1

表 6-2 步进驱动器电流设定

电流值（A）	SW1	SW2	SW3
0.21	OFF	ON	ON
0.42	ON	OFF	ON
0.63	OFF	OFF	ON
0.84	ON	ON	OFF
1.05	OFF	ON	OFF
1.26	ON	OFF	OFF
1.50	OFF	OFF	OFF

表 6-3 步进驱动器细分设定

细分倍数	步数/圈（1.8°整步）	SW4	SW5	SW6
1	200	ON	ON	ON
2	400	OFF	ON	ON
4	800	ON	OFF	ON
8	1600	OFF	OFF	ON
16	3200	ON	ON	OFF
32	6400	OFF	ON	OFF
64	12 800	OFF	ON	OFF
由外部确定	动态改细分/禁止工作	OFF	OFF	OFF

在表 6-1～表 6-3 中，带有灰色底纹的行或列为系统需要选择的典型值或默认值。

表 6-4 步进驱动器接线信号

信号	功能说明
PUL	脉冲信号：上升沿有效，每当脉冲由低变高时步进电动机走一步
DIR	方向信号：用于改变电动机转向，TTL 电平驱动
OPTO	光耦驱动电源
ENA	使能信号：禁止或允许驱动器工作，低电平禁止
GND	直流电源地
＋V	直流电源正极，典型值＋24V
A＋	电动机 A 相绕组正
A－	电动机 A 相绕组负
B＋	电动机 B 相绕组正
B－	电动机 B 相绕组负

3. 传感器

（1）接近开关。接近开关与挡板接近时输出电平为低电平，否则为高电平。这里用于机械手旋转底盘旋转到位的检测。

（2）行程开关。当挡板碰到开关时，常开触点闭合；当挡板离开开关时，闭合的常开触点断开。设计过程中共采用两对行程开关，作为横轴的前、后行程限位开关和竖轴的上、下行程开关。

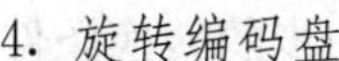

4. 旋转编码盘

在本模型基座上有一个旋转编码盘，在基座旋转时产生一个幅值为 24V 的方波信号。此方波信号送入 PLC 的高速计数器，可用于机械手旋转的精确定位控制。

5. 直流电动机驱动单元

模型中直流电动机驱动模块是通过两个继电器线圈的通电与断电来控制基座电动机（机械手旋转）的转动方向的。

二、系统的主控制器 PLC

1. PLC 机型的选择

本机械手模型需采用晶体管输出型 PLC，可同时输出两路脉冲到步进电动机驱动器，控制步进电动机运行。PLC 机型的具体型号为三菱 FX 系列 PLC 的 FX_{1N}-24MT-D（直流电源供电，14 点输入/10 点输出）。

2. I/O 地址分配

PLC 的 I/O 地址分配见表 6-5。系统中的步进功率驱动器有两个，分别实现对横轴和竖轴步进电动机的驱动。

表 6-5　　PLC 的 I/O 地址分配

地址类型	I/O 地址	功能说明	地址类型	I/O 地址	功能说明
输入点地址	X0	气夹正转限位	输出点地址	Y0	驱动器一 PUL
	X1	气夹反转限位		Y1	驱动器二 PUL
	X2	基座正转限位		Y2	驱动器一 DIR
	X3	基座反转限位		Y3	驱动器二 DIR
	X4	基座旋转脉冲		Y4	气夹正转
	X5	*X* 轴前限位		Y5	气夹反转
	X6	*X* 轴后限位		Y6	基座反转
	X7	*Y* 轴上限位		Y7	基座正转
	X10	*Y* 轴下限位		Y10	气夹电磁阀 YV—

第三节　控制系统的软件设计

一、PLC 的程序设计

1. 程序设计思路及梯形图

在电气控制领域，PLC 梯形图的顺序控制设计法具有思路清晰，步骤、方法相对固定等优点，因此，对初学者来讲很容易掌握，对编程经验丰富的技术人员来说，使用此种编程方法也可大大提高编程的效率和程序的可读性、可移植性和可维护性。顺序控制梯形图的编程方式主要包括起保停的编程方式、以转换为中心的编程方式和三菱步进梯形指令的编程方式三种。

另外，在三菱的 FX 系列 PLC 中有移位指令 SFTL（左移位）和 SFTR（右移位），利用这两条指令也可以实现比较简单的单序列顺序控制系统程序的设计。在使用移位指令时，将代表有关各步的辅助继电器的常开触点和相应的转换条件组成的串联电路并联起来，共同作为移位指令的移位脉冲输入信号。每当某个步为活动步，且转换至下一步的转换条件成立时就会产生一个移位脉冲信号，目的操作数中为“1”的数据就会发生一次移位，代表进行了一次步的活动状态的转移。本控制系统的程序就采用移位指令设计控制系统的顺序控制梯形图。机械手模型控制系统 PLC 梯形图程序如图 6-4 所示。

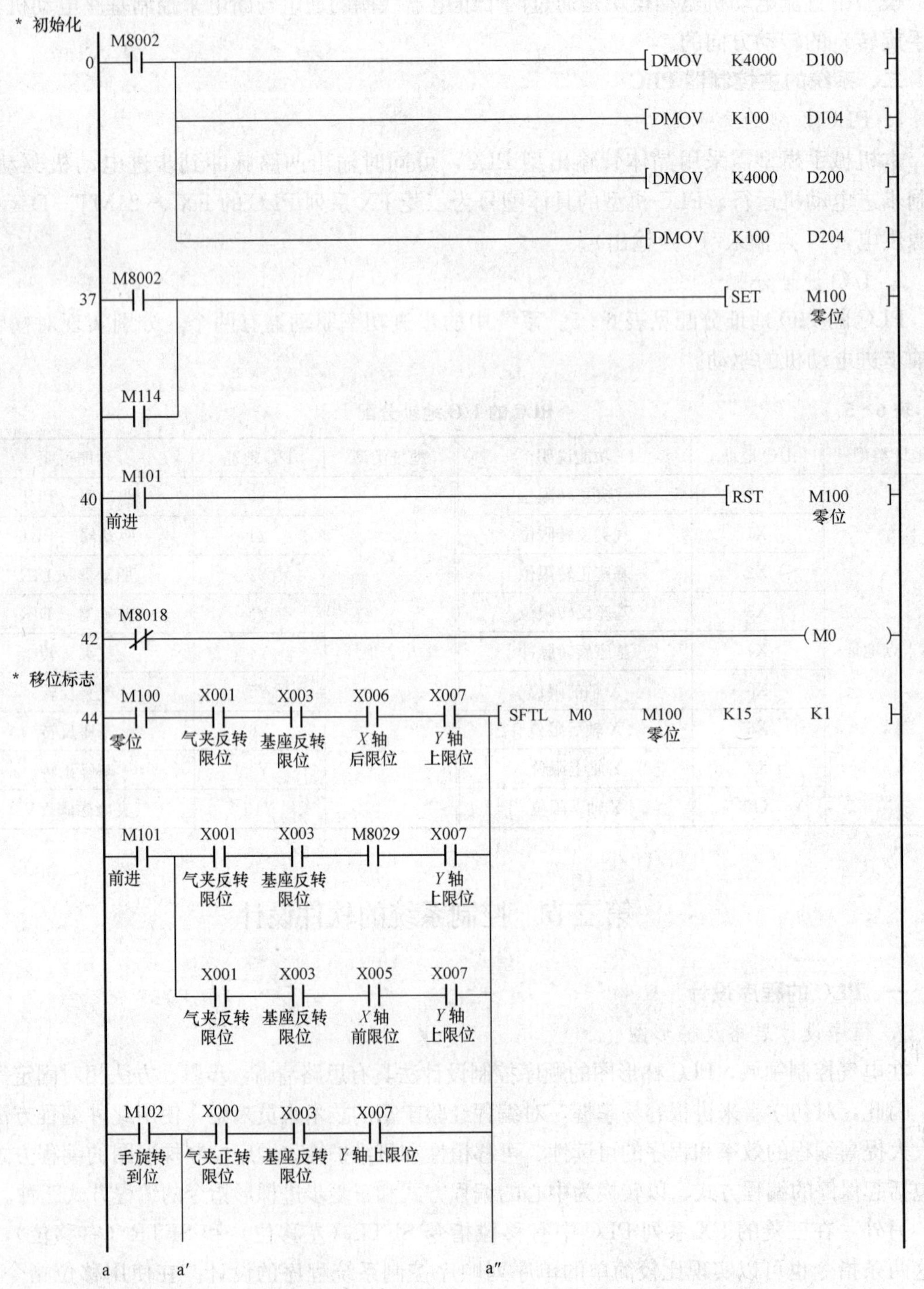

图 6-4 机械手模型控制系统 PLC 梯形图程序（一）

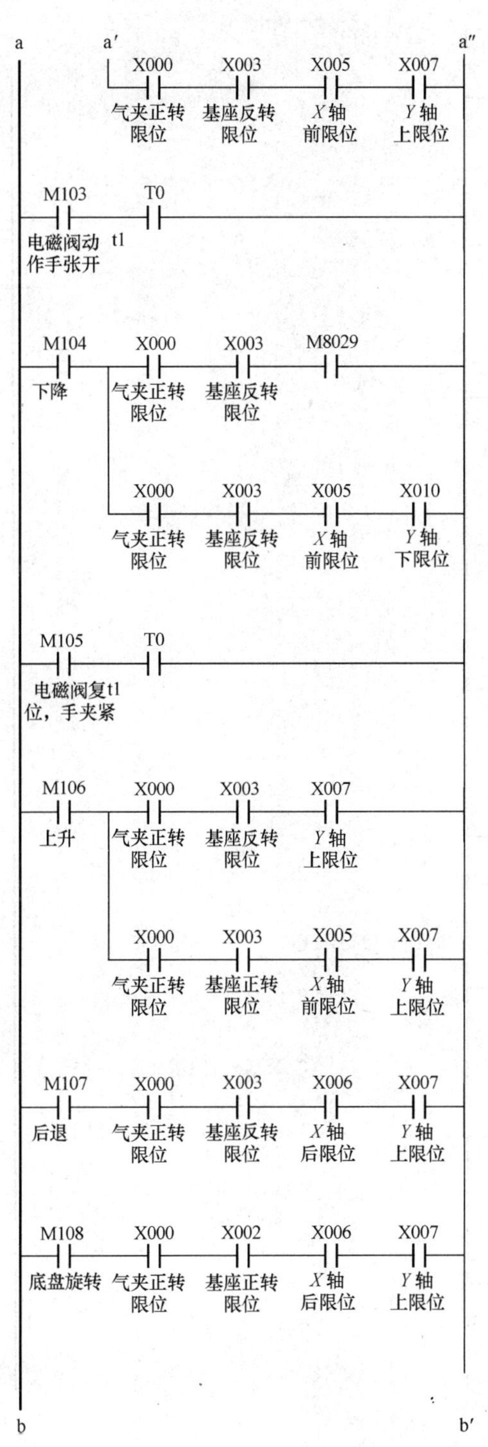

图 6 - 4　机械手模型控制系统 PLC 梯形图程序（二）

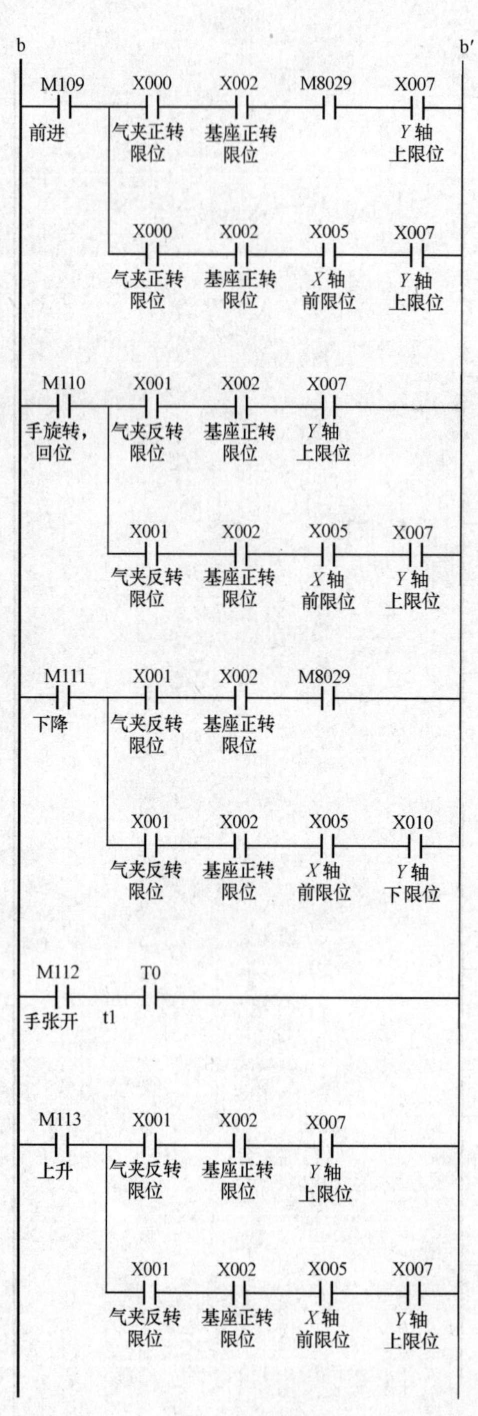

图 6－4　机械手模型控制系统 PLC 梯形图程序（三）

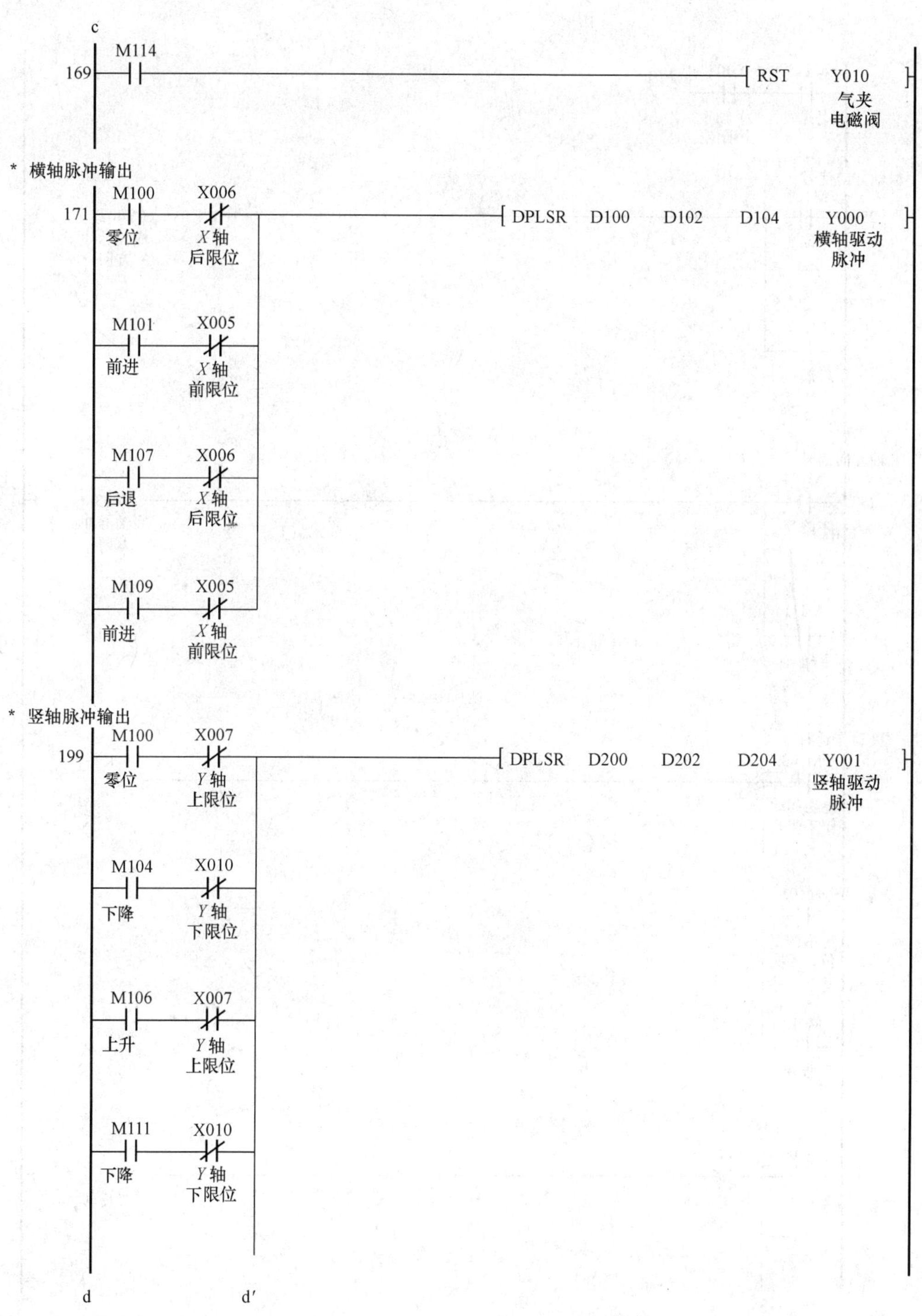

图 6 - 4　机械手模型控制系统 PLC 梯形图程序（四）

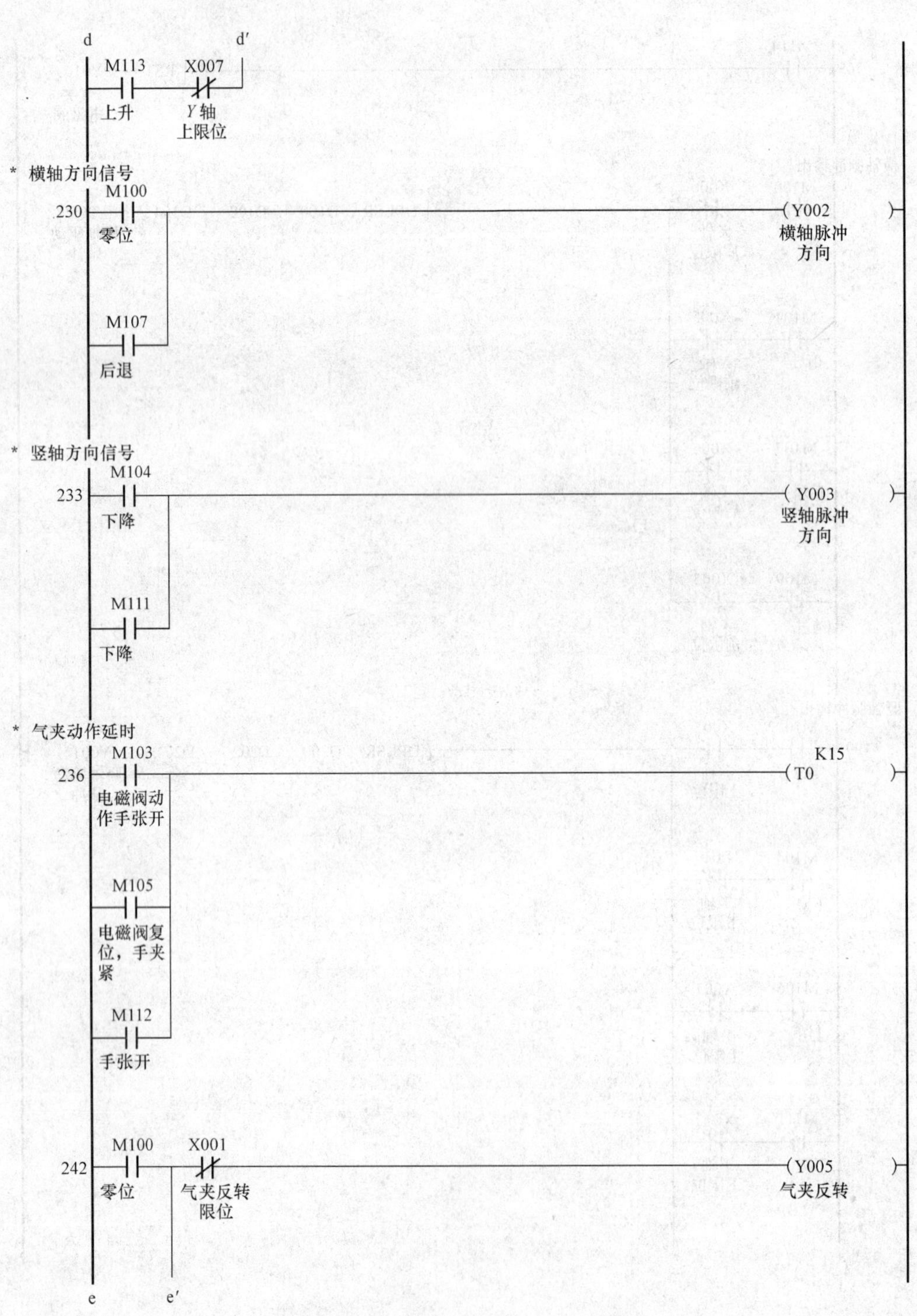

图 6-4 机械手模型控制系统 PLC 梯形图程序（五）

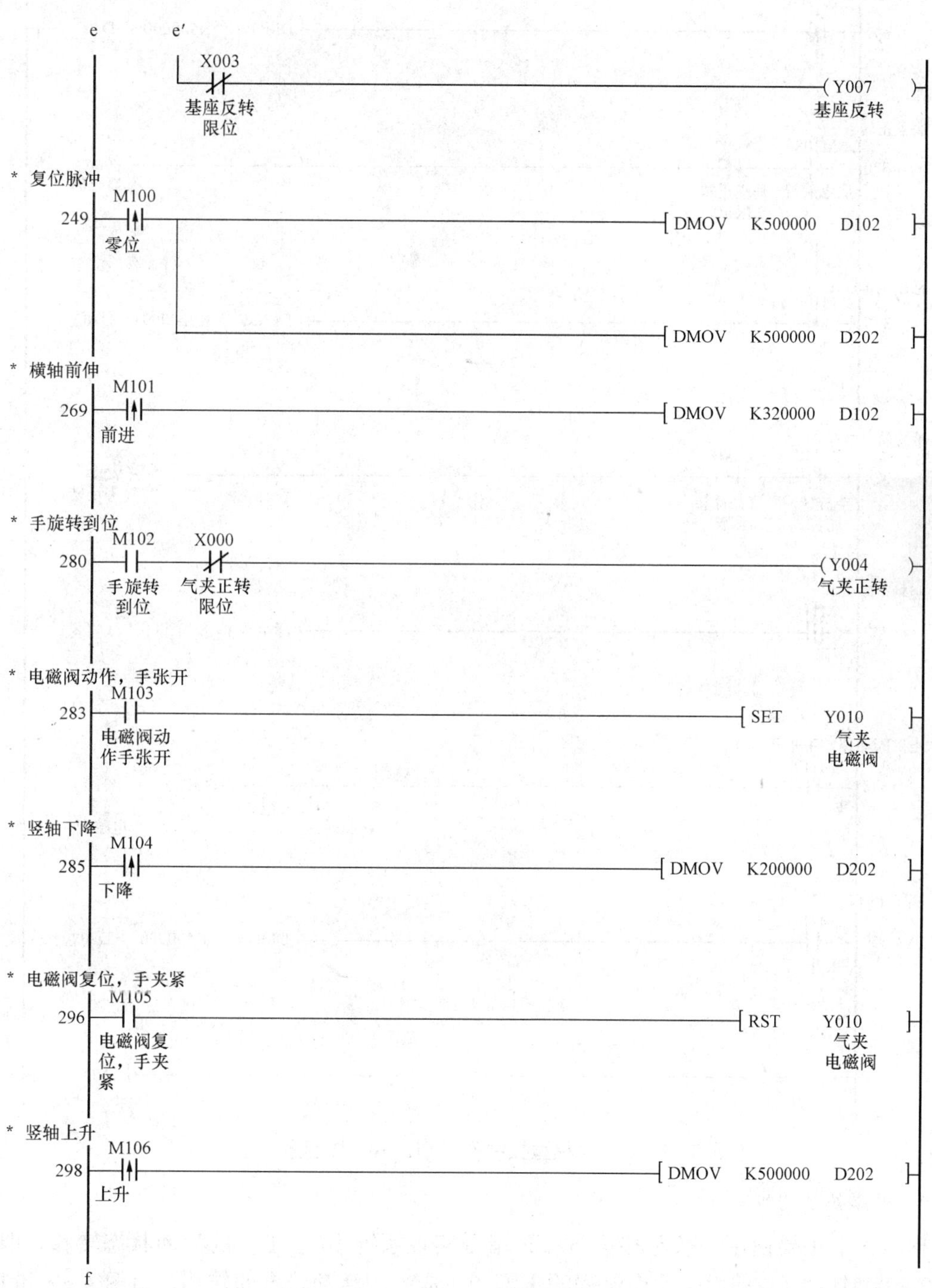

图 6－4　机械手模型控制系统 PLC 梯形图程序（六）

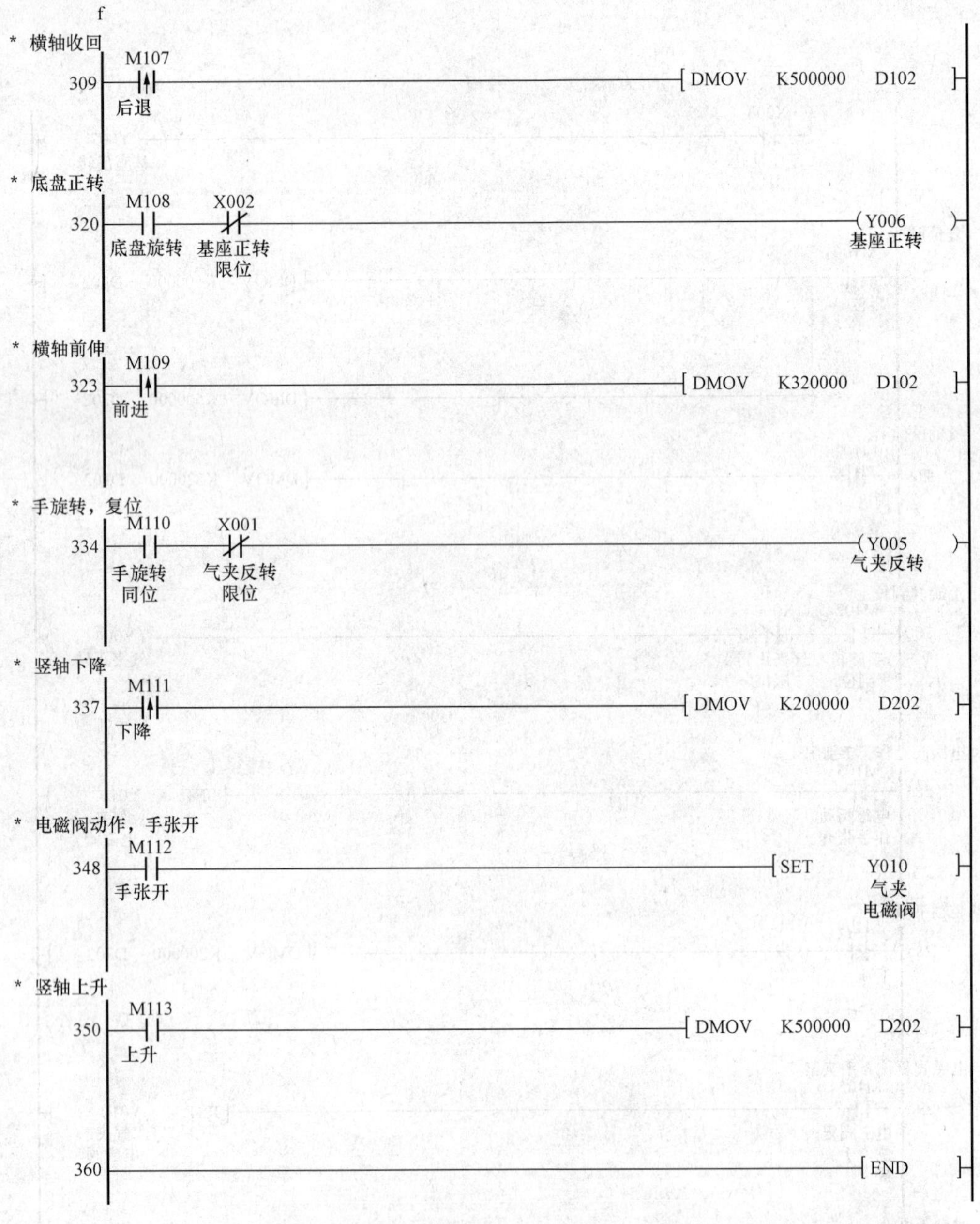

图 6-4　机械手模型控制系统 PLC 梯形图程序（七）

2. 程序简要说明

梯形图中主要使用一条左移位 SFTL 指令实现系统 15 个工步的活动状态转移，即步 M100～步 M114（与前面的动作流程的步骤相对应）的活动状态的转移。由图 6-4 可见，该移位指令的移位脉冲信号由多条支路并联而成，它们分别由代表各步的辅助继电器的常开触点和转换至下一步的若干个转换条件串联而成。这些移位脉冲输入信号均为脉冲上升沿有效。系统运行后，通过初始化脉冲 M8002 置位初始步 M100（回零点位置工步），在初始步 M100 为“1”时，分别实现驱动气夹反转、基座反转、横轴后退和竖轴上升等回原位动作。

如果气夹反转到位、基座反转到位、横轴后退到位、竖轴上升到位等条件满足，则代表机械手模型系统回到了零点位置，此时将会生产一个移位脉冲信号，在该信号的作用下，M100的状态“1”便移入到M101。由上面的梯形图程序可知，这时M100的状态变为“0”，即M100成为不活动步，M101就成为系统当前的活动步（代表横轴前进工步），然后系统就进入下一个工步即横轴前进工步……，依次类推。当M113的状态“1”转移到M114，系统就会转移至最后一步M114，将生产最后一个移位脉冲信号，通过与M8002常开触点并联的M114常开触点的接通，整个控制系统又回到了系统的初始步M100。

横轴的前进、后退和竖轴的上升、下降，都是通过带加减速脉冲输出指令DPLSR（D代表进行32位操作）来实现的。带加减速脉冲输出指令PLSR的功能用于对输出脉冲进行加速，也用于对减速的调整，即对所指定的最高频率进行定加速，直到达到所指定的输出脉冲数，再进行定减速。它的源操作数和目标操作数的类型与PLSY指令相同，只能用于晶体管输出型PLC的Y0和Y1，可进行16位操作或32位操作。在上面的程序中：Y0、Y1对应横轴、竖轴高频脉冲串的输出；Y2、Y3对应横轴、竖轴脉冲输出的方向指定。特殊辅助继电器M8029为应用指令执行结束标志，代表执行输出脉冲的完毕。

二、系统的人机界面及调试主要事项

1. 人机界面

可以选择触摸屏或上位机工控组态软件作为系统的人机界面。触摸屏可选择如上海步科电气eView系列触摸屏MT510（使用EasyBuilder软件组态）或西门子触摸屏K－TP178 MICRO（使用WinCC flexible 2007软件组态）。如果选择上位计算机安装工控组态软件作为人机界面，则可以选择国产流行的KingView、MCGS、力控等组态软件，它们都能够实现机械手模型运行状态的监控。触摸屏或工控组态软件的设计中可加入动画连接，如颜色变化、大小变化、水平移动、竖直移动等，以实现机械手模型监控系统形象、直观的动画效果。

这些人机界面软件的使用，有兴趣的读者可参阅相关厂家的使用手册和组态手册。

2. 调试注意事项

调试时的注意事项如下：

（1）步进电动机固有的特性使它运行在某个频率时会产生机械共振，在编写程序进行脉冲输出时，设定的频率值除细分数所得结果应避免落入其共振频率范围内。

（2）本机械手模型在连接到PLC时应注意输入、输出电平的连接方式。配有主控制器的模型已经加装好电平转换板，能直接使用。不带主控制器的模型需要附加一块电平转换板，当实际使用的主控制器为晶体管漏极输出型时，将转换板加在主控制器输出端与模型输入端之间即可正常使用。

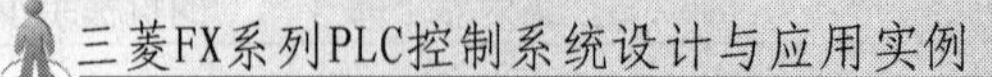

第七章

基于 PLC 和定位模块的数控平台控制系统

本章介绍基于三菱 FX 系列 PLC 和 FX_{2N}-20GM 定位模块组成的两轴数控平台控制系统。在此伺服位置控制系统中，以三菱 FX_{2N} 系列 PLC 作为主控单元，通过 PLC 内部程序结合定位模块定位程序可以实现包括轨迹控制（直线插补、圆弧插补等）在内的基本数控功能，还可实现对点位和轮廓连续轨迹的精确控制。

第一节　两轴数控平台系统的硬件设计

一、基于 PLC 的数控系统的可实现性

1. 概况

点位控制和轮廓轨迹控制一般多用于各种机床。点位控制仅控制刀具相对于工件的定位，由一个定位点准确地移动到另一个定位点，在移动过程中刀具不进行加工。全功能数控机床除了实现点位控制功能外，还可以实现复杂的轮廓轨迹控制，它的数控系统功能十分完善，但价格昂贵，而且对于中低档数控机床来说，好多功能可以省去不用。

如果控制器采用单片机来实现定位控制，需要进行较复杂的二次开发。在设计硬件电路时除了微机系统外，还要设计其接口电路、抗干扰电路及驱动电路。设计软件时要求掌握微机原理及微机的指令系统，并且具有程序开发能力。同时，单片机的运算能力有限，很难实现插补运算这样的大数据量运算。出于同样的原因，普通的运算能力不强的控制器也不适用于此处的开发使用。

根据运动控制技术的发展现状和数控平台实现的经济性、可扩展性、可维护性，基于 PLC 的运动控制系统研发出简便实用的数控定位系统是比较经济、可行的。采用这种基于 PLC 的经济型数控系统，可以降低研制设备的投资成本及控制系统的复杂性和维修难度，缩短设备的开发制造周期，提高数控系统加工工艺的灵活性。

2. 工作台机构形式

本两轴数控平台采用双轴十字体运动机构（$X-Y$ 工作台），如图 7-1 所示。滚珠丝杠选用台湾 TBI 公司生产的 SFU01204 型丝杠，螺距为 5mm，并在工作台相应位置分别安装

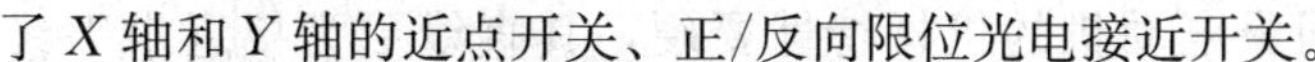

了 X 轴和 Y 轴的近点开关、正/反向限位光电接近开关。

二、控制系统的硬件选型

1. 主控制器 PLC

数控系统的主控制器选用了三菱 FX 系列 PLC，即 FX_{2N} - 48MT。FX_{2N} - 48MT 基本控制 I/O 点数为 24 点输出/24 点输入，经过扩展 I/O 点后能够控制的最大 I/O 点总数为 256 点。内部采用电池后备的随机存取存储器可存储 8000 步的程序，选用选件存储器（FX - EPROM - 8，FX - EPROM - 16）时程序最多可存储到 16 000 步。它具有丰富的编程指令可供选择，包括 27 种基本编程指令、2 种步进梯形指令（可用 SFC 表示）和 128 种应用指令。具有内部停止/运行开关（可外部停止/运行）功能，可在程序运行时写入程序。

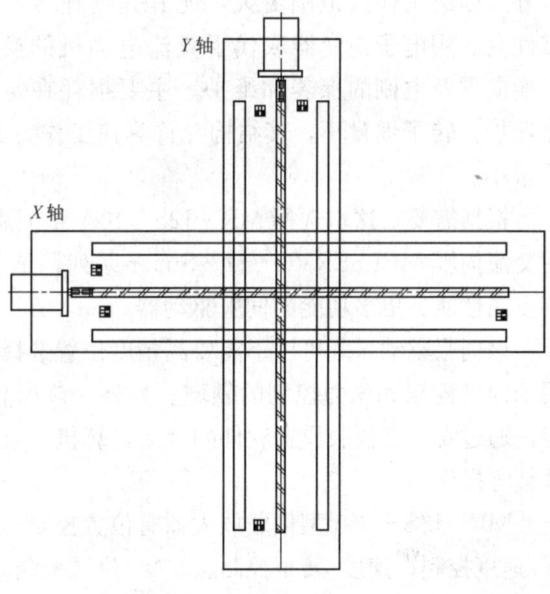

图 7 - 1　双轴十字体运动机构

2. 定位模块 FX_{2N}- 20GM

为了使机械轴的运动得到高速、精确的控制，使伺服位置控制系统的精度更高、性能更好，方便系统的组建和通信连接，而且需要控制的伺服轴是两个互相关联、同步运行的数控机械轴，考虑到将来系统的可扩展性，本控制系统采用 FX_{2N}- 20GM 型双轴定位控制模块。

FX_{2N}- 20GM 可控制两个轴的单独运动或在一个平面内两个轴的直线插补或圆弧插补运动。它可以与 FX 或 FX_{2N} 系列的 PLC 通过总线连接。主控制 PLC 和 FX_{2N}- 20GM 模块之间的通信连接，通过使用 PLC 程序中的 FROM/TO 指令来完成。该模块也可以不与 PLC 连接而单独运行实现运动控制功能，自带有 8 个输入点（X00～X07）/8 个输出点（Y00～Y07），当 I/O 点数不够时，可使用 I/O 扩展模块 FX - 16EX - C、FX - 16EYT - C 扩展 I/O 点数，最多可扩展 48 点输入和 48 点输出。定位模块编程语言采用顺序控制语言（基本指令和应用指令）和定位控制语言（cod 代码指令）。

3. 伺服控制系统

(1) 伺服放大器。交流伺服驱动不仅可以成功地应用于数控机床的进给控制系统，达到很高的重复定位精度，而且广泛地应用于数控机床的主运动系统，特别是某些数控机床或加工中心要求主轴与进给系统保持严格的同步控制的螺纹切削，以及为了主轴的自动刀具更换要求实现主轴高精度准停控制。对大平面的车削，还要求主轴的转速能随刀具的位置进行变化实现恒线速度表面切削，加工中心机床要求主轴具有任意角度的分度控制等。因此，交流伺服电动机已越来越广泛地应用于现代数控机床，它正在取代直流伺服系统，成为数控机床主轴和进给系统的理想选择。对传动功率要求较大的数控机床，交流伺服系统已经成为首选方案。

交流伺服系统使用交流异步伺服电动机（一般用于主轴伺服电动机）和永磁同步伺服电动机（一般用于进给伺服电动机）。交流伺服电动机克服了直流伺服电动机存在的一些固有缺点，它的机械特性比直流伺服电动机的机械特性要硬，其直线更为接近水平线。另外，断续工作区范围更大，尤其是高速区，这有利于提高电动机的加、减速能力，可靠性高。用电子逆变器取代了直流电动机的换向器和电刷，工作寿命由轴承决定。省去了换向器及电刷的保养和维护。主要损耗在定子绕组与铁心上，故散热容易，便于安装热保护。转子惯量小，其结构允许高速工作。交流伺服电动机比直流伺服电动机体积小、质量小。

根据需要，这里选择 MR-J2S-40A 型伺服放大器。该型号的伺服放大器属于三菱通用交流伺服 MELSERVO-J2-Super 系列，是在 MELSERVO-J2 系列的基础上开发的具有更高性能、更多功能的伺服驱动器。

该伺服驱动器既可用于需要高精度位置选择和平稳速度控制的一般工业机械领域，也可用于速度控制和张力控制的领域。另外，该产品还具有 RS-232C 和 RS-422 串行通信功能，通过安装有伺服设置软件的个人计算机，就能进行参数设定、试运行、状态显示和增益调整等操作。

MR-J2S-40A 型伺服放大器有位置控制、速度控制和转矩控制三种控制模式，还有位置/速度控制、速度/转矩控制、转矩/位置控制多种切换控制方式供选择。因为本系统的目的主要是实现高速精确定位，鉴于该伺服放大器的优良性能，在本设计中采用半闭环结构，选用位置控制模式，运动控制模块只需要发送高速定位脉冲串并调整增益，然后等待伺服放大器的 INP 信号。

(2) 伺服电动机。选用了三菱电机公司的 HC-KFS43 型号的伺服电动机。该伺服电动机的扭矩达 1.3N·m，额定功率为 400W，额定转速为 3000r/min。

4. 重要的传感器

本数控系统采用欧姆龙生产的光电接近开关，分别作为 X、Y 轴的正、反向限位和近点开关信号。这些接近开关可以提供伺服位置系统实际的位置信号，然后由位置模块 FX_{2N}-20GM 根据这些开关量信号来调用相应的定位控制程序。

由上面的介绍可见，本数控平台控制系统采用 PLC+定位模块+伺服控制系统的总体设计方案，其硬件总体组成框图如图 7-2 所示。

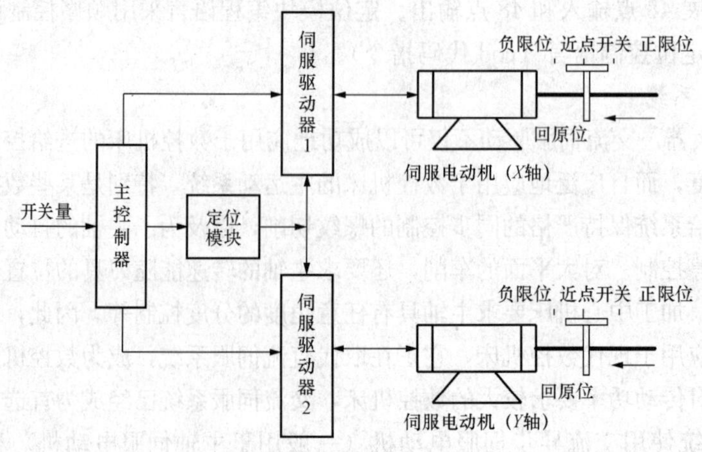

图 7-2 数控平台控制系统硬件总体组成框图

两轴数控平台的实物如图 7-3 所示。

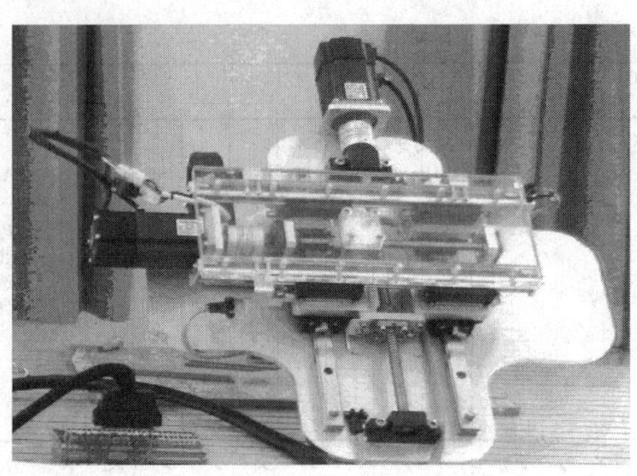

图 7-3　两轴数控平台的实物图

三、控制系统的硬件设计

1. PLC 的 I/O 地址分配

数控平台系统 PLC I/O 地址分配见表 7-1。

表 7-1　　数控平台系统 PLC I/O 地址分配

地址类型	I/O 地址	功能说明及元件代号
输入点	X0	系统启动按钮，SB1
	X1	系统停止按钮，SB2
	X2	系统复位按钮，SB3
	X3	系统急停按钮，SB4
	X4	*X* 轴反向手动按钮，SB5-1
	X5	*X* 轴正向手动按钮，SB5-2
	X6	*Y* 轴反向手动按钮，SB5-3
	X7	*Y* 轴正向手动按钮，SB5-4
	X12	自动/手动模式选择开关，SA1
输出点	Y0	故障报警，L1
	Y1	塔灯（三色）绿灯，自动运行显示，L2
	Y2	塔灯（三色）红灯，急停状态显示，L3
	Y3	塔灯（三色）黄灯，点动运行显示，L4

2. PLC 的外部接线图

数控平台系统 PLC 的外部接线如图 7-4 所示。

3. 定位模块电气接线图

定位模块 FX_{2N}-20GM 与接近开关的电气接线如图 7-5 所示。

4. 伺服放大器电气接线图

伺服放大器与位置模块 FX_{2N}-20GM 的接线如图 7-6 所示。

伺服放大器与伺服电动机的接线如图 7－7 所示。

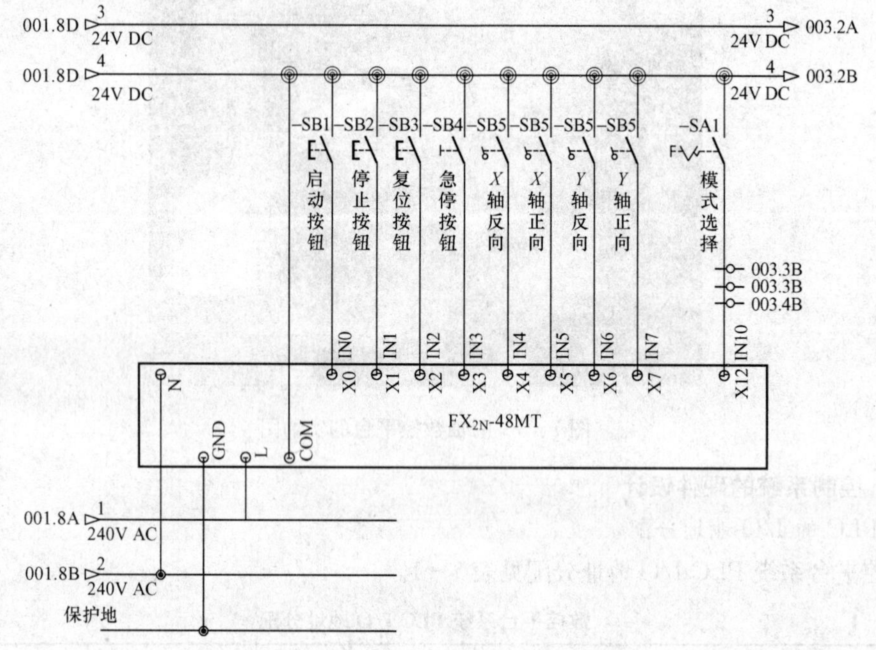

图 7－4 数控平台系统 PLC 外部接线

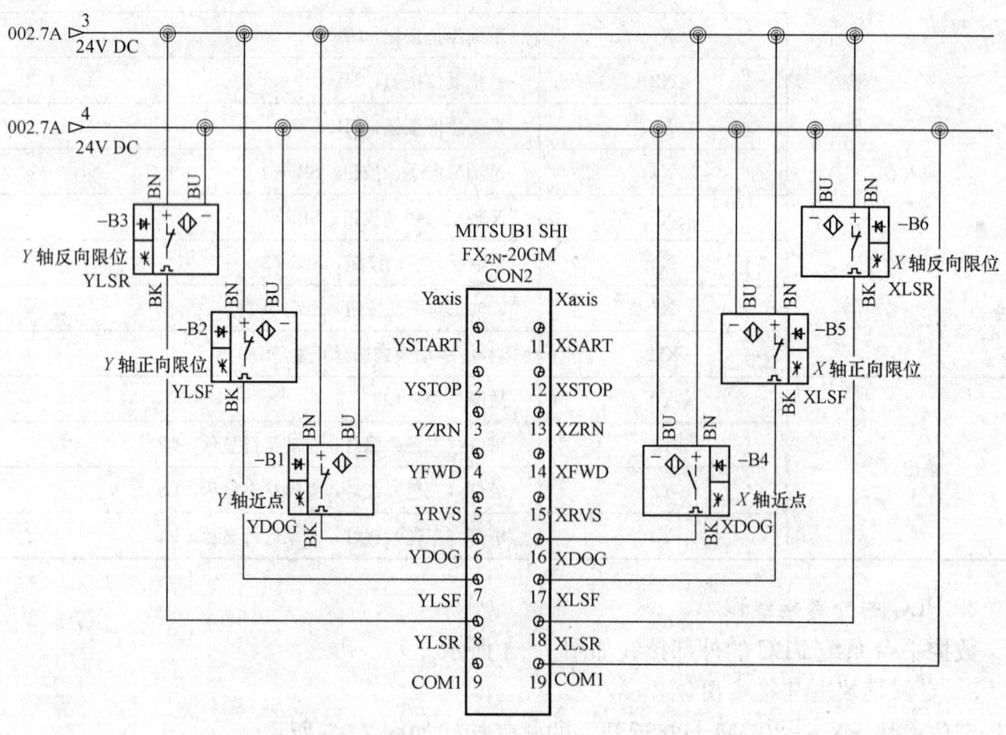

图 7－5 定位模块 FX_{2N}－20GM 与接近开关的电气接线

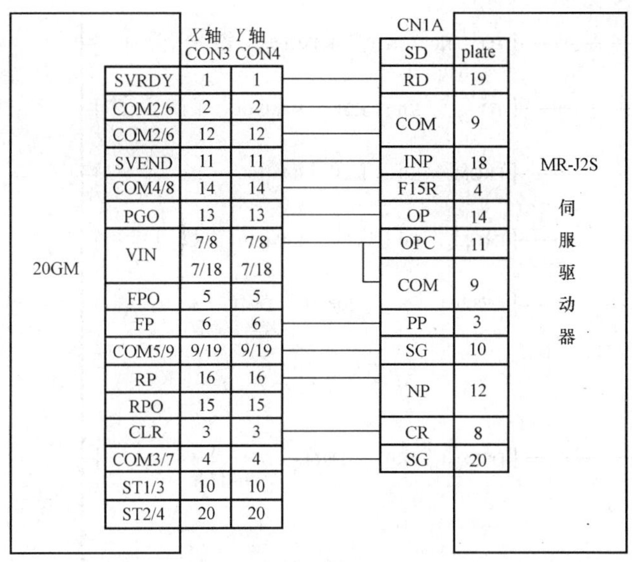

图 7-6　伺服放大器与位置模块 FX_{2N}-20GM 的接线

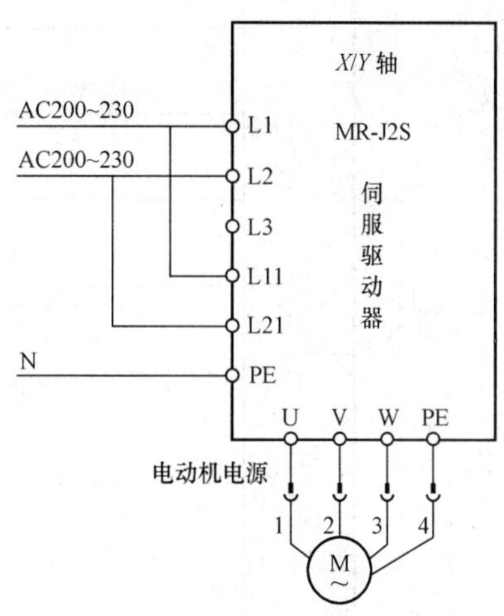

图 7-7　伺服放大器与伺服电动机的接线

第二节　控制系统的软件设计及调试

一、伺服参数设置

本两轴数控平台伺服系统采用位置控制方式。各伺服电动机根据实际控制要求，需要相应地设置其控制模式选择、电子齿轮比和加、减速时间等参数。MR-J2S-40A 型伺服放大器内部主要参数设置可参考本书第四章的相关内容。

二、定位程序的设计

1. PLC 程序的设计

两轴数控平台 PLC 控制程序如图 7-8 所示。

该数控平台 PLC 程序的运行过程，读者可以参考前面第四章相关内容自行尝试分析。

2. 定位模块定位程序的设计

在个人 PC 机上使用三菱公司的可视化定位控制软件（Visual Positioning Controller Software）FXVPS-E 可以进行 20GM 定位模块定位控制程序的编写。采用流程符号 Flow Symbols 编写的两个简单的定位控制程序如图 7-9 所示。这两个定位程序可以分别实现回原点和中断定位功能。

三、人机界面的设计及调试

1. 人机界面的设计

威纶 MT8000 系列触摸屏采用 TFT 液晶显示屏，色彩高达 65 536 色。具有 3 个 COM 接口，可任意组网、同时连接多台 PLC 及控制器，支持一机多屏和一屏多机功能。拥有 USB2.0 接口，可直接连接 USB 打印机、键盘、鼠标，支持 USB 内存装置。另有音源输出、MIC 接口、CF Card 接口，支持以太网资料上载、下载及远程监控。本数控平台的人机界面采用威纶公司 MT8070iH 触摸屏。威纶触摸屏有多种通信方式可供选择，如 RS-232、

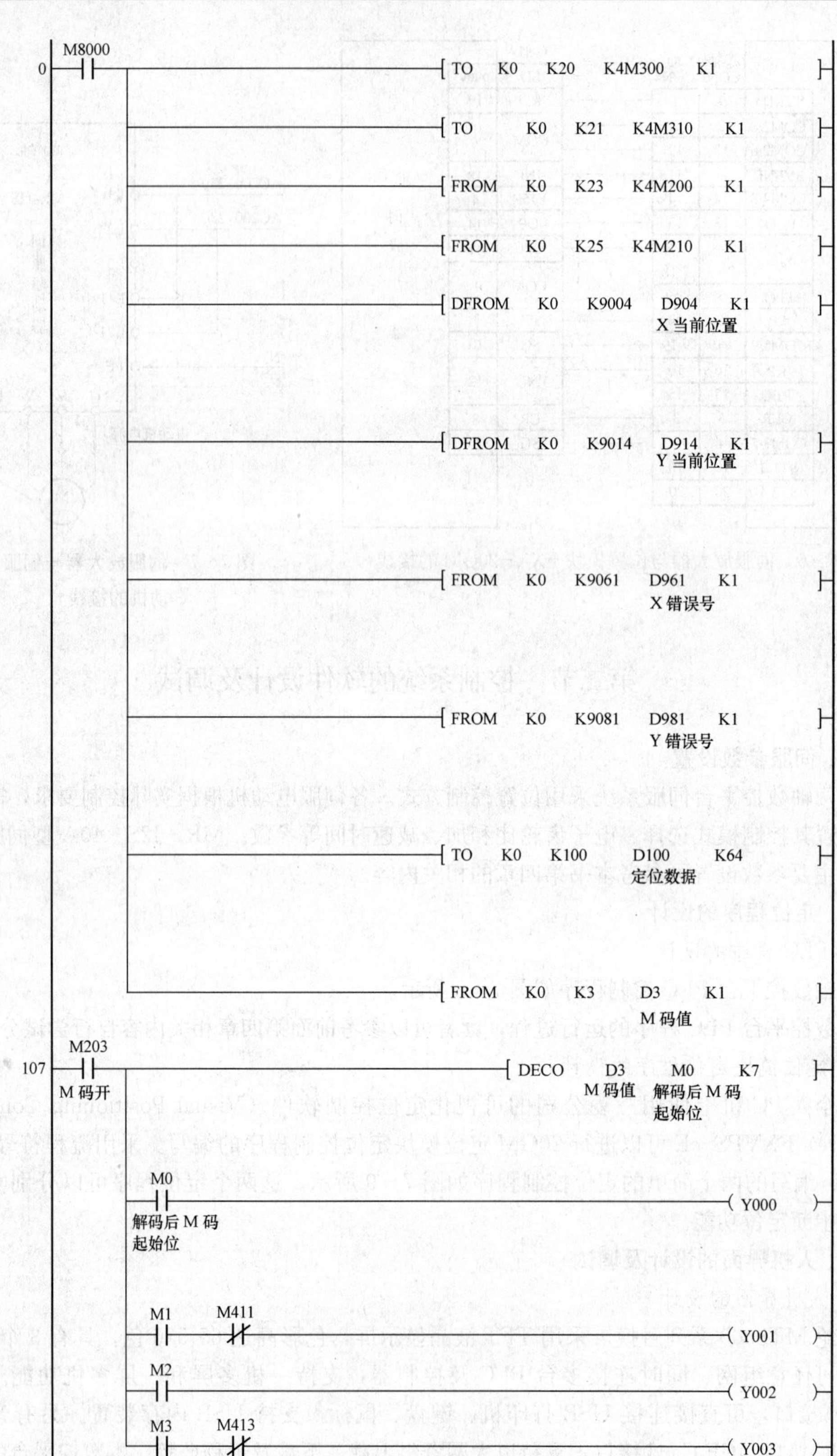

图7-8 两轴数控平台PLC控制程序（一）

```
129  M1  M411  M203(M码开)  —— ( M303 M码关闭 )
     M3  M413
136  X012(模式转换, 常闭)  —— [ TO  K0  K0  D0  K1 ]
146  X012(模式转换, 常闭)  X000(启动)  —— ( M301 )
                            M500        —— ( M311 )
152  X001(停止)  —— ( M302 )
                 —— ( M312 )
155  X012(模式转换)  X002(复位)  —— ( M304 )
                                 —— ( M314 )
159  X004  X012(模式转换)  —— ( M306 )
162  X005  X012(模式转换)  —— ( M305 )
165  X006  X012(模式转换)  —— ( M315 )
168  X007  X012(模式转换)  —— ( M316 )
```

图 7－8　两轴数控平台 PLC 控制程序（二）

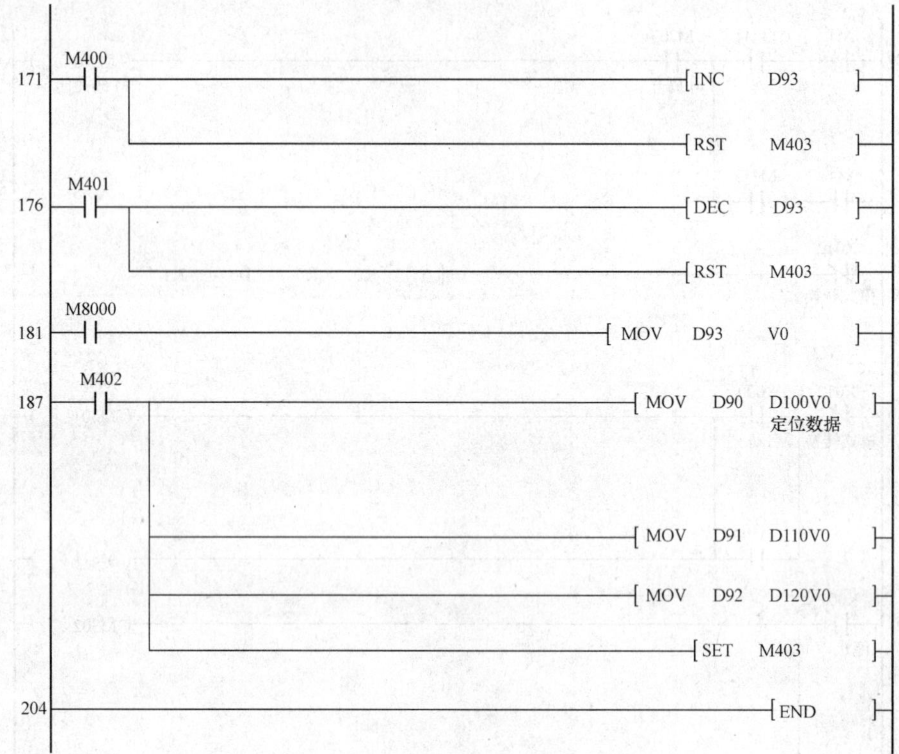

图 7-8　两轴数控平台 PLC 控制程序（三）

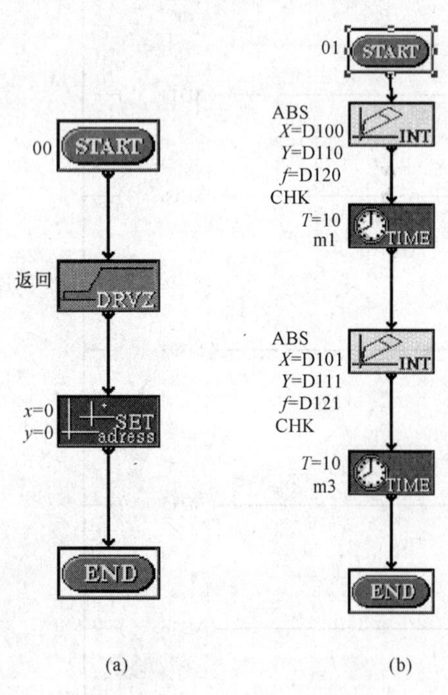

图 7-9　数控平台定位模块的定位控制程序

(a) 回原点定位程序；(b) 中断定位程序

RS-485 2W、RS-485 4W、ethernet 和 USB 等，可以实现触摸屏与三台不同的 PLC 同时进行通信。

(1) 触摸屏与 PLC 的连接。本系统仅需要触摸屏与一台 PLC 通信，选择了 RS-485 4W 通信协议，通过触摸屏的 COM1 口与 PLC 连接。具体接线方式是通过触摸屏的 COM1 口与三菱 FX 系列 PLC 的 RS-422 串口连接，如图 7-10 所示。

打开威纶触摸屏的组态软件 EasyBuilder8000，点击菜单栏的“编辑”→“系统参数设置(Y)…”，打开参数设置多选框，然后点击“设备列表”选项，可以进行触摸屏连接设备属性的设置，如图 7-11 所示。

(2) 触摸屏画面组态。在 EasyBuilder8000 组态软件中可以进行触摸屏的欢迎画面、参数设置及系统显示主画面等用户画面的组态设计。其中，在数控平台控制主画面中设有启动、执行结束、退出系统等按钮，手触击对应的按钮即可进行相应的操作。在左上方的数字显示框中显示 X、Y 轴的当前位置，触击左下方 X 或 Y 轴的错位复位按钮可以进行两个轴的复位操作。右边的 $X-Y$ 显示数据框可以显示实际的运动位置和速度等。两轴数控平台触摸屏的参数设置和系统显示主画面如图 7－12 所示。

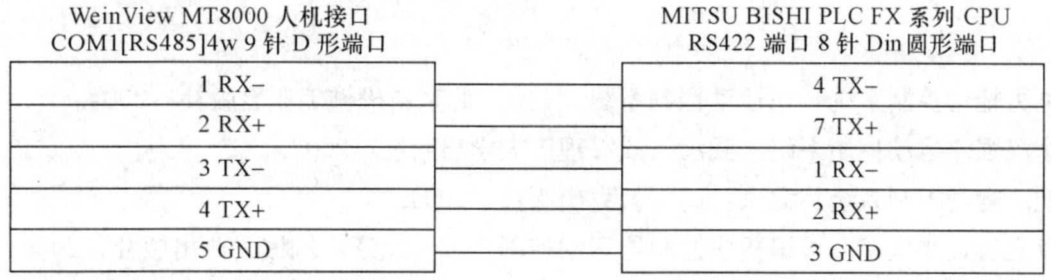

图 7－10　触摸屏与三菱 PLC 的连接图

图 7－11　触摸屏的设备属性设置

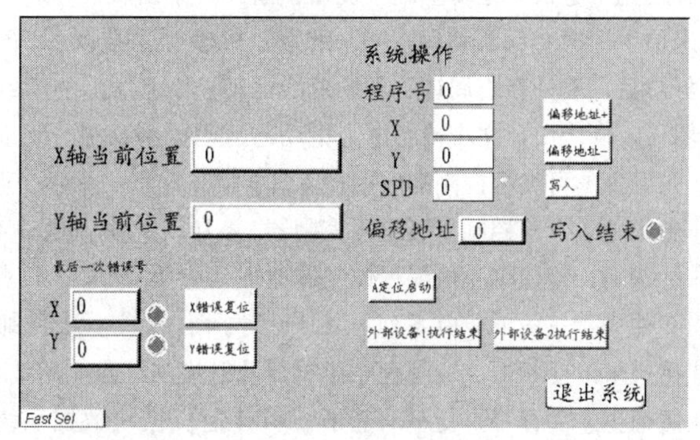

图 7－12　两轴数控平台触摸屏的参数设置和系统显示主画面

2. 系统的连线调试

系统的硬件搭建完成之后，应根据控制要求对各部分硬件的参数属性进行相应的设置，特别是运动控制模块 FX_{2N}－20GM 和伺服放大器 MR－J2S－40A 的参数设置。软件部分包括运动控制模块 FX_{2N}－20GM 的定位控制程序和 PLC 的逻辑控制程序。

该系统的调试方法是在 $X-Y$ 工作台上运行定位程序，运行 PLC 控制的手动或自动程序，然后检查 $X-Y$ 工作台的坐标定位是否与定位程序所要求的一致，以及各台电动机联动是否协调稳定。同时，还要检测各项报警设计是否准确、及时。

另外，还要进行定位性能的测试。由于定位模块使用的是绝对坐标系，地址坐标（X，Y）被看作是相对于系统原点（0，0）的距离绝对值，所以通过触摸屏直接输入需定位的坐标数据即可。如果定位模块程序中使用的是线性插补指令，则节点之间的移动轨迹就是两个轴同时沿直线路径同步行进。

在触摸屏上输入定位数据的操作步骤如下：

(1) 检查 $X-Y$ 工作台是否复位，未复位则需按触摸屏的“X 轴或 Y 轴错误复位”按钮。

(2) 分别按触摸屏的“X 轴”、“Y 轴”按钮，输入第一组定位坐标数据，按“偏移地址＋”键，然后再按“写入”按钮，完成一组数据的输入。

(3) 若还需输入其他坐标数据，只需按上面步骤进行，全部输入完成按“写入结束”按钮结束。

(4) 通过触摸屏的“定位启动”按钮发送启动指令，系统开始定位工作。

参 考 文 献

[1] 陈伯时. 电力拖动控制系统——运动控制系统. 3版. 北京：机械工业出版社，2004.
[2] 张崇巍，李汉强. 运动控制系统. 武汉：武汉理工大学出版社，2002.
[3] 李宁，陈桂. 运动控制系统. 北京：高等教育出版社，2004.
[4] 汪小澄，袁立宏，张世荣. 可编程序控制器运动控制技术. 北京：机械工业出版社，2006.
[5] 李明. 电机与电力拖动. 2版. 北京：电子工业出版社，2006.
[6] 林瑞光. 电机与拖动基础. 杭州：浙江大学出版社，2002.
[7] 宋伯生. PLC编程使用指南. 北京：机械工业出版社，2006.
[8] 舒志兵，袁佑新，周玮. 现场总线运动控制系统. 北京：电子工业出版社，2007.
[9] 罗飞，郗晓田，文小玲. 电力拖动与运动控制系统. 北京：化学工业出版社，2007.
[10] 张万忠. 可编程控制器应用技术. 2版. 北京：化学工业出版社，2005.
[11] 史国生. 电气控制与可编程控制器. 2版. 北京：化学工业出版社，2004.
[12] 钟肇新，范建东. 可编程控制器原理及应用. 3版. 广州：华南理工大学出版社，2004.
[13] 龚仲华. 三菱FX/Q系列PLC应用技术. 北京：人民邮电出版社，2006.
[14] 岳庆来. 变频器、可编程序控制器及触摸屏综合应用技术. 北京：机械工业出版社，2007.
[15] 黄菊生，龚存宇，夏平. 基于20GM定位模块数控系统的开发. 湖南工程学院学报，2006，16 (4)：20-23.
[16] 黄菊生，刘美俊，龚存宇. 三菱定位控制单元m码通信及应用开发. 电气传动，2006，36 (8)：51-53.
[17] 赵永炎，王发炎. 20GM数控单元在凸轮磨削中的应用. 装备维修技术，2005，(3)：20-25.
[18] 刘海军，王建方. 三菱定位专用模块FX_{2N}-10GM在机床中的应用. 组合机床与自动化加工技术，2009，(3)：42-44.
[19] 暨绵浩. 高精高速伺服驱动技术现状及发展趋势. 伺服控制，2009，(3)：24-26.
[20] 张还. 基于MODBUS通信的空压站PLC变频调速控制系统的设计. 压缩机技术，2009，(5)：17-21.